U0192447

解密空间探测

热门空间探测问题的答案清单

庞之浩◎编著

FREQUENTLY ASKED QUESTIONS
ABOUT SPACE EXPLORATION

电子工业出版社·
Publishing House of Electronics Industry
北京·BEIJING

内 容 简 介

地球是人类的摇篮，但人类不可能永远生活在摇篮中，探索宇宙是人类永恒的梦想。为此，人类借助现代科技的力量不断向深空进发，近距离探测多种地外星球，通过承载着人类梦想的空间探测器揭开了许多宇宙秘密。本书根据世界空间探测的热点，选择公众广为关注的典型空间探测器和空间探测计划，以问答形式逐一介绍了世界空间探测技术的发展历史、最新进展、背后原理和具体成就，并用科学的方法简要分析了这些空间探测活动的科学缘由，把严谨的航天科技知识和生动的深空探测故事有机结合起来，使读者在轻松阅读的同时收获丰富的知识，开阔自己的视野。

图书在版编目（CIP）数据

解密空间探测：热门空间探测问题的答案清单/庞之浩编著. —北京：电子工业出版社，2023.6
ISBN 978-7-121-45585-8

Ⅰ.①解… Ⅱ.①庞… Ⅲ.①空间探测－普及读物 Ⅳ.①V1-49

中国国家版本馆CIP数据核字（2023）第093516号

责任编辑：刘家彤　　特约编辑：田学清
印　　刷：北京捷迅佳彩印刷有限公司
装　　订：北京捷迅佳彩印刷有限公司
出版发行：电子工业出版社
　　　　　北京市海淀区万寿路173信箱　　邮编：100036
开　　本：720×1000　1/16　印张：19.75　字数：421千字
版　　次：2023年6月第1版
印　　次：2024年7月第2次印刷
定　　价：79.80元

序言

　　长久以来，探索未知而又神秘的浩瀚宇宙是人类的不懈追求。空间探测器是目前人类探测宇宙的利器，它能飞往地外星球，进行近距离探测、登陆考察甚至采样返回地球。因此，它能够获得大量有价值的科学数据，帮助人类研究太阳系及宇宙的起源、演变和现状，认识空间现象和地球自然系统之间的关系，并为人类今后开拓更为广阔的疆域打下基础。

　　从1958年8月美国发射人类历史上第一个深空探测器——"先驱者0号"月球轨道器起至今，人类迈向太阳系空间的探测活动已有60多年，已经探测了月球、火星、金星、木星、水星、土星、天王星、海王星等行星，以及一些彗星和小行星，还实现了在月球、火星、金星、土卫六、小行星着陆，以及从月球、小行星、太阳风粒子和彗星粒子中的采样返回。

　　通过空间探测器，人类在探测宇宙领域取得了巨大的科研成果，初步揭开了月球和太阳系各大行星的奥秘，解答了过去天文学家们争论不休的许多不解之谜，推动了人类对太阳系和生命起源与演化规律的研究，深化了人类对自身生存环境的理解，促进了人类文明的持续发展。进入21世纪之后，空间探测器技术取得了跨越式发展，研制和发射空间探测器的国家也越来越多，人类实现了大量新的发现，取得了前所未有的科学技术成就。

　　近年来，空间探测器技术又取得了长足的进步，对人类产生了更广泛的影响，进一步激发了国内外公众尤其是青少年对空间探测活动的极大兴趣。例如，我国"嫦娥四号"月球探测器于2019年成为世界第一个在月球背面着陆的探测器，我国"天问一号"探测器于 2021 年成为世界第一个通过一次发射完成环绕、着陆和巡视三项任务的火星探测器，美国的"帕克太阳探测器"于 2021 年 4 月成功穿过太阳大气的最外层（日冕），成为人类第一个"接触"太阳的探测器。

为此，笔者特编著《解密空间探测：热门空间探测问题的答案清单》一书，以易于传播、激发探究、喜闻乐见、老少皆宜和雅俗共赏的问答形式，科学、全面、系统、新颖和有趣地介绍了世界空间探测的意义、原理和成就。本书从解密月球探测、解密火星探测、解密其他天体探测三个维度，对世界空间探测的主要领域进行了科普，内容涵盖了各国、各类空间探测器发展的历史、现状和前景，回答了许多航天爱好者感兴趣的中外空间探测活动的问题。

例如，为什么"嫦娥四号"要落到月球背面？探测月球背面要攻克什么难关？怎样进行火星采样返回探测？目前各国都有哪些相关计划？为什么美国和日本都采用"接触即离"技术对小行星进行采样返回探测？美国的"露西"探测器会怎样探测 8 颗小行星？特别地，本书全面而详细地介绍了中国空间探测的一些最新成果和国外空间探测的最新技术。

书中收录了大量来自美国国家航空航天局（NASA）、欧洲空间局（ESA）、中国国家航天局（CNSA）等机构在空间探测方面的实景图像，以系列问答和图文并茂的形式向读者展示了中外航天科技取得的伟大成就。本书的优点是显而易见的，比如，章节题目清晰明了、直奔主题；读者既可以系统地阅读本书，全面了解世界航天发展的"今世前缘"，也可以根据自己的需求阅读其中感兴趣的章节；本书配有大量图像，不仅美化了版面，而且书中一些少见的图像中还含有重要的科技信息，读者能够一目了然地掌握有关知识。

本书的特点是采用了成熟的问答科普创作方式，深入浅出地详细介绍了全球空间探测的最新发展成就，特别是包含了中国空间探测成就背后的一些鲜为人知的知识，读者既可以知其然，又可以知其所以然。有的章节根据需要插入了有关背景介绍或知识介绍的小链接，为读者答疑解惑，使文章更加丰富饱满。书中还讲述了一些太空探索的感人故事与奇妙方法，宣传了航天精神和航天方法。

未来，月球探测与火星探测仍是全球空间探测的两大重点领域，小行星探测成为空间探测领域的另一个热点；木星和土星系统探测将成为深空探测下一个远大目标。将会有更多的国家或组织参与深空探测活动，并趋向采用国际合作模式。

　　太空探索永远充满着风险与挑战，还有许多新的奥秘等待人类解答。尽管宇宙探索的道路崎岖不平，但是人类走出地球、探索和利用太空的步伐永远不会停止。因此，希望通过《解密空间探测：热门空间探测问题的答案清单》一书让更多的人关注世界空间探测领域的发展，进一步了解人类在宇宙中的位置和未来的去向，开拓公众的视野，使更多青少年走近空间探测、了解空间探测、喜欢空间探测，最后加入我国空间探测的队伍，加速我国空间探测技术的发展，为人类探测宇宙做出更大贡献。

庞之浩

C ONTENTS
目录

解密
火星探测

其他
探测篇

解密
月球探测

月球的起源是什么？为什么要探测月球？

月球是地球的唯一一颗天然卫星，而且具有可供人类开发与利用的各种资源、能源和特殊环境，因此是人类开展空间探测的首选目标。

1 美丽而荒芜

月球的平均直径约 3476 千米，比地球直径的 1/4 稍微大一些。月球表面积约 3800 万平方千米，大约是中国陆地面积的 4 倍。月球的体积约是地球的 1/49，也就是说，如果把地球比作一个篮球，月球就可以被比作一个乒乓球。

月球的表面重力只有地球的 1/6，因而它不容易吸引空气和水汽。月球几乎没有大气，因此也没有风雨雷电，甚至听不到一点儿声音。

月球的自转周期和公转周期一样，都是一个恒星月（27 日 7 时 43 分 11 秒），这称为"同步自转"，所以月球总以同一面对着地球，即在地球上只能永远看见月球朝向地球的一面，永远看不见月球背向地球的另一面。

由于月球上几乎没有大气来传递热量，因此其白天和夜晚的温度变化很大，温差高达 310℃ 左右。白天太阳光直射的地方酷热无比，温度可达 130℃ 左右；夜晚因为没有太阳光直射又极为寒冷，温度会下降到 -180℃ 左右。

月球内部是一个鸡蛋状的结构，可类比为蛋壳（月壳）、蛋清（月幔）和蛋黄（月核）三个部分。根据月球探测的结果，月球没有全球性的偶极磁场。也就是说，在月球上使用指南针是分不出来东南西北的。

月球正面图像

2 不知起源

关于月球的起源，有五花八门的说法，最常见的为三种假说，即地月同源说、地月分裂说和地月俘获说。

地月同源说认为月球和地球是姐妹关系。该假设认为：原始太阳系是一团由气体和尘埃组成的星云。地球和月球均是宇宙大爆炸之后在太阳星云的同一区域形成的。由于天体力场的作用，两者没有聚合形成一个整体，反而被扯成两块，各自形成现在的地球和月球。但是月球形成时间比地球稍晚，因此月球是地球的"妹妹"。在地球形成时，铁等金属元素较多的粒子聚集成地球的原始胚胎，月球则由残余在地球周围的非金属物质聚集而成，因此月球的密度比地球小。由于地球的体积和质量远大于月球，因此后来在地球引力的作用下，月球最终成为地球的一颗卫星。

地月分裂说认为地球和月球是母子关系。该假设认为：原始的地球温度很高，完全处于熔融状态。由于地球自转速度很快，在离心力和太阳引力的作用下，以及受到外来行星的冲击，地球向太空中抛出了大量的物质。这些物质冷却后形成尘埃，尘埃在地球引力和太阳系其他天体引力的作用之下慢慢形成了月球。也就是说，月球是从地球上分裂出去的。

地月俘获说认为月球和地球是夫妻关系。该假设认为：月球原本是太阳系或外星系的一个独立天体，只是后来"不小心"进入地球和太阳的力场中，被地球的引力俘获，成为绕地球运转的卫星。但是地球和月球相互间的排斥力使它们只能"相视"，而无法"牵手"，几十亿年来，形成了如今稳定的地月系统。

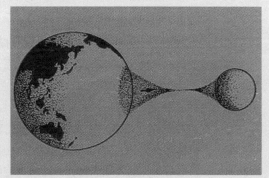

地月分裂说示意图

不过，上述三种假说都难以自圆其说。例如，假设月球和地球具有相同的起源，那么地球和月球应该拥有相同的物质构成，但是月岩的研究成果显示情况并非如此。

为此，近年来又兴起了碰撞说，即在地球形成初期，一个类似火星大小（火星的直径约为地球的一半）的天体撞击了地球，撞出的碎块形成了月球。这一假说由于得到越来越多的

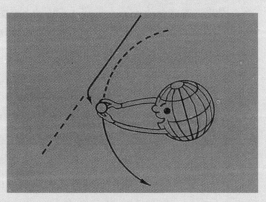

地月俘获说示意图

证据支持而受到大多数科学家的认可。科学家相信，当时的地球被一颗火星般大小的天体撞击，撞击抛射出的碎片逐渐聚集，形成了现在的月球。

链接： 还有一个"大碰撞"假说是：一颗体积约有地球1/10的天体经过时与地球相撞，并在撞下地球的一块后自行离开。科学家们设计了一种计算机程序，它可以显示如果这样的天体真的撞击了地球，会有什么现象发生。结果表明将会形成月球般大小的天体，这一天体由地球的外层物质构成，而不含有地球的内层物质，这就既解释了月球的成因，又可以解释为什么月球不具有和地球相同的成分。

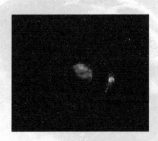

有关月球的起源有多种假说

3 意义非凡

至今，全世界已经掀起了两次月球探测（探月）高潮，其主要原因是什么？它们对人类已经或将要产生哪些影响？简单地说，探月是一项十分复杂的航天工程，它与人类的技术、政治、科学和经济等都有密切关系。

（1）引领发展

月球是离地球最近的天体，探测它相对比较容易，所以人类在掌握航天技术之后，第一个拜访的地外天体就是月球。大多数国家都是先探测月球，在积累了一些空间探测的经验之后再探测其他天体，只有欧洲空间局例外。

另外，由于月球上可能存在 1100 万～3.3 亿吨的水冰，而且表面重力只有地球的1/6，因此，月球有望成为人类载人探索火星的跳板，大大降低相关费用和技术难度。因为水不仅可以满足航天员在月面上生存的需要，如果分解成氧和氢，还可以制成燃料用于载人火星探测器。将月球建设为深空探测的前哨或中转站，空间探测器和载人火星探测器只需要很小的推力，即消耗很少的燃料和花费很低的成本就能摆脱月球的引力前往别的天体。

随着月球资源利用能力的提高，人类将利用月球资源在月球上建立火箭燃料加工厂，或者建立空间探测的"补给站"。

通过开发复杂的月球探测技术，不仅可以满足上述政治、科学需要，由此衍生的大量新技术还可以广泛应用于其他航天领域，并带动许多别的科学技术的发展，因此意义十分深远。例如，20 世纪 60 年代，"阿波罗"计划的实施就带动了美国超高强度和耐高温材料、新型计算机、遥控作业等一大批高科技工业产业的发展，后来该工程的人工智能、机器人和遥控作业等许多技术成果又转移到民用领域，促进了科技与工业的整体发展与繁荣。美国经济在 20 世纪 90 年代能够保持高速、高效增长，很大程度上得益于"阿波罗"计划派生出的约 3000 种应用技术成果在经济领域的应用。美国领先于世界的信息、生物、新材料等高新技术，很大一部分来自对月球探测技术的消化、优化和二次开发。

一座遥控月球氧生产厂设想图。自动驱动的月面工具挖掘土壤原料并运输到工厂，工厂从月球原料中制取氧，液化后泵入贮罐贮存（示意图）

（2）科学家园

由于月球几乎没有大气和地质活动，岩石受到的地质作用很小，在那里研究月球岩石相当于研究地球 39 亿 ~ 40 亿年前的标本，所以月球岩石是研究地球起源与演化的最佳标本。探索月球可了解到许多有关地球早期的信息，如大气、地壳等，甚至有助于人类认识生命、地球、太阳乃至整个宇宙起源和演化的历史，也有助于人类了解空间现象和地球自然系统之间的关系，并由此了解人类在宇宙中的位置和作用。在月球上建立多学科实验室可以对月球进行全面研究。如果月球实验室与地球上的科学设备联动，还能对地球进行全球性研究，使人们从独特的角度对地球进行全面、深入的了解。

最重要的是月球几乎没有大气，处于超高真空状态；月球没有全球性的磁场，月岩只有极微弱的剩余磁场；月球的内部能量已近于衰竭，内部的地温梯度也很小；月球的地质构造极其稳定，月震释放的能量仅相当于地震的一亿分之一；月球背面不受地球无线电波的干扰，月球表面还具有高洁净和弱重力的特征。月球的这些特征对于天文观测来说无与伦比，所以很多天文学家渴望在月球上建立大型月基天文台，以进一步扩展人类的眼界——月基天文台或许能成为第一个接收到外星人"来电"的天文台。

月球基地设想图。一个 16 米直径的鼓胀结构构成的居住舱，可以适应 12 名航天员生活和工作。居住舱内有基地操作中心、生命科学和月球科学实验室、水耕果园、公共生活间、个人乘员区等（示意图）

月球的表面重力只有地球的 1/6，而且月球上永远没有风，在月球上架设巨型望远镜及天文台比在地球上更有价值。月球几乎没有地质活动，对望远镜的观测影响很小，这对基线很长的光学、红外和射电干涉系统尤为有利。月球背面不受地球无线电波的干扰，更是天文观测的胜地。

与人造卫星相比，在月球建立天文台有独特的优越性，因为一些在近地轨道上运行的人造卫星仍然要受到地球高层大气的一些效应的影响。以失重状态下的太空望远镜为例，月基望远镜是建立在月球这个直径约 3476 千米的巨大而稳定的观测平台上的，所以其安装、维修、跟踪等问题的解决都比太空望远镜容易得多，观测精度也比后者高得多，运行和维护费用则会低得多。例如，"哈勃"太空望远镜升空后，为了对其进行维修，航天飞机就曾 4 次对其先"追"再"抓"，航天员通过太空行走完成维修，难度和风险都很高。

由于月球自转与公转周期相同等因素，人们在月面上可以持续进行约 14 个地球日的夜间或昼间观测。因此，人们在月面可以对地球的地质构造及环境变化进行稳定监测与研究，特别是可以对可能对地球构成威胁的小天体进行监测。一旦发现有陨石、彗星等天体向地球方向运行，可能撞击地球时，人类可以及时采取措施将其摧毁或改变其运行方向，从而保护自身。

月球上的天文台不仅是对太阳系、银河系天体和星际空间进行观测研究的绝佳平台，而且是进行太阳物理学、天体物理学、重力波物理学、中微子物理学观测和实验最有吸引力的场所，也能对地球的气候变化、生态演化、环境污染和各种自然灾害进行高精度的观察和监视。

总之，月球上有特殊的空间环境资源：超高真空、几乎没有大气活动、低磁场、地质构造稳定、弱重力、无污染、宇宙射线丰富。因此，人类可以利用其特殊的空间环境资源建立精度高、造价低、运行与维护费用低的天文台与研究基地。

（3）能源基地

月球有可能成为人类未来的能源基地。能源是人类生存与发展面临的最严重的问题之一。尤其是近年来，随着世界石油价格的持续飞涨，越来越多的国家和组织将目光转向了月球，因为人类通过实施"阿波罗"计划发现，月球表面含有大量的氦3，而这种在地球上存量极少的物质是清洁、安全和高效的核聚变燃料，可提供便宜、无毒和无放射性的能源，被科学界称作"完美能源"，所以月球也被誉为21世纪的"波斯湾"。

月壤中富含由太阳风粒子积累而形成的元素，如氢、氦、氖、氩、氮等，尤其是核聚变燃料氦3，月球上的储量十分丰富。100吨氦3所发的电就能够满足人类一年的电力需求，10吨氦3所发的电就可以满足我国一年的电力需求。

氦3也可用于未来的载人火星飞船。因为每提取1吨氦3，可得到约6300吨氢、约70吨氮和约1600吨碳。其中的氢可以制作火箭燃料，同时，氢与氧结合也能制成非常宝贵的水。

航天员为建造月球基地做准备示意图

开发月球上的氦3是十分可行的，在发电量相同的情况下，使用月球能源氦3的成本只是目前核电站发电成本的10%。未来，人类使用新型航天器一次可以运回20吨液化氦3（价值约500亿美元），能够满足美国一年的电力需求。

链接：月球上的氦3资源的分布受多种因素影响，比如月球表层月壤的裸露年代，月壤颗粒的大小，等等。月壤中的氦3含量较为稳定，但是有关氦3在月球上的储量的话题，目前说法不一，其中比较保守的估计是100万吨。由于100吨氦3就可以满足人类一年的电力需求，因此，即使月球蕴藏的氦 3 资源只有 100 万吨，理论上也可以满足人类大约 1 万年的电力需求。

未来解决地球能源不足问题的主要出路有两个：一个是核能，一个是太阳能。所以，也有人提出在月球上建设太阳能基地，这样能更有效地利用太阳能来发电。因为月球表面几乎没有大气，太阳辐射可以长驱直入，每年到达月球表面的太阳辐射能量大约为 12 万亿千瓦，太阳能的能量密度为 1.353 千瓦 / 平方米。另外，月球很容易满足"使用目前的光电技术进行太阳能发电需要占用大片光照充足土地"的要求。

为了降低成本，不少国家设想直接在月球上建设核电站，核电站发出的大量电力除了供月球基地使用，还将以激光或微波形式输送到位于地球近地轨道上的能量中继卫星，能量中继卫星仍以激光或微波形式将电力传送到地球表面。

此外，月球上还蕴藏着丰富的其他自然资源。在月球广泛分布的岩石中，蕴藏着丰富的钛、铁、铀、钍、稀土、镁、磷、硅、钠、钾、镍、铬、锰等矿产，仅月海的玄武岩中就含有至少 100 万亿吨的可开采利用的钛矿。月壤中丰富的铝、铁、硅等矿产可用来直接生产建材，用于建造房屋。

利用月球地质结构比地球稳定得多，并拥有弱重力、高洁净的特殊自然条件和自然环境等优势，人们可以在月球上制备一些昂贵的生物制品与特殊材料。

航天员使用月球上生产的液氧注满航天器的推进剂贮箱，他们将乘坐这个航天器
返回地球。航天员乘坐圆锥形的乘员舱再入地球大气层，着陆在预定的着陆地点（示意图）

人类探月至今经历了几个发展阶段？月球探测一般采用哪些方法？

人类利用航天技术对月球进行探测，是和第一颗人造卫星上天同时期开始的。苏联于 1959 年 1 月 2 日发射的"月球 1 号"探测器实现了人类首次飞越月球的壮举（原计划撞击月球）。

截至 2020 年年底，人类总共发射了 130 多个月球探测器，其中美国 60 个，苏联 64 个，中国 6 个，日本 2 个，欧洲空间局 1 个，印度 2 个，以色列 1 个，成功率大约为 50%。另外，12 名航天员登上了月球，带回了 382 千克月球样品，掌握了大量的科学数据，使人类对月球有了真实和比较全面的了解，极大地促进了月球科学研究和航天技术的发展。但是，在月球探测领域，现在仍然存在许多令人困惑的地方。

1 三个发展阶段

迄今为止，人类探月整体上经历了以下三个发展阶段。

第一阶段是空间竞赛引发的首次探月热潮阶段。1959—1976 年，苏联和美国展开了以月球探测为中心的空间竞赛，竞相发射了许多形态各异的月球探测器，掀起了第一次月球探测高潮。从 1959 年 1 月 2 日苏联发射世界第一个无人月球探测器"月球 1 号"开始到 1976 年 8 月，美国和苏联发射了大量的无人月球探测器，主要有苏联的"月球"系列、"宇宙"系列和"探测器"系列，美国的"先驱者"系列、"徘徊者"系列、"月球轨道器"系列、"勘测者"系列和"探险者"系列，这些探测器中有 9 个飞越月球，6 个撞击月球，18 个绕月飞行，14 个在月面着陆。此外，美国还进行过 8 次载人月球探测行动，其中包括 6 次载人登月。这一阶段的主题主要是进行太空争霸和开展空间探索。

第二阶段是深入研究探月意义的冷静思考阶段。1976—1994 年，全球只进行过 1 次成功的月球探测活动，

苏联成功发射的世界第一个月球探测器——月球 1 号

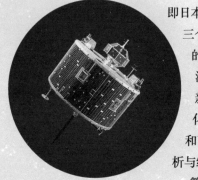

日本"飞天号"探测器

即日本在1990年1月发射了"飞天号"探测器，成为世界上第三个探测月球的国家。这一阶段的背景是：随着冷战形势的缓和，人类对空间霸权的争夺有所缓解；需要总结探测活动耗资大、效率低、探测水平不高的经验与教训，提出新的探测思路和战略；需要将月球探测技术向各领域转化、推广和应用；需要加速研制新的空间往返运输系统和高效探测装备；需要较长时间进行探测资料的消化、分析与综合，将月球科学研究提高到更高的理性认识的阶段。

第三阶段是从1994年起至今开展的第二次探月热潮阶段。 因为通过大量地总结和分析以往探月的经验、教训与成果，人类深刻地认识到探月具有多方面的意义，对人类社会具有重要的推动作用，特别是通过研究"阿波罗"计划取回的样品发现，月球上存在大量的氦3资源，这是一种便宜、安全和高效的核聚变燃料，所以月球探测受到越来越多的国家或组织的青睐。美国于1994年1月25日和1998年1月6日分别发射的"克莱门汀号""月球勘查者号"探测器悄然拉开了人类重返月球的序幕。这两个探测器应用了大量新技术，取得了十分丰富的探测成果，尤其是发现了月球两极存在大量水冰，从而激发了人类新的探月热情。

进入21世纪之后，欧洲空间局、日本、中国、印度等国家或组织也都发射了月球探测器。

2 不同特点

随着政治、科技和经济等各领域发生的巨大变化，第二次探月热潮与冷战时期开展的第一次探月热潮有明显的不同。

- 探测月球的目的不同。由冷战时期主要满足政治和科学需要的目的，改变为将科学探索和经济发展相结合，以探测月球资源为主，为未来月球资源开发、利用打基础的目的。
- 探月的规模更宏大，采用的技术更先进。在第二次探月热潮中发射的各类月球探测器的成功率很高，这表明人类的探月技术有了较大的提升。
- 打破了20世纪只有美国和苏联两个国

欧洲空间局第一个月球探测器"智慧1号"
扫描月面示意图

家对月球探测的垄断局面。欧洲空间局、日本、中国、印度和以色列等国家或组织纷纷展开月球探测，并将有越来越多的国家或组织甚至私营公司参与月球探测，且趋向于以国际合作方式为主。

3 探月方式

随着人类月球探测技术的不断提升，探测月球的方式也越来越多，从而使月球探测的广度和深度不断扩大。飞越月球或在其表面硬着陆的探月方式已经变得相对落后，现在和可以预见的将来主要采用以下探月方式。

- 通过绕月探测器的方式获取信息，这样能够有较长的探测时间来获取比较全面、详细的月球资料。
- 探测器在月球表面软着陆，以固定或漫游车的方式进行实地考察、拍摄探测和取样分析等。
- 通过载人或无人探测器在月面软着陆后取得样品返回地球，进行实验室分析。
- 进行撞击式探测，与早期的硬着陆不同，这是一种新兴的探月方式，主要用于探测月球的内部结构和组成，发挥探测器的余热。当然，人类也开发了一些专用的月球撞击器。
- 在月球建立永久性基地，以开发和利用月球的资源、能源和特殊环境，并为载人火星探测开辟道路。

美国"月球坑观测与感知卫星"释放"半人马座"上面级撞击器对月球进行撞击式探测示意图

链接： 另外，还有发射飞镖式穿透探测器进行插入式探测的探月方式。这种月球探测器主要用于研究月震及其他亚地表现象，日本和英国曾有这方面的计划，但是还没有执行发射任务。

4 两大集团

"嫦娥五号"实物图

总之，人类探月总体分为探月、登月、驻月三大步，即"探、登、驻"。目前，美国已经完成了前两步，未来将执行第三步。苏联 / 俄罗斯完成了第一步，未来将执行第二步。但是由于经济发展等原因，自1976年后，苏联 / 俄罗斯再也没有发射过月球探测器。因此，在探月第一集团中，美国是"领头羊"。

欧洲空间局、日本、中国和印度等都以探月为主攻方向，整体上按"绕、落、回"三个步骤分步实施，逐渐积累经验和知识。目前，欧洲空间局、日本、中国和印度均完成了绕月探测，中国还于2013年发射"嫦娥三号"探测器实现了月面软着陆，2018年发射"嫦娥四号"探测器实现了人类首次月背着陆，2020年发射了"嫦娥五号"探测器实现了采样返回。所以，在欧洲空间局、日本、中国和印度等组成的世界探月第二集团中，中国目前处在领先位置。

5 典型案例

在已经探月的国家中，印度的探月方式比较特殊。作为亚洲航天大国，印度很早就计划开展月球探测。但是由于经济水平和科技水平等原因，印度采取了国际合作的方式，最终圆了自己的探月梦想。

（1）最大特点

2008年10月22日，印度成功发射"月船1号"探测器。15天后，它运行在距月面100千米高的环月轨道上，成为继苏联、美国、欧洲空间局、日本和中国之后，世界上第六个研制并发射月球探测器的国家或组织。

"月船1号"的主要科学任务是：对月球进行高分辨率遥感观测，制作分辨率为5～10米的高清晰的三维月球表面地形图；对月球两极是否存在水的课题进行初步探索；收集月球表面矿物质和化学物质的有关数据，了解镁、铝、硅、钙、铁、钛等元素，以及氡、铀、钍等原子量大的元素的分布；通过传回地球的月球数字高程图和矿物集中图，对月球的形成过程和化学进化进行研究。

印度"月船1号"飞行示意图

"月船1号"上有11台科学探测仪器，其中5台是由印度自己研制的，它们是：地形测绘立体相机、超光谱成像仪、月球激光测距仪、高能X射线光谱仪、月球撞击探测仪。其他6台则是由国外研制的，这也是印度月球探测器的特点之一。

"月船1号"最大的特点是其顶部装有1个质量约为29千克的"冲击者"月球撞击探测仪。"冲击者"在"月船1号"到达最终轨道后被释放，在接近月球的过程中，"冲击者"能不断地对月球进行拍摄，拍摄的月面有助于印度未来为月球车选择着陆位置。"冲击者"在释放20分钟之后以75米/秒的速度撞击月面，激起月球土壤，以方便科学探测仪器获取月球内部的矿物质和水的科学数据，并验证精确着陆月面所需的技术，为此后的落月探测做准备。"冲击者"将印度国旗"抛"上了月球，以确立印度在月球的存在。

将月球撞击探测仪组装到"月船1号"的顶部

（2）横向比较

与亚洲其他国家发射的月球探测器（如日本的"月女神1号"、中国的"嫦娥一号"）相比，印度的"月船1号"既有相同之处，也有一些不一样的地方。

一是体积小。"月船1号"的星体为边长约1.5米的立方体；"月女神1号"采用了

2.1 米 ×2.1 米 ×4.8 米的箱形结构；"嫦娥一号"的主体为一个 2.22 米 ×1.72 米 × 2.2 米的长方体。

二是质量轻。"月船 1 号"的发射质量为 1304 千克；"月女神 1 号"的发射质量为 3000 千克；"嫦娥一号"的发射质量为 2350 千克。

三是造价低。"月船 1 号"总耗资仅 38.6 亿卢比（约合 8300 万美元），是各国探月计划中耗资最少的；"月女神 1 号"总耗资约 4 亿美元；"嫦娥一号"总耗资约 15 亿元人民币（约合 2.2 亿美元）。

四是分辨率高。"月船 1 号"与"月女神 1 号"的运行轨道高度都是 100 千米，但是 "月船 1 号"上的地形测绘立体相机的分辨率达到了 5 米，而"月女神 1 号"上的地形测绘立体相机的分辨率是 10 米。

链接： "月船 1 号"原本还有一个优越性是寿命长，其设计寿命为 2 年。不过，在绕月工作 10 个月之后，星上计算机停止工作导致"月船 1 号"与地面站失去联系，印度不得不宣布"月船 1 号"提前退役。

"月船 1 号"组装现场

（3）国际合作

为了提高探月水平，"月船 1 号"载有 6 台国外研制的科学探测仪器。

- 近红外光谱仪 2 号。它主要由德国研制，可以对月球表面进行大范围的地质探测，有助于人类更好地了解地球与月球的形成历史。

- 次千伏原子反射分析仪。它由欧洲空间局、瑞典（不以欧洲空间局的名义）等联合研制，可利用低能中性原子对月球表面进行成像，获得永久阴影区和不稳定物富足地区的月面成分分布图；对太阳风与月球表面的相互作用进行成像；对月球表面磁异常现象进行成像。

- 辐射剂量监测实验装置。它由保加利亚研制，可测量月球轨道的粒子流、沉积能谱和累积吸收辐射剂量率；提供月球周围不同高度和纬度的辐射剂量评估图等。

- 小型合成孔径雷达。它由美国研制，负责绘制月球极区的永久阴影区，其中包括以前从地球上从未看到过的大面积区域，并寻找水冰沉积物。其收集的数据已用于确定月球上的水冰沉积物的地点和分布规律，帮助科学家了解撞上月球的天体的历史和自然特征，以及物质被从外部太阳系扔往内部行星的过程。

"月船1号"拍摄的月球表面

- 月球矿物学制图仪。它由美国研制，可绘制第一张整个月球表面的高空和光谱分辨率图，显示构成月球表面的矿物分布，从而对月球上的矿物质资源进行评估，回答有关月球起源、地质演变和太阳系形成早期陆地行星的演化问题。它已寻找到了一些用于月球探索和其他行星探索任务的资源，其中可能包括水。

- 月船1号X射线光谱仪。它主要由英国研制，用于测量X射线，测绘月球表面成分。该仪器对镁、铝和硅X射线敏感，可观测被月壤原子吸收后又放射出来的太阳X射线，借此测绘月面的化学成分。当太阳X射线照射很强时，比如在太阳耀斑期间，它还能对铁、钛和钙等其他元素进行测量。

另外，欧洲空间局还向印度提供了"智慧1号"探测器的运行经验，并向印度提供了地面测控支持。作为回报，欧洲空间局可迅速获取印度月球探测获取的资料。

（4）两大发现

在"月船1号"工作期间，有两大发现，一是其上的小型合成孔径雷达在40多个陨石坑里发现了水冰，这些被发现有水冰的陨石坑大多数无法受到太阳光的照射，永远处在黑暗的笼罩下。一些永远处于黑暗的陨石坑的温度最低可达-248℃，比冥王星的表面还要低，保持着水冰的冰冻状态。

二是其上的地形测绘立体相机在月球赤道附近发现了一个水平走向的天然隧洞，它可能成为人类未来在月球上的天然保护屏障。这个隧洞长约2千米，宽约360米，能作为人类在月球上的潜在居住地。这一发现对人类将来在月球上建设永久性基地大有帮助：如此宽大的隧洞可用于建设月球地下前哨基地，洞顶部分能够保护航天员免受宇宙辐射、流星体撞击和温度剧烈波动的影响。

2019 年，印度发射了"月船 2 号"探测器。它由一个轨道器、一个着陆器和一辆月球车组成。其任务是演示和验证在月球上的软着陆能力，对月球表面进行矿物和地质等方面的测绘和分析，探测月球上是否有水。其中的轨道器在距离月面 100 千米高的环月轨道上绕月飞行，携带了印度自主研制的 5 台科学仪器，用于绘制详细的三维月球表面图像。但是其着陆器在着陆时失败，月球车亦随之坠毁。

印度"月船 2 号"探测器包括轨道器、"维克拉姆"着陆器和"普拉冈"月球车

苏联发射了多少个月球探测器？这些探测器取得了什么显著成就？

1959 年 1 月 2 日，苏联发射的"月球 1 号"探测器实现了人类首次飞越月球的壮举。此后一直到 1976 年，苏联陆续发射了 24 个"月球"系列探测器，成功或部分成功了 16 次，它们进行了硬着陆、软着陆和月面探测，取得了大量成果。

1965—1969 年，苏联共进行了 4 次"宇宙"系列探测器的发射，但是全部失败了。

1964—1970 年，苏联发射了多个"探测器"系列探测器，成功了 6 次。

1 "月球"系列

"月球"系列探测器是苏联发展的早期的无人月球探测器，自 1959 年 1 月 2 日—

1976 年 8 月 9 日共发射了 24 个，都是从拜科努尔发射场发射的。

其实，苏联在"月球"计划中实际发射的月球探测器多于 24 个，但是有些探测器或因未脱离低地轨道而被编入"宇宙"系列，或因未进入月球轨道而未被归入"月球"系列。"月球"计划的总成本约为 45 亿美元。

这些探测器的任务是：以飞越探测、绕月飞行、硬着陆、软着陆、取样返回等不同方式，通过拍照、自动测量、采样分析、月球车实地考察的途径对月球和近月空间进行探测。

其中，月球飞越任务成功 1 次（月球 3 号），月球轨道器任务 6 次全部成功（月球 10 号、11 号、12 号、14 号、19 号和 22 号），月球着陆任务成功 5 次（月球 2 号、9 号、13 号、17 号和 21 号，另外 7 次失败），采样返回任务成功 3 次（月球 16 号、20 号和 24 号，另外 2 次失败）。"月球"计划使苏联在月球探测领域取得多项世界纪录。

（1）世界纪录

1959 年 1 月 2 日，苏联用东方号运载火箭发射了"月球 1 号"探测器。虽然地面控制系统出现了故障，但是它于同年 1 月 4 日从距离月球 5995 千米处飞越，从而成为世界上第一个到达月球附近的探测器，也是世界上第一个绕太阳运行的人造探测器。

1959 年 9 月 12 日，苏联用东方号运载火箭发射了"月球 2 号"探测器。它于同年 9 月 14 日在世界上首次成功撞击月球，实现了月面硬着陆，并发现月球实际上没有磁场。

1959 年 10 月 4 日，苏联用东方号运载火箭发射了"月球 3 号"探测器。它于同年 10 月 7 日在飞越月球时拍摄了世界上第一张月球背面图像。

1966 年 1 月 31 日，苏联用闪电号运载火箭发射了"月球 9 号"探测器。它于同年 2 月 3 日在月球风暴洋西部软着陆成功，成为世界上第一个实现月球软着陆的探测器。

1966 年 3 月 31 日，苏联用闪电号运载火箭发射了"月球 10 号"探测器。它于同年 4 月 3 日成为世界第一个人造月球卫星，并测量了月球周围辐射和微流星环境。

1970 年 9 月 12 日，苏联用质子号运载火箭发射了"月球 16 号"探测器。它于同年 9 月 20 日在月球丰富海着陆，同年 9 月 24 日将 105 克月球样品带回地球，成为世界上第一个无人取样返回探测器。

1970 年 11 月 10 日，苏联用质子号运载火箭发射了"月球 17 号"探测器。它携带了世界上第一辆能在月面自动行走的月球车——月球车 1 号。同年 11 月 17 日，"月球车 1 号"在月球雨海着陆，总

苏联"月球 3 号"探测器模型

行驶距离达 10.5 千米，考察了 8 万平方米范围的月面，发回了 22 000 多幅月面图像。其寿命达到了 10 个月，直到它所携带的核能耗尽为止。这比原计划的 90 天长了许多。

世界上第一辆能在月面自动行走的月球车——月球车1号

（2）开路先锋

月球 1 号～3 号都是在 1959 年发射的。其中的"月球 1 号"重 365 千克，用于测量月球磁场、宇宙射线和太阳辐射；"月球 2 号"重 390 千克，成为撞击地外天体的第一个人造物体；"月球 3 号"重 435 千克，由测量仪器、温控板、太阳能电池、天线、气体喷嘴和太阳传感器等组成，用于测量月球磁场、空间辐射。

"月球 1 号"和"月球 2 号"在距离地球 11 万多千米处释放出钠蒸气形成的云（人造彗星），地面站曾对其进行观测和拍照，其最大亮度相当于 4.5 等星。探测器使用 183.6 兆赫兹等频率与地面站进行无线电通信，将探测数据和月面图像发回地球。

月球 4 号～14 号在 1963—1968 年间发射。它们都预先进入人造地球卫星轨道，然后从这个轨道飞向月球。在飞行中对轨道进行了修正，再经过机动飞行和制动后，或在月面软着陆，或成为人造月球卫星绕月飞行。

（3）着陆神器

1966 年 1 月 31 日发射的"月球 9 号"探测器由着陆器、制动发动机和仪器舱组成，总质量为 1538 千克，其中推进剂为 800 千克。着陆器为球状，直径为 58 厘米，质量约 100 千克，携带的科学探测仪器包括摄像机、气体放电辐射计数器、亮度标准测量仪和辐射计等。制动发动机采用液体推进剂，用于地月转移轨道的中途修正和制动着陆。仪器舱中装有姿态控制系统、电池和雷达天线等电子元器件。

苏联"月球 9 号"着陆器示意图

"月球 9 号" 在距离月面约 8000 千米时，通过半自主控制系统的制导，精确地沿月面法线指向飞行，并在到达月面上方约 75 千米处，根据来自着陆雷达的指令启动和修正制动发动机，然后着陆器在接触月面前脱离制动发动机等系统，单独在月面上软着陆。

链接： 着陆器在着陆后展开了花瓣状的 4 片护罩，用作天线反射面，发送图像信息，同时还用于支撑、稳定着陆器，其后还展开了 4 副鞭状天线。"月球 9 号" 在月球表面工作了大约 48 小时，传回了不同光照条件下的月面图像，用于分析月面的地形地貌。它首次实现了在月球风暴洋软着陆成功，其外壳像花瓣一样展开，露出摄像机，对月球地形进行拍照，并向地球发回了一些月球表面的中等分辨率图像和月面辐射水平的数据。

（4）中坚力量

1966 年 3 月 31 日发射的 "月球 10 号" 重 245 千克，由测量仪器、温控系统反射器、天线、数据传输装置、分离装置、天文导航仪器和制动发动机组成，是人造月球卫星，用于观察月球空间环境。

1966 年 10 月 22 日发射的 "月球 12 号" 由压缩气体箱、相机、辐射计、仪器舱、化学电池、天文导航系统、天线、导航电子设备和轨道校正发动机等组成，在绕月飞行的轨道上成功地发回了关于月球表面的电视图像。

1966 年 12 月 21 日由闪电号运载火箭发射的 "月球 13 号"，其构型与 "月球 9 号" 相似，但携带着不同的有效载荷。"月球 13 号" 总质量为 1620 千克，其中着陆器质量为 112 千克。携带的有效载荷包括月壤机械性能测量仪、辐射密度计、过载测量仪和月面热流测量仪等。它在月面软着陆，探测了月球土壤，拍摄了月球图像，传回了大量的月面全景图像和科学数据。

（5）采样返回

月球 15 号～24 号于 1969—1976 年间发射，它们发展成为月球自动科学站。

1970 年 9 月 12 日发射的 "月球 16 号" 质量约 5800 千克，高约 4 米，底部直径约 4 米，由下降级与上升级组成。

下降级位于探测器下部，用于采集月球样品、与地球进行无线电通信、提供电能，同时也是上升级的发射平台。下降级的底部是制动发动机，用于减速和着陆；游标发动机用于在飞行过程中修正轨道；4 个对称分布的圆柱体推进剂贮箱为发动机提供燃料；月球样品采集装置中装有钻臂与空心钻管，钻管内装有探测器，可以感知月岩或月壤的阻力以确定钻速，并且可以自动避开月岩；其他系统包括导航与控制系统、热控制系统、无线电接收与发射系统、化学电池和 4 个可伸缩的缓冲着陆架等。

上升级位于探测器上部，用于将装有月球样品的返回舱送回地球。上升级包括提供动力的发动机、3 个球形推进剂贮箱、装有导航设备和化学电池的柱形仪器舱，以及位于仪器舱上方的球形返回舱。球形返回舱直径约 50 厘米，质量为 36 千克，分成上、中、下三部分，下部装有电池和信号发射装置，中部装有钻头和月球样品舱，顶部装有降落伞和下降天线。返回舱外表面有热防护层，防护层的外层是石棉酚醛塑料，内层是玻璃纤维蜂窝填料，正面部分最厚达 35 毫米，背面厚为几毫米。返回舱使用金属紧固带与仪器舱顶部连接，在再入大气层前根据地面站的指令与上升级分离。

"月球 16 号"在人类航天史上第一次实现了无人探测器自动挖掘月球岩土样品的

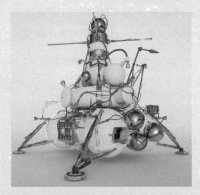

创举，并于 1970 年 9 月 24 日把 105 克的月球样品送回地球。

1972 年 2 月 14 日，与"月球 16 号"基本相同的"月球 20 号"由质子号运载火箭发射，在月球表面成功软着陆，最终带回 55 克的月球样品。

1976 年 8 月 9 日，与"月球 16 号"基本相同的"月球 24 号"由质子号运载火箭发射。它于同年 8 月 18 日在月球危海东南部软着陆，返回舱携带 170 克月球岩样于 8 月 22 日在苏联西伯利亚地区降落。

苏联"月球 16 号"月球采样返回探测器

（6）月面漫游

1970 年 11 月 10 日发射的"月球 17 号"重 1350 千克，携带了世界上第一辆能在月面自动行走的月球车——月球车 1 号。

其软着陆平台干质量约 1080 千克，4 个圆柱体贮箱中的推进剂用于中途修正和近月制动，4 个球形贮箱中的推进剂用于软着陆，着陆机构为 4 个腿式缓冲着陆架。携带的仪器包括着陆雷达、推力可调的发动机系统、姿态控制系统、陀螺仪和电子设备等，还有其他用于测量探测器周围温度和辐射的仪器。星上计算机根据高度和速度控制发动机开关。发动机关机后靠反作用推进器实现软着陆。

"月球 17 号"在月面着陆后，有 8 个独立驱动轮子的"月球车 1 号"便开始科学考察。这种月球车由 1 副圆锥形天线、1 副全向螺旋天线、4 台电视摄像机、密封仪器容器、激光反射器、温控系统反射器、太阳能电池、同位素电池、遥控测量装置、土壤钻铲、全景图像电传装置、同轴车轮升降装置组成。"月球车 1 号"由地面站进行无线电控制，能爬 30° 的斜坡，可转弯和倒车，行驶速度可达 1 千米 / 时，在月球表

苏联"月球 17 号"和"月球 21号"的软着陆平台

面上工作了 10 个月，行驶距离达 10.5 千米，月球车上的相机拍摄了 22 000 多幅月面图像。

苏联"月球车 1 号"离开着陆器进行巡视探测示意图

链接： "月球车 1 号"还携带了 1 台撞击月壤的特殊设备，该设备展开后用于月壤密度测量和力学测试。

　　1973 年 1 月 8 日发射的"月球 21 号"携带了第二辆无人探测用的"月球车 2 号"。它与"月球车 1 号"基本相同，在月面行驶了 37 千米，工作时间为 4 个月。

2 "探测器"系列

　　苏联的"探测器"系列是 1964—1970 年进行的两个独立的无人探测任务系列。

　　第一个系列是行星探测器任务，包括探测器 1 号～3 号，分别于 1964 年 4 月 2 日、1964 年 11 月 30 日和 1965 年 7 月 18 日发射，目的是收集行星信息。

　　第二个系列是无人绕月飞行试验任务，包括探测器 4 号～8 号，分别于 1968 年 3 月 2 日、1968 年 9 月 15 日、1968 年 11 月 10 日、1969 年 8 月 8 日和 1970 年 10 月 20 日发射。它们采用"联盟"飞船的简化设计，包括服务舱和返回舱，不包括轨道舱。它们在再入地球大气层时均出现了故障。

　　探测器 4 号～8 号拍摄了大量图像，还携带生物样品进入太空。任务收集了有关微流星体通量、太阳和宇宙射线、磁场、射电和太阳风的信息。

　　"探测器 4 号"质量为 5600 千克，进行绕月并返回地球的飞行试验。探测器的姿态控制敏感器在再入地球大气层过程中失效，导致探测器无法保持姿态稳定。为防止别国截走返回的探测器，苏联在几内亚海湾上空应急摧毁了该探测器。

"探测器 5 号"质量为 5800 千克，是苏联首个成功完成绕月飞行任务并返回地球的探测器。探测器成功进入高度为 1950 千米的绕月轨道，拍摄地球和月球高分辨率图像。在该探测器返回地球的过程中，一个姿态控制敏感器出现故障，制导再入系统关闭，探测器弹道式再入地球大气层，在印度洋上的备用着陆地点成功着陆。"探测器 5 号"携带的 2 只草原龟生物样品生还并被送回莫斯科。

苏联"探测器 5 号"构想图

"探测器 6 号"质量为 5800 千克，绕月后返回地球。它拍摄了地球的黑白图像，再入地球大气层后，在哈萨克斯坦的主着陆地点着陆并回收。探测器在垂直降落地面时坠毁，不过回收人员从相机中找到了胶片。

"探测器 7 号"质量为 5800 千克，携带了包括 4 只雌性草原龟在内的生物样品、辐射探测器和成像系统。它拍摄了地球和月球图像，成功地受控再入地球大气层，在哈萨克斯坦的着陆地点着陆。

"探测器 8 号"质量为 5800 千克，绕月后返回地球，弹道式再入地球大气层，降落在印度洋上。它是该系列探测器中最后一个为载人绕月飞行做准备的探测器。

链接： 苏联计划用于载人登月的 N1 重型运载火箭 4 次发射全部失败，美国在 1969 年则成功实现了载人登月。苏联最终取消了载人登月计划，转而全力研制空间站。

苏联 N1 重型运载火箭发射

美国曾经实施过哪些探月计划？它们都用于完成什么任务？

美国曾经实施过 6 个探月计划，其中的几个计划属于"阿波罗"载人登月工程（"阿波罗"计划）的辅助计划。

1 总体概览

1958—1968 年，美国发射了 8 个"先驱者"系列月球探测器，其中只有"先驱者 4 号"在距离月球 60 500 千米处飞过，然后进入太阳轨道，取得部分成功。

1961—1965 年，美国发射了 9 个"徘徊者"系列月球探测器，其中后 4 个获得成功，在月球上进行了硬着陆，并发回了大量的高分辨率图像。

1966—1968 年，美国发射了 7 个"勘测者"系列月球着陆器，其中 5 个成功，在月球上进行了不载人的软着陆和月球承重试验、月球化学分析试验，并拍摄了月面图像。

1966—1967 年，美国发射了 5 个"月球轨道器"系列月球探测器，它们都成功地拍摄了月面地形图像，为载人登月选择着陆地点，还积累了流星和辐射环境资料，利用地面站进行跟踪，得到了月球重力场的详图。

1966—1973 年，美国发射了探险者 33 号、35 号和 49 号月球轨道器，其中"探险者 33 号"发射失败，"探险者 35 号"向地球发回了月球粒子和磁场资料，"探险者 49 号"进行了射电天文研究，探测结果证明月球没有强磁场、没有辐射带和电离层。

1967—1972 年，美国发射了 18 艘"阿波罗"飞船，其中 1968 年 12 月发射的"阿波罗 8 号"首次进行了载人月球轨道飞行，1969 年 7 月发射的"阿波罗 11 号"实现了首次人类载人登月，"阿波罗"计划一共进行过 6 次载人登月，将 12 名航天员送上月球表面，带回了 382 千克月球样品和大量科学数据。

2 "先驱者"系列

"先驱者"系列月球探测器是美国 1958—1973 年发射的行星和行星际空间探测器，共 12 个（先驱者 0 号～11 号），探测目标包括月球、行星际空间、内行星（水星、金星）和外行星（木星和土星）。其中先驱者0号～4号为月球探测器，于1958年8月—1959年3月发射，任务目标是使探测器达到地球逃逸速度，以证明"先驱者"项目的可行性。其中，先驱者0号～3号因运载火箭故障导致探测器损毁或因未达到地球逃逸速度而坠入地球大气层。"先驱者4号"达到了地球逃逸速度，却因为飞行轨迹偏差，在距离月球约60 500千米处飞过（原计划是在3.2×10^4千米处飞越月球），由于距离太远，未能拍到月球图像，探测器最终进入太阳轨道。

检测"先驱者4号"

链接：先驱者0号、1号和2号质量均为38千克，为中部扁圆柱、两端圆锥体的玻璃纤维结构，中部的圆柱直径为74厘米。探测器装载了1个红外扫描仪，该仪器是一个简单的热辐射装置，还包括1个小型抛物面反射镜，能将月球表面反射的光线聚焦到单元上，其输出电压与接收到的光线成正比。

　　"先驱者4号"质量为6.1千克，圆锥体结构，外部为涂有黄金层的纤维玻璃，锥体结构本身作为天线，黄金层为导体。圆锥体中央是电压管和2个盖革弥勒计数器。质量0.5千克的发射机以960.05兆赫兹频率发出0.1瓦的相位调制信号，调制载波功率为0.08瓦，总有效辐射功率为0.18瓦。

3 "徘徊者"系列

　　1961年8月—1965年3月，美国使用宇宙神－阿金纳B运载火箭从卡纳维拉尔角陆续发射了9个"徘徊者"系列月球探测器，以在不同的距离上拍摄月球表面的图像，获取月球表面特性；评估月球环境对载人登月飞船着陆任务的影响，以了解"阿波罗"载人登月飞船在月球表面着陆的可能性。其中的徘徊者1号～6号均因故障而失败；后3次取得完全成功，获得了高质量月面图像。

徘徊者1号和2号是两次试验飞行，分别于1961年8月23日和1961年11月18日发射，主要进行科学实验和验证各项工程技术，包括验证压缩氮喷气的三轴稳定系统、消除发射误差的航向校正系统等。

徘徊者3号、4号和5号装有月球撞击舱，主要任务目标是观测月球，测量月球辐射强度和试验月球硬着陆技术，并向月球表面放置月震仪。这3个探测器于1962年1月—10月期间发射。

徘徊者6号、7号、8号和9号由摄像设备取代了原来的月球撞击舱，用以获取月面图像。

1964年1月30日发射的"徘徊者6号"是美国第一个在月面硬着陆的月球探测器，着陆地点在月球静海地区，但未能拍摄月面图像。

1964年7月28日发射的"徘徊者7号"在硬着陆前逼近月球的过程中，用6台电视摄像机拍摄，并在撞击月面前传回了4308幅月面图像。

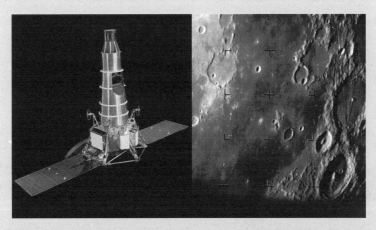

美国"徘徊者"系列月球探测器及其拍摄的月面图像

1965年2月17日发射的"徘徊者8号"在撞击月面前传回了7137幅月面图像。

1965年3月21日发射的"徘徊者9号"在撞击月面前传回了1.2万张（5815幅）清晰的月球近景图像。

徘徊者8号和9号最后分别于1965年2月20日和1965年3月24日在月球的静海和云海地面硬着陆。

徘徊者3号～5号的质量均为330千克，高约3.1米，装备有直径65厘米的外层包有软木的月球撞击舱。其推进系统采用了推力 22.6 千牛的单元肼发动机。姿态信息由太阳敏感器、星敏感器和陀螺仪提供，并通过俯仰 / 滚动喷管实现姿态控制。由计算机、音序器及地面控制的指令系统实现探测器的控制。电源系统采用太阳能电池翼，并为 1000 瓦时的银锌电池充电。通信系统包括 2 个 960 兆赫兹发射机、1 副高增益天线和 1 副全向天线。热控制系统采用白色涂层、金铬涂层和镀银塑胶。其有效载荷包括成像系统、γ 射线光谱仪、单轴地震检波仪及无线电实验装置。

徘徊者 6 号～9 号的质量均为 366 千克，主结构是外接圆直径为 1.5 米的六边形铝框架基座，框架上部的截锥塔上安装有摄像机。电源系统包括功率 200 瓦的太阳能电池翼、1 个 1000 瓦时的银锌电池组和 2 个 1200 瓦时的银锌电池组。其通信采用高增益抛物面天线和准全向低增益天线，发射机包括 1 个频率 959.52 兆赫兹、功率 60 瓦的电视信道，1 个频率 960.05 兆赫兹、功率 60 瓦的电视信道和 1 个频率为 960.58 兆赫兹、功率 3 瓦的转发器信道。其有效载荷包括由 6 台相机组成的成像系统，其中 2 台为全扫描相机，4 台为区域扫描相机。

链接： 徘徊者 6 号～9 号的巡航推进系统采用 224 牛单元肼发动机，带有 4 个矢量控制阀。指向和姿态控制系统采用 12 个氮气喷管，姿态敏感系统包括 3 个陀螺仪、4 个主太阳敏感器、2 个辅助太阳敏感器和 1 个地球敏感器。

4 "勘测者" 系列

1966 年 5 月—1968 年 1 月，美国先后发射 7 个 "勘测者" 月球着陆器，主要用于月面软着陆试验，其中 2 个失败（勘测者 2 号和 4 号），5 个成功，并向地球发回了 8.6 万张月面图像，为 "阿波罗" 计划提供了支持。

它们用于开发和验证月面软着陆技术，获取月球表面的近距离图像，勘测月面地质地貌，了解月球土壤的理化特性，为 "阿波罗" 载人登月飞船在月球表面着陆提供数据。

1966 年 5 月 30 日发射的 "勘测者 1 号" 是美国第一个实现月球软着陆的探测器，着陆地点在风暴洋地区。它向地球发回了黑白月面图像。

1967 年 4 月 17 日发射的 "勘测者 3 号" 是

美国 "勘测者 3 号" 月球着陆器，远处是 "阿波罗 12 号" 载人登月舱

美国第一个装备月球取样设备的探测器，它按地面指令在月面掘出岩样，供月壤分析器分析，同时发回了 6300 余张图像。

1967 年 9 月 8 日发射的"勘测者 5 号"为美国首次测定了月壤的化学成分，获得了月壤化学性质的电视图像。

1967 年 11 月 7 日发射的"勘测者 6 号"于 11 月 10 日在月面软着陆，最终发回 29 952 张月球图像。它在完成月面软着陆、图像拍摄及土壤测量任务后，还试验了月面起飞技术。11 月 17 日，该探测器的 3 个游标发动机点火 2.5 秒，从月面起飞了 3 ~ 4 米的高度，随后降落在原着陆地点以西 2.4 米处。

"勘测者 1 号"质量为 995 千克，为三角形构架结构，总高度约 3 米，中央是大推力主制动发动机。支架末端的 3 个着陆垫装有减震吸能装置和应力测量系统。1 个中央支杆从三角形构架顶点向上延伸 1 米，太阳能电池翼安装在中央支杆顶部。"勘测者"系列月球着陆器装有两种制动火箭，一种是推力 40 千牛的大推力反推制动火箭，用于在登月时降低着陆器速度，实现软着陆；另一种是安装在主制动火箭周围的 3 个小型游标发动机，每个推力为 130 ~ 460 牛，用于中途轨道修正和控制着陆器着陆。

链接："勘测者 1 号"的姿态信息由太阳敏感器、星敏感器和 3 个陀螺仪提供。电源系统由总功率 85 瓦的太阳能电池翼和银锌电池组成。通信采用 S 频段，装有 1 副高增益天线（下行）、2 副全向圆锥天线（上行和下行）、2 台发射机和 2 台接收机。热控制系统采用白色涂层、高辐射热表面及抛光外层。

"勘测者 1 号"采用了直接登月轨道。进入着陆程序后，反推制动火箭在距月面 75 千米高度时点火 38 秒，将着陆器速度降到 70 米 / 秒，随后抛掉反推制动火箭，3 个小型游标发动机继续工作使着陆器进一步减速，最后着陆器以"自由落体"方式降落到月面。

其他"勘测者"月球着陆器的主结构、着陆过程基本与"勘测者 1 号"相同，但是携带的有效载荷不同。例如，勘测者 1 号和 2 号仅携带了相机系统，而"勘测者 3 号"不但携带了相机系统，还携带了固体样品采样器，能够从着陆器向外伸出 1.5 米，并从月球表面下 0.5 米深度处采样。"勘测者 4 号"增加了土壤磁性测量仪，

美国"勘测者"系列月球着陆器模型

可测量月面土壤的含铁量。勘测者 5 号 ~ 7 号增加了 α 散射仪，可测量月球土壤特性。

5 "月球轨道器"系列

1966 年 8 月—1967 年 8 月，美国用宇宙神 - 阿金纳 D 运载火箭从卡纳维拉尔角相继发射 5 个"月球轨道器"系列月球探测器，任务目标是对月球表面进行全面、详细的观测，为"阿波罗"载人登月飞船选择着陆地点。它们对 40 多个预选着陆地点进行了详细观测。

这 5 个"月球轨道器"系列月球探测器全部成功进入月球轨道，共发回 1654 幅月球图像，其中 840 幅是围绕月球赤道飞行的月球轨道器 1 号 ~ 3 号拍摄的"阿波罗"载人登月飞船计划登月区域的图像；其他 814 幅是运行于月球极轨道的月球轨道器 4 号、5 号拍摄的 8 个登月点的图像。它们拍摄了高分辨率的月球表面图像。人们根据它们拍摄的图像资料绘制了 1：4800 的月球地形图。

美国"月球轨道器"系列月球探测器

它们拍摄的月球图像约占月球表面总面积的 99%，分辨率优于 60 米。其中，"月球轨道器 2 号"进入近月点 39 千米的绕月轨道，拍摄到月球赤道以北枯海地区的清晰图像 412 张，其中几幅近景图像有较高的科学价值；"月球轨道器 5 号"完成了月球背面的覆盖观测，获得了预选区域的中分辨率（20 米）和高分辨率（2 米）图像。

5 个"月球轨道器"系列月球探测器的构型基本相同，质量约 385 千克，主结构为底部直径 1.5 米、高 1.65 米的截锥形结构，包括 3 个舱段，并由桁架支撑。巡航机动采用推力 445 牛的速度控制发动机，4 个 4 牛的氮气喷管用于姿态控制。探测器采用三轴稳定模式，由太阳敏感器、老人星跟踪器及惯性基准单元（IRU）提供姿态信息。电源系统包括功率 375 瓦的太阳能电池翼和 12 安时的镉镍蓄电池组。通信采用 S 频段（2295 兆赫兹），其中 1 瓦功率的发射机和定向高增益天线用于发送图像信息，0.5 瓦功率的发射机和全向低增益天线用于其他通信。热控制系统采用多层隔热材料、专用涂层、辐射器和小型加热器。

链接： "月球轨道器"系列月球探测器的有效载荷包括成像系统、微流星体探测仪和辐射强度测量仪。其中，成像系统是一个双透镜相机系统，包括高分辨率 610 毫米透镜系统和中分辨率 80 毫米透镜系统，在 96 千米的近月点高度，2 个系统的分辨率分别为 2 米和 20 米。

6 "探险者"系列

　　"探险者"系列月球轨道器中的探险者 33 号、35 号和 49 号是执行月球轨道任务的，目的是协助人类研究太阳系的各种空间现象。

　　"探险者 33 号"于 1966 年 7 月 1 日由德尔塔运载火箭发射。由于火箭第二级加速过快，探测器未能飞往月球轨道，而是围绕地球大椭圆轨道飞行。其质量为 93 千克，自旋稳定，自旋速率为（16.7 转 ~ 27.3 转）/ 分钟。携带的有效载荷包括磁强计、热离子探测仪和"法拉第"探测仪等。

　　"探险者 35 号"于 1967 年 7 月 19 日由德尔塔运载火箭发射，于 7 月 21 日进入近月点 800 千米、远月点 7692 千米、倾角 147° 的月球椭圆轨道。其质量为 104 千克，自旋稳定，自旋速率为 25.6 转 / 分钟。携带的有效载荷包括磁强计、热离子探测仪、"法拉第"探测仪和微流星体探测仪等。探测器在月球轨道成功运行了 6 年，进行了太阳风、太阳系磁场、近月尘埃环境、月球辐射等的探测。

　　"探险者 49 号"于 1973 年 6 月 10 日由德尔塔运载火箭发射，6 月 15 日进入月球轨道。它的任务目标是探测银河系和银河系外的射电噪声，研究来自行星、太阳和银河系 25 千赫兹 ~ 13.1 兆赫兹范围的射电噪声猝发。该任务采用月球轨道是为了避免受到地球无线电波的干扰，人们最后一次与探测器联系发生在 1977 年 8 月。其质量为 330 千克，主结构为直径 92 厘米的镁铝蜂窝圆柱体。控制系统包括 1 个肼燃料速度校正单元、1 个冷气姿控系统和 1 个固态燃料月球进入发动机。

美国"探险者 49 号"示意图

链接： "探险者49号"由3副行波管天线构成X形天线组：1副是背离月球的229米V形天线，1副是指向月球的229米V形天线，1副是与月面平行的37米偶极天线。另有1个129米的振动阻尼器悬梁系统，用来抑制探测器的振动。探测器采用两种方式将数据传回地球：一是通过低功率特高频发射机实时传输；二是利用磁带记录器存储数据，再通过高功率特高频（400兆赫兹）发射机重放传回地球。

7 "阿波罗"计划

"阿波罗"计划始于1961年5月。1969年7月21日首次实现了人类登月的梦想，航天员阿姆斯特朗和奥尔德林驾驶"阿波罗11号"飞船的登月舱降落在月球赤道附近的静海区，并相继走出舱外，在月球上迈出了人类的第一步，引起全球震动。此后，美国又相继发射了6艘"阿波罗"飞船，其中5次成功登陆月球。"阿波罗"计划使12名航天员先后登上了月球。

1966—1968年，美国进行了6次"阿波罗"飞船不载人的试验飞行，在近地轨道上验证了"阿波罗"飞船的3个舱，尤其是登月舱的动力装置。1968—1969年，美国使用阿波罗7号～9号飞船先后进行了环绕地球、月球飞行等载人飞行试验，验证了飞船的可靠性。1969年5月，美国使用"阿波罗10号"飞船进行了登月全过程的演习，有2名航天员驾驶登月舱降到了距离月面15.2千米的高度。

月面上的"阿波罗"登月舱和月球车，航天员在月球车后面工作

首次载人登月是由"阿波罗11号"飞船于1969年7月完成的。此后，在1969年11月至1972年12月期间，美国又陆续发射了阿波罗12号～17号飞船，其中，阿波罗15号、16号和17号的登月舱中还各自带有1辆质量约200千克的月球车。

"阿波罗"飞船由指挥舱、服务舱和登月舱组成。其中，指挥舱是航天员生活和工作的地方，也是全飞船的控制中心；服务舱装有主发动机、姿控和电气等系统；登月舱由下降级和上升级组成。

6艘"阿波罗"飞船的航天员在月球上一共停留了约280小时，足迹达100千米，带回岩土样品约 385 千克。这些成就均大大充实了人类对月球的认知。尤其是航天员在月球上钻取了 3 米深的月球岩芯，发现土壤多达 57 层，每层代表一次陨石冲击，还测量了月球内部发出的热流，从而结束了 100 多年来关于月球是冷还是热的争论……另外，1985 年科学家们通过对"阿波罗"飞船带回的月球岩土样品的分析，证实了月球上存在一种非常有价值的核能源氦 3，这一发现给月球的研究和探测工作注入了巨大动力。

哪个国家最先打破了美国和苏联对探月的垄断？哪个月球探测器最先发现月球可能有大量的水冰？

冷战时期，全球只有苏联和美国竞相发射了很多月球探测器，主要是为了满足各自的政治和科学需要，既显示了各自的综合国力，也取得了一些空间科学成果。这种垄断探月活动的局面一直到 1990 年才被日本打破。

1 飞天破局

1990 年 1 月 24 日，日本率先打破了美国和苏联对探月的垄断，用 M-3S2-5 型火箭成功从鹿儿岛航天中心发射了日本首个月球探测器"飞天号"（又称"缪斯 A"），成为继美国和苏联之后世界第三个发射月球探测器的国家，主要用于试验和验证未来月球和行星探测所需的技术。

（1）主要任务

"飞天号"由日本宇宙科学研究所研制，其主要任务是：试验借助月球引力控制轨道的技术；将一个名叫"羽衣号"（又称"造箭室号"）的小型月球子探测器送入月球轨道；进行自旋稳定航天器的光学导航试验；试验星上的容错计算机和分包遥测技术；进行地—月空间气动制动试验；探测和测量微流星体粒子的质量和速度。该项任务后来又增加了 3 个后续目标，即让"飞天号"运行到地月系统的 L4 和 L5 拉格朗日点、绕月球做轨道飞行、在月面上进行硬着陆。

日本首个月球探测器"飞天号"，顶部装有"羽衣号"小型月球子探测器

（2）基本构型

"飞天号"月球探测器呈圆筒形，直径 1.4 米，高 0.8 米，采用体装式太阳能电池阵，功率为 110 瓦。顶部装有 1 个 11 千克重的 26 面体的"羽衣号"小型月球子探测器，相对面之间的距离为 40 厘米，每个面上装有体装式太阳能电池阵，在与"飞天号"探测器分离前作为探测器的备用电源。探测器采用自旋稳定模式，自旋速率为（10 转 ~ 20.5转）/ 分钟。"飞天号"加满燃料后质量为 197 千克，其中包括 42 千克重的肼燃料。

（3）性能指标

"飞天号"的推进和姿态控制系统包括 8 个 23 牛和 4 个 3 牛的肼推进器、2 个太阳敏感器、1 个星跟踪器、1 个穿越式地平仪、3 个加速计、1 个章动阻尼器和 1 个星上处理器等。光学导航系统包括 2 个 CCD 图像敏感器。

"飞天号"底部装有 1 副 X/S 频段中增益共线阵天线，底部和顶部分别装有 1 副 S 频段交叉偶极子全向低增益天线。探测器通过 1 路 X 频段和 1 路 S 频段转发器进行下行数据传输，2 台接收机用于 S 频段上行数据传输。

链接： "飞天号"上的指令计算机包括 3 个独立的处理器单元，其只读存储器容量为 2 兆比特，随机存储器容量为 512 千比特。探测器携带的有效载荷包括尘埃计数器和光学导航系统。

（4）飞行过程

从地球上发射后"飞天号"进入一条大椭圆地球轨道，在这条轨道上，它 10 次从月球旁边飞过，用于地月轨道环境探测，每次都成功进行了月球借力飞行实验和大气制动实验。

1990 年 3 月 18 日，该月球探测器上的固体火箭发动机点火，将探测器送入距月

球 1.65×10^4 千米的绕月运行轨道。当"飞天号"即将开始首次飞越月球任务时，它将"羽衣号"子探测器部署到月球轨道上，使日本成为世界上第三个实现月球轨道飞行的国家。虽然"羽衣号"上的发射机于 1990 年 2 月 21 日失效，但是日本通过地面观测证实了其减速火箭的点火工作，轨道高度估计为 7400 千米～20 000 千米，运行周期为 2.01 天，此时"飞天号"与月球的最近飞越距离为 16 472.4 千米。

1992 年 2 月，"飞天号"进入了近月点 262 千米、远月点 28 600 千米、倾角 31° 的绕月轨道运行，轨道周期为 6.7 天。1993 年 4 月 10 日，它利用仅有的燃料受控撞击了月球表面的弗内留斯月球坑，结束了它的探测使命。

2 后继有"器"

日本资源十分贫乏，所以一直对探月很感兴趣，以期早日开发那里的资源。为此，日本在发射了"飞天号"月球探测器之后，又于 2007 年 9 月 13 日发射了更先进的"月女神 1 号"。其最大特点是由 1 个主探测器和 2 个子探测器组成，它们在进入月球轨道之后一分为三，各显神通。

日本"月女神 1 号"探月示意图

（1）一主两子

"月女神 1 号"探测器是个体形魁梧的大个子，质量达 3000 千克。它由 1 个主探测器和 2 个子探测器组成。主探测器用于观测月球的表面元素和矿物分布、表面和次表面结构、重力场、剩余磁场及高能粒子和等离子体环境；干涉测量子探测器用于测量月球的精确位置和运行轨迹以测量月球重力场；中继子探测器用于保障主探测器与地面站的通信，并中继主探测器和地面站之间的多普勒测距信号，其上的差分甚长基线干涉射电源和干涉测量子探测器一起还可以最精确地确定月球的重力场。这是世界上首次直接测量月球背面的重力场。

链接： "月女神 1 号"在距离月球大约 2400 千米的椭圆形轨道上运行时，先释放中继子探测器，使其进入近月点 100 千米、远月点 2400 千米的极月轨道，然后释放干涉测量子探测器，使其进入近月点 100 千米、远月点 800 千米的极月轨道。最后，装有大部分科学探测仪器的主探测器进行几次变轨，进入距月面 100 千米高的圆形极月轨道上工作 1 年。

"月女神1号"有三大任务：一是对月球进行全球、高精度观测勘查，以研究月球的起源和演变；二是试验探测器进入月球轨道和姿态与轨道控制技术，所得数据（将）用于研究未来月球开发和载人探测的可能性；三是开发未来月球探测技术，为未来开发利用月球的可行性研究提供依据。

（2）各显其能

"月女神1号"主探测器采用2.1米×2.1米×4.8米的箱形结构，其中1个侧面装有单个太阳能电池翼，可提供3.5千瓦的功率。它进入100千米高的圆形极月轨道后，顶部还伸出了装有磁强计的伸杆。其所携带仪器观测了月球表面的元素和矿物分布、表面和次表面结构、重力场、剩余磁场及高能粒子和等离子体环境。

干涉测量子探测器采用体装式硅太阳能电池阵，装有1台X频段和3台S频段无线电发射机。它与中继子探测器配合，能从地面通过甚长基线干涉测量技术精确测量距离月面较近处的月球重力场。通过测量重力场的分布，可研究月球的起源和演变、分析月球的磁场状态和为月球上是否存在水寻找答案等。

日本"月女神1号"主探测器顶部安装的
2个子探测器

中继子探测器的大小、外形与干涉测量子探测器基本一致，主要负责转发主探测器与地面站之间的通信信号，同时也采用甚长基线干涉测量的原理测量距离月面较远处的月球重力场。它也中继主探测器和地面站之间的4路多普勒测距信号，实现了世界上首次直接测量月球背面的重力场。

链接： 这2个子探测器上都装有差分甚长基线干涉射电源，所以通过跟踪它们的射频源能准确确定子探测器的轨道，最精确地确定月球的重力场。利用这2个子探测器还可以把较低角度和较高角度的重力系数改善一个数量级。

（3）多个神眼

"月女神1号"共携带15种科学仪器，其中主探测器上有：研究月球组成元素分布的X射线光谱仪和γ射线光谱仪、观测星下月面的光谱轮廓仪、研究月球矿物分布的多谱段成像器、研究月球表面结构的地形照相机、获取月球次表面结构信息的月球雷达探测仪、测量从主探测器到月面距离的激光测高计、测量只有地球磁场强度

1/100000 的弱月球磁场的月球磁强计、观测地球等离子体层（观测范围从 X 射线和紫外线到可见光）的上大气层等离子体成像器、测量带电粒子的能量和组成从而对目前和远古时期月球周围的等离子体环境及其演变进行研究的等离子体分析仪、测量高能粒子的带电粒子光谱仪、拍摄月球表面和地球从月球表面升起的景象及斜视拍摄复杂月坑的详细地貌的高清电视摄像机。

日本"月女神1号"主探测器释放子探测器示意图

干涉测量子探测器上有差分甚长基线干涉射电源和射电科学装置。

中继子探测器上有差分甚长基线干涉射电源和通信转发器。

2009 年 6 月 11 日，"月女神 1 号"在成功完成长达 19 个月的探月使命之后，在人工控制下顺利对月球表面进行了撞击式探测，撞击前它获取了一些高清月面图像。

3 发现水冰

沉寂多年之后，1994 年 1 月 25 日，美国使用大力神 2 号运载火箭发射了"克莱门汀号"月球轨道器。它是美国自 1973 年 6 月发射"探险者 49 号"之后首个飞向月球的探测器。

（1）主要任务

"克莱门汀号"的任务属于美国国防部的低成本空间验证任务，该任务又称为"深空项目科学实验"，目标是试验小型成像遥感器等一系列微小型技术。这种美国战略防御倡议局和美国国家航空航天局合作的新型月球探测器，也是美国自 1972 年"阿波罗"计划结束之后发射的第一个多用途空间探测器。

链接："克莱门汀号"一共试验了 23 项先进的轻型军用成像敏感器新技术，绘制了月球表面数字地形图，以及对 1620 号近地小行星乔格拉福斯（又称"地理星"）进行了科学考察。它将月球、1 颗近地小行星和探测器的级间适配器作为目标，来验证轻型组件和遥感器的性能，是全面采用新的轻型化技术、可用于执行多种长期深空探测任务的小型、低成本和高性能探测器的一个代表。

（2）探测过程

"克莱门汀号"发射后先停留在临时的地球轨道上。1994年2月3日，其固体助推火箭点火，开始飞向月球；同年2月19日，它进入月球椭圆极轨道，轨道周期为5天，近月点为400千米。"克莱门汀号"在月球轨道上进行了2个多月的观测，绕月飞行297圈，完成了主要任务，向地面发回了约160万幅月球表面数字图像，提供了包括极区在内的月球全景图。1994年5月3日，地面控制人员向"克莱门汀号"发出推进器点火的指令，计划将其推到能与1620号近地小行星乔格拉福斯交会的轨道上。然而，5月7日，探测器的计算机发生故障，导致推进器意外点火，所有燃料被耗尽，探测器处于不可控的翻滚状态，转数达到80转/分钟；同年7月20日，在月球引力的作用下，探测器进入日心轨道，与小行星交会的任务没有成功。

美国"克莱门汀号"月球轨道器示意图

（3）平台性能

"克莱门汀号"质量为424千克，主结构为高1.88米的八边形柱体。探测器主推进系统采用489牛双组元发动机，可提供3115米/秒的速度增量。12个单元肼推进器用于动量矩卸载、轨道保持、章动控制和加旋/减旋。探测器采用三轴稳定模式，姿态敏感器包括2个星跟踪器、1个光纤陀螺仪、1个环形激光陀螺仪及惯性测量单元。电源系统采用功率为360瓦的太阳能电池翼和15安时的镍氢蓄电池组。通信系统采用S频段，包括直径1.1米的定向高增益碟形天线和S频段全向天线，上行数据率为1千比特/秒，下行数据率为125比特/秒和128千比特/秒。

（4）科学仪器

"克莱门汀号"探测器装载有下列科学仪器。

紫外/可见光相机。这种中等分辨率相机采用CCD技术，工作在近紫外和可见光谱段，与六位滤光轮结合可对月球进行矿物学研究。

近红外相机。该相机能以中等分辨率在 1 ~ 3 微米的波长范围内进行成像，与六位滤光轮结合可用于矿物学研究。

高分辨率相机。该相机工作在可见光波长范围内，采用 CCD 技术，可与图像增强器和六位滤光轮配合使用。它的视场为 0.3° × 0.4°，成像单元包括 288 × 384 个 CCD 像元，像元分辨率为 7 ~ 20 米；该相机可不受探测器运动的影响。

激光成像测距系统。该系统用于在月球测绘轨道上进行高度测量。

长波红外相机。这种轻型相机工作在热红外谱段，用于测量月球的热辐射。

星跟踪器相机。这种星跟踪器相机有 2 台，可通过比对星场图像和所带的星图来为探测器提供惯性基准。

（5）意外收获

作为辅助任务，它传回了令国际民用科学界感兴趣的宝贵数据，包括发现月球极区可能有水冰存在。"克莱门汀号"是于 1994 年 2 月 6 日进入环月轨道的，2 月 21 日运行于月球极轨道，在围绕月球进行的 2 个月的轨道飞行中，共发回了约 160 万幅图像。它获得了当时最详细的月球表面图像，并发现月球南极可能埋有大量的水冰。为了确认这一点，美国又发射了"月球勘查者号"。

美国"克莱门汀号"拍摄的月球南极

为什么"月球勘查者号"探测器要撞击月球？它把谁的骨灰带到了月球？

　　1998 年 1 月 6 日发射的"月球勘查者号"探测器是最后 1 艘"阿波罗"飞船发射之后美国国家航空航天局发射的第一个多用途空间探测器。它用 5 天时间飞至月球极轨道，在那里进行了 1 年的探测。它对月球的起源、演化和组成进行了研究，目标包括对月球的表面组成及磁场和重力场进行测量，利用月面放气现象研究月震活动，尤其是用中子光谱仪验证了月球上水冰的存在，证实月球上确实存在水冰。水是生命之源泉、生活之必需，人类能否在月球上建立基地和长期生存，最重要的条件之一是能否就近取得水源。另外，水分解后还能为人类提供氧气和探测器所需的燃料，因而极为重要。

1 多快好省

　　由雅典娜 2 号运载火箭发射的"月球勘查者号"探测器是美国国家航空航天局"发现计划"的第三个探测器，是从总共 28 种候选方案中挑选出来的。尽管此前在"发现计划"的实施中已有"尼尔号"和"火星探路者"两个探测器成功发射，但是"月球勘查者号"却是第一个真正满足"发现计划"要求的探测器。

　　该探测器项目的费用大大低于"发现计划"要求的 2.5 亿美元的最高预算限额，其研制周期也仅为 3 年。其任务目标是对月球进行为期 1 年的轨道观测，绘制月球成分和重力分布图。

　　费用太高是美国国家航空航天局 25 年前中止使用专用空间探测器进行月球探测的一个重要原因。该局的上一次专项月球探测任务是 1972 年 12 月 7 日—19 日进行的"阿波罗 17 号"飞行任务。从那以后，美国、欧洲空间局、苏联 / 俄罗斯和日本等相继提出了许多关于重返月球的方案，而"月球勘查者号"是第一个成功发射的专门用来探测月球的空间探测器。

　　"月球勘查者号"是美国国家航空航天局按照"较快、较好、较省"的原则研制航天器的又一典范。它的质量约 300 千克。整个项目只花费了 6300 万美

美国"月球勘查者号"探测器

元的费用，其中探测器研制费用为 3000 万美元，发射费用为 3300 万美元。

　　设计简单是该探测器的一个特点。该探测器使用了现有的成熟技术，并尽可能采用经过飞行验证的仪器。这种设计使人联想到 1965 年美国发射的"先驱者 6 号"空间探测器，因为它也是一种小型、自旋稳定并且使用支杆携带仪器的空间探测器。

2 飞行轨道

　　升空后，"月球勘查者号"在 1998 年 1 月 7 日、8 日两天内，分别进行了一次中途轨道修正。同年 1 月 11 日，该探测器抵达月球附近，进入一条环绕月球、初始轨道参数为近月点 92 千米、远月点 153 千米、轨道周期为 12 小时的大椭圆轨道。然后，它逐渐降低轨道高度，于 1 月 12 日进入距离月面 100 千米、倾角为 90° 的圆形工作轨道，轨道周期为 118 分钟。1998 年 1 月 16 日，"月球勘查者号"开始拍摄月球图像；同年 12 月，它的轨道高度降到 40 千米，拍摄了高分辨率月球图像。40 千米轨道使科学家们对月球表面进行了迄今为止距离月面最近和最长时间的连续观测。

　　链接： "月球勘查者号"探测器质量中有 45% 是姿控系统所需的肼燃料，所以它在完成 1 年的"额定"探测任务后又坚持了 6 个月，进行了更广泛的月面探测，绘制了月球主要类型岩石的全球分布图，并探测到月球有强烈的局部磁场。

　　"月球勘查者号"在工作轨道上进行了为期 10 个月以上的对月观测。在携带的燃料即将耗尽之前，它将轨道高度降低到 10 千米，以便对月面进行更高分辨率的观测。1999 年 1 月 28 日，其主任务结束；同年 7 月 31 日，"月球勘查者号"燃料耗尽，按照地面站指令撞击了月球南极附近。

1998 年 1 月 6 日"月球勘查者号"升空

3 总体设计

"月球勘查者号"呈圆柱状，直径 1.4 米，高 1.2 米，侧面伸出 3 根长 2.5 米的支杆。其公用舱是从低地轨道通信卫星"铱"星派生而来的。它采用自旋稳定模式，自旋速率为 12 转 / 分钟；采用 6 个 22 牛单元肼推进器进行姿态控制；电源分系统采用 202 瓦的体装式太阳能电池阵和 4.8 安时的镉镍蓄电池组；通信分系统采用 S 频段，1 个相控阵中增益天线用于下行，1 个全向低增益天线用于下行和上行；指令与数据处理分系统采用 Harris 80C86 微处理器，控制指令由地面以 3.6 千比特 / 秒的速率上行。

另外，该探测器上还使用了一些新技术。例如，由于项目费用的限制，探测器无法使用砷化镓太阳能电池，但是可以使用新型的高性能体装式太阳能电池阵。

它携带了 5 个探测仪器：中子光谱仪，用于探测氢，通过确认氢的存在证明月球表面有水；γ 射线光谱仪，用于测量月球表面的化学成分，如铀、铁、钛、铝及其他元素；α 粒子光谱仪，用于测量月球表面是否有从内部泄漏出来的氮、一氧化碳和二氧化碳等气体，以此来确定月球内部是否有板块或火山活动；磁强计 / 电子反射计和射频仪，这两个仪器用于测量月球的磁场和重力场，以研究月球内部结构和月核。此外，它还装有多普勒引力实验设备。

链接："月球勘查者号"上的仪器能够自主运行，具有相互间的容错能力。其上的 1 台小型的固态存储器在探测器飞过月球阴面时会记录下各仪器的数据。

4 首要任务

"月球勘查者号"的首要任务是揭开月球水冰之谜。具体探测任务由中子光谱仪来执行。中子光谱仪对整个月球表面进行扫描，它有很高的灵敏度——50×10^{-6}，相当于能测出只含一针筒水的 1 立方米月球土壤的湿度。其探测结果表明，不仅月球南极地区存在水冰，而且月球北极地区也存在水冰。北极地区的水冰数量是南极地区的 2 倍。"月球勘查者号"的首席科学家宾德尔说，中子光谱仪的测量数据说明，月球的北极和南极分别覆盖着含水量为 3.4% 和 2.2% 的冰土层。初步勘测表明，月球上的冰块分别散布在月球北极近 50 000 平方千米和南极近 20 000 平方千米的范围之内，总储量为 6×10^{9} 吨，远远超出原先的估计，拥有极大的开发价值。

磁强计 / 电子反射计发回的数据显示，在月面上，与 2 个大型撞击盆地对称的反面区域存在 2 个小磁场。它发回的重力数据还说明月面下有几个新的质量密集体。这一发现将编入月球不规则重力的高质量测绘图上，以便能更准确地预测未来探测卫星的运行规律。

科学家们还利用"月球勘查者号"的数据编制了月面成分图，特别是元素钍和钾的分布。钍和钾可作为其他更普通元素的"示踪剂"。其数据还表明，月球的铁核直径约 300 千米，与利用月球形成模型做出的预测结果的下限相近。

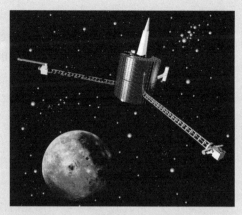

美国"月球勘查者号"在轨飞行示意图

5 地质调查

"月球勘查者号"可以称得上是一个"盲目的地质统计员"。它虽然携带了几套仪器，却没有配备相机或星上计算机。它的冗余配置水平很低，通信速率也只有 3.6 千比特/秒。但是对于数据采集（而不是数据压缩）工作来说，这些也就足够了。探测器上的仪器可覆盖 150 千米宽的区域，从而完成了一次非常彻底的月球地质调查。

月球水冰的发现和证实极大地激发了人类重返月球的愿望，加快了人类开发和利用月球的步伐，有力地促进了国际空间合作，为人类的持续发展和长久繁衍开拓了新的生存空间。

链接："月球勘查者号"提供了大量的有关月面上一些重点地区的基础性数据，所发回的月球科学数据要比"克莱门汀号"发回的详细得多，这对于人类了解月球的起源及其整体构造而言是十分重要的。

6 携带骨灰

1999 年 7 月 31 日，美国国家航空航天局决定让携带着美国天文学家尤金·舒梅克的骨灰的"月球勘查者号"撞击月球南极一座环形山内侧的山壁，以便将其遗愿永留月球，同时利用撞击的高温将游离存在于月球土壤和岩石中的冰汽化，以水蒸气的

美国"月球勘查者号"准备撞月示意图

形式挥发出来，从而确定是否存在水源。遗憾的是，实施撞击后未观测到有水蒸气出现。其原因可能有多种，一是可能撞击力不够，二是可能没有撞到有水冰的地方，三是月球上根本没有水冰。

此后人类发射的一些月球探测器继续在月球上寻找水或水冰，得到了可喜的成果。例如，我国利用"嫦娥五号"月球采样返回探测器，首次测出了月面原位条件下的水含量。印度利用"月船1号"搭载的月球矿物绘图光谱仪发现，水在月球上是随处可见的，而且水含量随纬度的增加而增加。美国利用"月球观测与感知卫星"以2.5千米/秒的速度撞击月球永久阴影区，利用光谱仪测量撞击产生的部分尘埃，数据显示水确实存在于月球上。

链接： 各种"实锤"证据让人们相信了月球上是有水存在的，但是月球水的含量、来源等仍是需要研究的问题。此外，在"嫦娥五号"探测器之前，还从未有在月面原位进行过水的探测！"嫦娥五号"探测器携带了月球矿物光谱分析仪，在采样过程中测出了月面的光谱，就像我们在月球上进行了一次"野外勘测"，第一次有机会在月面近距离、高分辨率地探测水的信号。

7 月球有氧

除了水之外，一些国家正专注于寻求在月球上生产氧气的最佳方式。例如，2021年10月，美国国家航空航天局和澳大利亚航天局签署了一项协议，即在美国重返月球的"阿尔忒弥斯计划"中送一辆澳大利亚制造的漫游车登上月球。这辆漫游车的任务是收集月球岩石，借助这些月球岩石，最终在月球上生产可供人类呼吸的氧气。

月球上虽然没有大气层，但是却拥有充足的氧，只不过它不是以气体的形式存在的，而是被封存在了月壤中，即氧存在于覆盖月球表面的岩石和细小的尘埃层之中。关键是如何从月壤中将这些氧提取出来制成氧气，以支撑人类在月球上生活、工作。

在地球上，氧也存在于很多的地下矿物质之中，月球上的岩石其实和地球上的相差无几，只是含有较多的流星物质。

硅、铝、铁和镁等元素的氧化物是月壤中的主要矿物质，所有这些矿物质都含有氧，但并不是我们的肺可以吸入的形式。在月球上，这些矿物质以多种形式存在，比如覆盖在月球表面的坚硬岩石、尘埃、砾石等。

链接： 月球表面的这种坚硬岩石和尘埃等物质虽然被称作"月壤"，但是其与地球上的土壤仍存在本质上的区别。地球上的土壤充满了显著的物理、化学和生物特性；相比之下，月球表面的物质基本上是原始的、未受影响的风化层。月壤由大约 45% 的氧组成，但是这些氧元素与上面提到的矿物质紧密结合在一起，为了将它们分离出来，需要投入一定的能量。

在地球上，电解过程通常用于制造业，比如电解法生产金属铝：以氧化铝为溶质，让强大的直流电通过电极后，将铝单质与氧分离出来。在这种情况下，氧气是作为副产物产生的。而在月球上，氧气将成为主要的生成物，而提取的铝或其他金属单质则将是潜在有用的副产物。

欧洲空间局空间研究与技术中心材料和电气元件实验室已经建立了一个月壤制氧厂原型，利用月壤模拟物进行氧气制备实验。该实验使用一种被称为熔盐电解法的方法提取氧气，即把模拟月壤放入金属篮中，熔融的氯化钙盐作为电解质，将其加热至950℃。在这一温度下，模拟月壤仍保持固体状态，但通过它的电流会让氧从模拟月壤中分解出来，穿过电解质盐迁移到阳极。

电解的过程非常简单，但是其中存在的一个问题是：它非常耗能。为了使这种反应可持续，它需要得到太阳能或其他月球上可用能源的支持。

从月壤中提制氧气也需要大量的工业设备，需要将固态金属氧化物化为液态，通过加热或将其与溶剂或电解质混合加热。在地球上，人类拥有完成这项工作的技术和设备，但是如果要将这些设备移动到月球上，并产生足够的电力或能量来运行它，将是一个巨大的挑战。

2021 年早些时候，总部位于比利时的初创公司宣布正在建造 3 个实验反应堆，用于改进在月球上用电解法制备氧气的过程。他们希望到 2025 年，他们的技术能够参与欧洲空间局的原位资源利用任务，登上月球。

那么，月球能提供多少氧气呢？忽略那些月球更深处硬质岩石材料中存在的氧，只考虑月球表面那些更容易获取的月壤中存在的氧时，科学家通过计算得到了一些估值。每立方米的月壤平均含有 1.4 吨矿物质，这其中包含了大约 630 千克的氧。人类每天需要呼吸大约 800 克氧气才能维持生存。那么，630 千克的氧可以供一个人呼吸大约两年的时间。

现在，假设月壤的平均深度为 10 米，并且人类能提取出其中所有的氧。那么，月球表层的这 10 米月壤能够提供的氧气可以支撑 80 亿人大约呼吸 10 万年的时间。

这是月面上的一个每月生产 2 吨液氧的无人值守自动化工厂设想图。这个工厂用氢气与钛铁矿反应，生成水及其他固体物，随后将水电离，产生氢和氧。氧则液化贮存起来，氢则再与其他钛铁矿反应，钛铁矿原料取自附近的火山口玄武岩，所需电能由太阳能电池阵提供。液氧可直接用于燃料电池、航天器推进剂，也能为生命保障系统提供所需要的氧气

欧洲空间局首个月球探测器的最大成就是什么？它飞往月球为什么花了很长时间？

2006 年 9 月 3 日，欧洲空间局的"智慧 1 号"（音译叫作"斯玛特 1 号"）绕月探测器，在即将寿终正寝之时受控撞击了月球表面的预定地点，从而宣告历时 3 年多的欧洲空间局首次探月计划圆满结束。此举在全球产生了较大影响。

1 多个第一

2003 年 9 月 27 日，欧洲空间局成功发射了其第一个绕月探测器——智慧 1 号，这也是 21 世纪人类发射的第一个月球探测器，也是世界第一个正式应用离子电推进系统飞向月球的空间探测器。该探测器升空后通过自己的离子电推进系统极其缓慢地提高轨道高度，使得"智慧 1 号"于 2004 年 11 月 15 日才进入月球引力作用范围，然后不断调整位置，最终进入近月点 300 千米、远月点 3000 千米的椭圆形极月轨道。

欧洲空间局"智慧 1 号"绕月探测器的全名叫作"小型先进技术研究任务 1 号"，由于其缩写 SMART 正好是智慧的意思，而且其性能优异，所以大家都称它"智慧 1 号"。其任务目标是验证离子电推进技术；研究月面化学成分；探测月球极区的水冰；绘制

月球矿物图；测绘月面地形；监测太阳 X 射线和太阳光变化；近距离观测太阳风对月球的影响等。

欧洲空间局第一个月球探测器"智慧1号"上的离子电推进发动机

造价约 1.1 亿欧元的"智慧 1 号"是欧洲空间局"小型先进技术研究任务"系列计划中的第一个研究项目。为了节约空间和降低成本，"智慧 1 号"全部由低成本、小型化的尖端技术部件构成，大小类似于洗衣机，但技术含量非常高，充分体现了欧洲空间局"更小型、更便宜、更先进"的航天器设计理念。

其主结构为 1 立方米的立方体，中央设备板上装有大部分探测器单元。主体内装有氙燃料贮箱，发射时携带氙 82.5 千克。它采用双太阳能电池翼，寿命初期功率为 1850 瓦。探测器的主推进任务由霍尔效应推进器（离子电推进系统的一种）完成，该离子电推进系统装有软件控制的机构，用于改变推力矢量。姿态控制通过肼推进器和反作用轮完成，姿态信息通过太阳敏感器、陀螺仪和星跟踪器获得。

"智慧 1 号"的起飞质量只有 370 千克，其中的有效载荷质量仅为 19 千克，是常规科学探测仪器的 1/10，称得上"小而精"。这些有效载荷包括测绘月面地形的先进月球成像实验仪（又叫"AMIE 相机"）、寻找水冰并对月球进行绘图的红外光谱仪（SIR）、研究月球表面主要化学成分的 X 射线光谱仪（DCIXS）等 7 台仪器。它们都顺利完成了预定的科学任务。其中分辨率约 30 米的先进月球成像实验仪每个星期向地球传回 2000 张图像，质量仅为 3 千克的小型 X 射线光谱仪后来还使用在了 2008 年发射的印度"月船 1 号"探测器上。

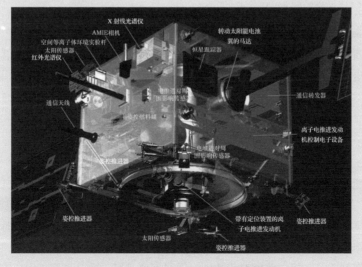

欧洲空间局"智慧 1 号"月球探测器结构图

2 观测模式

"智慧 1 号"原定的工作寿命为 6 个月，后来又延长了 1 年。在轨运行期间，它采用了 4 种观测模式：天底点观测、特定目标观测、月球定点指向观测和推扫观测。该绕月探测器围绕月球轨道飞行了 2000 多圈，运行期间只需要 7 名全职人员进行监控。

"智慧 1 号"对月球表面进行了全面观测，共传回了 2 万多张月球表面图像，清晰度相当高。这些数据资料可帮助科学家追溯月球表面地理形态的演化过程及月球的起源。一般认为，月球诞生于几十亿年前一个天体对地球的剧烈撞击，但是"智慧 1 号"获得的数据对这种理论提出了疑问。另外，该绕月探测器上的小型 X 射线光谱仪首次获得了构成月球矿物的全部主要元素，使人类对月面物质构成有了新认识。

"智慧 1 号"上的小型 X 射线光谱仪首次清晰地观测到了月球表面的钙、镁等矿物质；

"智慧 1 号"拍摄的月球北极

绘制出了迄今为止最详细的月球元素和矿物分布图及月球表面的整体外貌图，其中包括过去缺乏了解的月球不可观测面和极地的概貌，使科学界第一次发现了月球极地与赤道区域的许多不同的地质构造，也让人类第一次发现了月球北极附近存在一个"日不落"区域，那里有望成为建设人类定居点的理想场所。

2006 年 9 月 4 日，科学家展示了一张"智慧 1 号"垂直拍摄的月球南极艾特肯盆地的拼接图像。它是在光照条件良好的情况下拍摄的，涵盖了盆地内部长约 400 千米的区域。该盆地是太阳系里已知的、最大且最古老的陨石坑，探测它有助于科学家研究月球的地理形态、地质构成和演化历史。科学家还展示了一张"智慧 1 号"拍摄的月球北极的拼接片，它对人类了解该地区的光照条件非常有价值，有利于人类未来登陆月球和建设基地。

3 "打水漂"式撞月

在出色完成预定任务之后，欧洲空间局决定让已到寿命末期的"智慧 1 号""以身殉职"，用剩余燃料完成最后的撞击月面任务，从而了解月球土壤浅层尘埃的成分。

与早期的硬着陆不同，撞击式探测是一种新兴的探测方式，主要用于探测地外行星的内部结构和组成，并可以发挥探测器在寿命末期的余热。

用"智慧 1 号"撞击月球对于欧洲空间局来说是第一次，难度极大，需要做一系列准备工作。之所以选择在 2006 年 9 月 3 日撞击月球中纬度区域的卓越湖火山岩平原，主要原因是：那里的矿物具有月面矿物不均匀的特征，月壤里矿物质呈现多样性，可以提供关于月球物理和矿物质的更多数据，研究价值较高；能获取更多的有关月球的高分辨率图像，使科学家获得最优的科学数据；撞击发生时，撞击点位于月球的近地点，且处于黑暗之中，接近月球上的明暗界限（即划分月球光面和夜面的分界线），撞出的尘埃可被地面反射的太阳光照亮，所以十分有利于地面观测；"智慧 1 号"上的燃料已全部用完。

"智慧 1 号"撞击月球的位置
（图中红圈处）

　　如果任由"智慧 1 号"在月球轨道上飞行，它会在 2006 年 8 月 17 日自然坠落在月球背面，因而无法观测。为此，2006 年 6 月 19 日—7 月 2 日，欧洲空间局对"智慧 1 号"进行了一系列轨道机动调整，以避免它在不利于科学研究的状态下与月球相撞，同时也能稍微延长探测任务时限。2006 年 9 月 2 日之前，它进行了多次机动，以调整其飞行路线和高度，为撞击月面做最后的准备。

　　"智慧 1 号"是在其到达正常近月点前 46 秒（约 90 千米高度）撞击月面（近月点位于撞击位置以南）的，并首次创新性地使用了"打水漂"的方式进行撞击。它以7200 千米 / 时的水平速度、70 千米 / 时的垂直速度撞击月面，最终在月球表面撞出一个 3 ~ 10 米直径、1 米深的坑。

　　采用"打水漂"的方式进行撞击是为了在探测器接近月面的过程中，用"智慧 1 号"上的先进月球成像实验仪近距离"斜视"月球特定区域，获得月球表面这一区域的高清晰度三维图像。此前，只能获得相同区域垂直拍摄的图像。另外，在绕月球飞行的最后几圈，包括小型 X 射线光谱仪和红外光谱仪在内的探测器上的其他仪器，都能从非常低的高度上对月面某些区域进行更详细的观测。

　　"智慧 1 号"撞月时的角度为 1°，撞击时出现了一次小闪光，激起了高约 10 千米的大量尘埃，观测这些尘埃有助于科学家研究月球表面的化学成分、月球的起源和演化等。不过，在撞击过程中没有观察到此前估计的它在月面多次弹跳的"打水漂"现象。

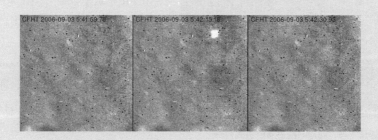

"智慧 1 号"撞击月球时在夏威夷用 3.6 米红外望远镜拍摄的图像

4 最大亮点

从南非到爱尔兰，从南美洲到夏威夷，全世界的科学家和大部分地方的天文爱好者都成功地用地面观测设备观测到了这次撞月奇观，1 颗 2001 年入轨的瑞典科学卫星——"奥丁"也进行了在轨监测。

"智慧 1 号"撞起的尘埃遮挡了部分月面，持续时间长达 5 ~ 10 分钟。观测和分析撞击发出的闪光可以深入地了解撞击的物理机制、月球表面性质和撞击过程中探测器的运动方式等，这些数据对未来的月球探测计划具有重要的参考价值。例如，用于月球表面的物理学研究，即研究撞击后喷射出的月球表面物质的种类、数量、质量、动力学表现和所蕴含的能量等，还有可能探测到从月面下掘出的浅表物质。利用收集到的由溅起物发出的特定辐射信息（光谱）分析月面的化学特性。进行技术评估，为今后探测器撞击地外天体积累数据和经验。

这次撞击没有对月球造成大的"伤害"。"智慧 1 号"以 70 千米 / 时的垂直速度撞击月球，这是有史以来各类物体撞击月球中"最温柔的一次"，仅相当于质量为 2 千克的陨石撞出 10 米宽的"伤痕"。目前月球上已经有 10 万个直径达到 4 千米的陨石坑，而且基本上每天都会有小天体撞击月球，撞击在月面形成的坑与"智慧 1 号"撞击月面形成的坑大小差不多。另外，"智慧 1 号"推进器中剩余的肼燃料会在撞击时全部燃烧掉，因此不会对月球造成污染。

"智慧 1 号"每绕月球一圈平均拍摄约 100 张月面图像。在围绕月球运转的最后几圈里，甚至撞上月球的前一刻，探测器还在持续发回高分辨率月面特写。不过，其最大亮点既不是它所完成的科学任务，也不是最后的撞月，而是成功试验了太阳能氙离子电推进系统。这一电推进系统具有节省燃料、工作时间长和振动小的优点，只消耗氙约 60 升，工作时间却长达 3 年。

"智慧 1 号"利用电推进系统进入月球
引力作用范围示意图

电推进系统比目前标准的化学推进系统的效率高 10 倍，具有高比冲、小推力、轻质量和消耗工质少的特点。但是由于电推进系统推力小，加速度只有 0.2 毫米 / 秒，所以要使探测器提高到预定的速度需要经历漫长的飞行时间。

"智慧 1 号"第一次在空间探测器上正式应用激光通信技术，证明该技术在探测器高速、远距离飞行时也同样可靠；还试验了自主导航等技术，这对空间探测而言很有价值。

世界首个专用撞击式月球探测器是如何进行撞月探测的？全球哪个月球轨道器分辨率最高？

2009 年 6 月 18 日，美国用 1 枚火箭发射了 2 个月球探测器——"月球勘测轨道器"和"月球坑观测与感知卫星"。这是美国自 1998 年以来首次向月球发射探测器，同时也是世界上首次一次性向月球发射 2 个探测器，并且其中一个还对月球进行了十分猛烈的撞击式探测。

1 重返月球

人类对月球探测的步骤总体上可分为探月、登月、驻月三大步，即"探、登、驻"，其中探月又包括绕月、落月、返回三小步。目前，美国已经完成了前两大步，今后将迈出第三步，即建立月球基地。

建立月球基地首先要选址。根据月球基地的不同用途，选址的标准和要求也会不同。例如，如果想开采月球资源，就应根据月球资源的分布情况来选址；如果主要出于科研方面的考虑，则最好选择在月球的背面建设基地。不过，理想的月球基地应当满足两项基本要求：一是有充足的太阳光，二是储存着丰富的水冰。

为月球基地选址而发射的"月球勘测轨道器"相当于埋下了建造月球基地的首块基石。其任务目标是绘制月球特征和月球资源图，用于未来月球前哨站的设计和建造。此外，探测器还进行了安全着陆地点的选择、月球资源的鉴别、月球辐射对人类的影响研究和新技术验证等。

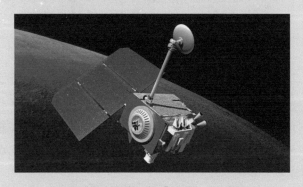

美国"月球勘测轨道器"在轨飞行示意图

该探测器的大小与一辆宝马公司的迷你库柏汽车相当，总发射质量为 1916 千克。其主平台呈长方体，采用模块化结构和三轴稳定模式，主要包括推进系统模块、电子系统模块和有效载荷模块。它的主推进系统为双组元推进系统，单元肼推进器用于姿态控制。电源系统采用功率 1850 瓦的太阳能电池翼和 80 安时的锂离子蓄电池组。通信采用 S 频段和 Ka 频段。

2009 年 6 月 23 日，"月球勘测轨道器"进入绕月轨道。通过多次变轨，它于同年 9 月 15 日进入距月面约 50 千米高的圆形月球极地轨道，进行高分辨率月面测绘。在执行主探测任务时，为了尽可能详细、清楚地勘查月面，帮助科学家编制高分辨率三维全月图，同时为了在许多谱段上对月面进行勘测，"月球勘测轨道器"有时会在距月面约 31 千米高的轨道飞行，但是大部分时间是在距月面约 50 千米高的轨道上飞行，分辨率约 1 米。由于需要长期保持低轨道飞行，会消耗大量推进剂，所以它的推进剂质量约占总质量的 50%。

2010 年 9 月 16 日，"月球勘测轨道器"在取得多项成果后结束了其探测阶段任务。在该阶段，它拍摄了前所未有的高分辨率全月图，并近距离观测了 50 个未来载人登月任务的潜在着陆地点，全面测量了月球周围空间环境、表面昼夜温差、宇宙辐射强度、紫外线反照率，绘制了月球表面的地形地貌与资源分布图，试验了新的探月技术等。此后，该探测器主要用于采集月球及其环境的更详细的科学信息，继续对月球进行了数年的测绘。最后，它将转入一条较高的轨道，以用作未来落月探测器的通信中继站。

"月球勘测轨道器"装入火箭整流罩

链接："月球勘测轨道器"获取的月球数据能够帮助科学家锁定具有较高科研价值、潜在资源、有利地形和环境的地区，这对未来完成机器人登月任务和载人月球任务至关重要，并将成为行星数据系统一部分，为航天员安全重返月球和完成未来针对太阳系的载人探测任务铺平道路。

2 七大神眼

"月球勘测轨道器"装有7台主要的科学观测仪器，它们各有绝招。

● 成像紫外光谱仪。它用于在远紫外光谱区绘制整个月面图；化验分析月球大气层和大气层的变化性，收集月球大气层的科学数据；在月球极地搜索月面永久阴影区域局部暴露的冰霜和表面沉积水冰；拍摄永久阴影区域中只受到微弱星光照射的局部图像；为未来人类登陆月球任务测试极地夜视系统，示范用星光和太空发光物质作为未来人类登陆月球任务中的自然光源的可行性。

成像紫外光谱仪

● 宇宙射线望远镜。它能测量太空放射线环境和太阳宇宙射线，这对于选择构建安全、长期、人类存在的太空环境而言具有非常重要的意义。

● 月面温度绘制仪。它通过多种尺度测量月球表面和次表面温度，提供全球性的月球温度热量变化图，描绘适宜居住的热量环境特性，为未来月球表面操作和勘测提供必不可少的信息。

● 月球轨道器激光高度计。它的测距精度为0.1米，用于勘测月球表面的高低起伏情况，提供一个精确的全月面地形模型和地质坐标，生成全月球的高分辨率三维地图，这些是建造未来月球基地必须掌握的资料。

月球轨道器激光高度计

● 月球探测中子探测器。它用于测量月球土壤的氢含量，其数据将可能帮助人类找到月面附近有水冰存在的证据。

● 月球勘测轨道器相机。它既可用以分辨月面小尺寸目标（沙滩排球大小）

的特征，识别着陆地点和描述月球的地形与成分，发现着陆器着陆时可能遇到的障碍，又可以拍摄全月球表面彩色和紫外图像，在不同的照明条件下识别月球资源情况，尤其是钛铁矿。这些图像将显示月球两极的光线状况，确认潜在的风险，帮助人类挑选安全的探月着陆地点。

- 微射频新型合成孔径雷达。它用于寻找月球表面以下存在水冰的证据，也为月球上被永久遮蔽的区域拍摄高清晰图像。

"月球勘测轨道器"拍摄到了当年"阿波罗"系列载人飞船登月时留下的设备，还拍摄到了 2013 年 12 月在月面着陆的我国"嫦娥三号"着陆器和"玉兔号"月球车，发现了月球上终年不见太阳光的区域及其附近可能存有水和氢，获取了有关月球地形的详细信息，绘制了最新的月球陨石坑地图，结果显示直径大于 20 千米的陨石坑数量达到了 5000 多个。它还拍摄到了已失踪近 40 年的苏联"月球车 1 号"的高分辨率图像，也为一同发射的"月球坑观测与感知卫星"实施撞月任务提供了支持。

2010 年 10 月，"月球勘测轨道器"进入较高轨道执行扩展科学任务，目前仍在月球轨道工作。

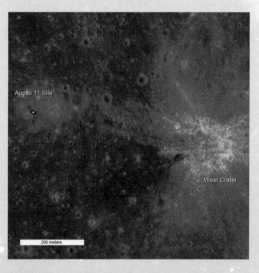

"月球勘测轨道器"拍摄到"阿波罗 11 号"在月面留下的登月舱

3 撞击找水

近些年来兴起了撞击式探月方式，美国、欧洲空间局、中国、印度和日本等国家或组织的月球探测器纷纷撞月。这些月球探测器大多是在寿命末期为了发挥余热而撞月，而美国的"月球坑观测与感知卫星"是世界首个大型专用月球撞击探测器。撞击式探测的主要目的是通过撞击将月球坑（即陨石坑）内的物质溅到太阳光之下，以便于观测月球的内部结构和组成，得到使用其他探测方式无法探测到的宝贵信息。

"月球坑观测与感知卫星"是当时世界最先进、撞击力度最大的撞击式探测器，用于对月球极区终年不见太阳光区域到底是否存在水冰给出明确答案，为未来的载人登月确定着陆地点；寻找在月球极区探测到的氢的成因；如果确定有水存在，则用于确定月球土壤中的含水量，勘测月球极地永久阴影区风化层中水冰物质的浓度；用于确定月球其中一个位于永久阴影区的陨石坑土壤成分。

它与"月球勘测轨道器"一起升空，45 分钟后两者分离，然后沿着各自预定的轨道飞往月球。"月球勘测轨道器"先进入月球轨道，以便对月球极区进行精细观测，提高前者的撞击精度和质量。

"月球坑观测与感知卫星"上的"半人马座"上面级准备和"守望航天器"分离

该撞击式探测器由"半人马座"上面级和用于精确地将该上面级引向所要撞击的陨石坑的"守望航天器"两部分组成。它们分两次先后猛烈撞击月球南极的永久阴影区。其撞击能量是 1999 年美国"月球勘查者号"撞击能量的 100 多倍，事先预估会掀起重达 500 吨的碎片和尘埃，其中主撞击器——"半人马座"的撞击能量相当于 1.5 吨以上的 TNT 炸药。所以激起的月球表面喷出物很容易被月球轨道器、太空望远镜和地基设施观测到。

"半人马座"上面级实际上是一个专用撞击器，其任务是撞击月球南极。"守望航天器"除了在"半人马座"上面级撞击月球时对撞击过程进行详细观测，还充当了另一个撞击器，对月球进行第二次撞击。

链接： "守望航天器"质量为 534 千克，携带 300 千克肼燃料，推进系统包括 2 组合 8 个单元肼推进器，电源系统采用功率 420 瓦的体装式太阳能电池阵和 40 安时锂离子蓄电池组。通信采用 S 频段系统，包括 2 副全向天线和 2 副喇叭天线。

以往的探测表明，月球两极富含氢，这表明那里可能有水。科学家希望通过对"月球坑观测与感知卫星"的两次撞击式探测来确认月球两极到底是否有水。

4 一分为二

同耗资 5 亿美元的"月球勘测轨道器"相比，"月球坑观测与感知卫星"是一项"搭便车"的任务，仅耗资 7900 万美元。2009 年 10 月 9 日，"月球坑观测与感知卫星"中的"半人马座"上面级和"守望航天器"先后撞击了月球南极卡比厄斯月球坑，结果发现月球上存在水，且储量不少。

"半人马座"上面级和"守望航天器"在撞击前 9 小时 40 分钟（距离月球表面 87 000 千米处）分离。而后"守望航天器"尾随"半人马座"上面级，引导它飞向南极的月球坑。接着，"守望航天器"把所携带的科学观测仪器瞄准月球，并启动推进器，以拉开与"半人马座"上面级的距离，以观测"半人马座"上面级撞击月球时产生的闪光，并穿越所产生的碎片云，采集数据并发回地球，以供地面人员分析。

"守望航天器"撞击月球示意图

"半人马座"上面级的质量达 2.3 吨，与一辆大型运动休闲车相仿，它以 2.5 千米/秒的速度、与月面成 75° 角撞击南极地区的一个月球坑。15 分钟后，"守望航天器"充当了另一个撞击器，对附近的月球坑进行了第二次撞击，并在撞毁之前将收集的数据传回地球。

撞击永久阴影区月球坑坑底时，首先会出现闪光，紧接着产生羽状碎片。如果坑底有水冰存在，水冰会因撞击被抛到空中，一旦高度超过月球坑边缘，便会暴露在太阳辐射之下，其中的水分子随即分解成氢离子和氢氧离子。

为了拍摄"半人马座"上面级撞击月球坑的全流程，"守望航天器"携带了可见光相机 1 台、近红外相机 2 台、中红外相机 2 台、可见光光谱仪 1 台、近红外光谱仪 2 台、可见光光度计 1 台和数据处理单元 1 个等设备。

虽然靠撞击月球来获取科学数据并不是什么新思路，但是由于"月球坑观测与感知卫星"是世界首个大型专用月球撞击探测器，因此其所有相关事项都是围绕着如何使撞击取得最佳效果来设计的。

为什么美国要同时发射两个一模一样的绕月探测器？它们的使命是什么？

2011 年 9 月 10 日，美国使用德尔塔 2 火箭发射了一对"月球重力恢复和内部结构实验室"绕月探测器。其英文缩写 GRAIL 是"圣杯"的意思，所以这对绕月探测器又可简称为"圣杯"。它们进入月球轨道后改名为"潮起"和"潮落"，这是 2012 年 1 月在一个命名竞赛中获得的名字。

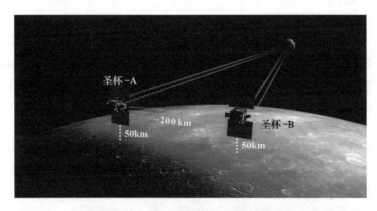

美国"圣杯-A""圣杯-B"在轨工作示意图

1 了解内幕

美国洛马公司研制了"圣杯-A""圣杯-B"两颗一模一样的绕月探测器，主要用于高精度测量月球重力场，以推测月球从外壳到内核的内部结构，进一步了解月球的热演变，即月球由加热到冷却的历史，从而研究月球的起源和演变。这对于探索地球的演化和内太阳系天体的演变而言也很有价值。它们还用于研究小行星撞击历史，为选择未来人类登陆月球任务的着陆地点提供有关数据。

这两个探测器同时发射后，从运载火箭上分离，以不同的轨道飞向月球，飞行时间约为 3 ~ 4 月。然后，探测器用 2 ~ 4 个月的时间调整各自的轨道，使一个探测器跟在另一个探测器后面飞行，相互之间的平均距离为 200 千米。

"圣杯-A""圣杯-B"在月球上空 50 千米的月球极轨道上编队飞行，通过测量相互之间的距离变化数据来绘制高分辨率的月球重力图，偶尔"下降"至距月面 23 千米处对月球进行观察。它们执行任务的周期为 270 天，其中 90 天用于测量月球的重力场。这对"好兄弟"的"绝活"是通过 Ka 频段的科学仪器高精度追踪、测量彼此之间的距离变化率，然后对这些数据进行分析，获得月球重力场分布的信息，以探测它们在月球重力场中发生的微小变化。

日本曾用"月女神 1 号"绕月探测器对月球背面的重力场分布进行了高精度测量。但是这对"圣杯"绕月探测器能对月球重力场进行更高精度的探测，使面向地球一侧的月球重力场的探测精度提高 100 倍；使背向地球一侧的月球重力场的探测精度提高 1000 倍。

虽然"圣杯 -A""圣杯 -B"采用了相同的轨道路径，不过，受月球重力的影响，二者的距离会发生微小变化。例如，它们在运行时，月球上重力场较强的地区首先会影响先经过的探测器，将它拉得距离后面的探测器远一些；后面的探测器经过重力异常地区时，又会被拉得靠近前面的探测器一些。这些距离的细微变化无法通过肉眼察觉到，但是"圣杯 -A""圣杯 -B"上的科学仪器却能探测到，科学家能据此绘出月球的重力场详细分布图，将其与月球山区、撞击坑及盆地等地貌特征结合起来，从而推算出月球从外壳到内核之间的情况，帮助科学家重建月球的演化过程，确认其内部物质构成。

除了研究月球重力场分布特征，美国科学家还用"圣杯 -A""圣杯 -B"研究了月球的内部的构造和成因。在飞往月球的途中，这对"圣杯"绕月探测器也研究了包括拉格朗日点在内的空间特殊轨道的运动特征，以及验证了如何使用天体导航技术。通过对月球的形成之谜及内部结构之谜的研究，能为科学家提供一个分析类地行星在形成之后的演化途径的窗口，甚至可以从该研究中推断地球起源。

一对"圣杯"绕月探测器能采集关于月质量瘤特征的更多信息（示意图）

2 曲线奔月

一般情况下，月球探测器只需要 3 ~ 5 天的时间就可以到达月球，但是采用这种常规的直接奔月方式，月球探测器在进入月球轨道时需要消耗较多燃料制动减速，否则无法被月球捕获而进入环月轨道。

"圣杯-A""圣杯-B"采用了创新的轨道设计，通过一种非常节省燃料的路径飞往月球。它们用了3个半月的时间沿着相似但分开的迂回路线，于2012年1月1日抵达太阳与地球之间的引力平衡点1——拉格朗日点1（距离地球150万千米，位于地球与太阳之间的引力平衡位置），把它作为"圣杯-A""圣杯-B"的中转站，接着通过发动机制动以较慢速度进入月球轨道。这样可以大大节省进入月球轨道所消耗的燃料。这种曲线奔月方式还可用于验证以最少的燃料消耗进入月球轨道。

链接： 使用拉格朗日点进行科学研究，可以为科学家提供一个较好的空间操作环境。拉格朗日点不仅是研究月球的中转站，同时也是研究太阳或者宇宙深空任务的理想位置，比如太空望远镜定点于此，可以减少来自地球的干扰，执行许多对空间环境要求较高的天体物理任务。

曲线奔月有多种好处，除了能使这对"圣杯"绕月探测器以很小的速度到达月球，使节省下来的燃料用于入轨后的轨道机动，还能稳定绕月探测器上对温度变化敏感的时钟；通过途中的旋转和太阳对其的加热，其上的各种挥发物有充足的时间挥发，从而不会干扰各种仪器的正式使用；方便进行途中的各种机动和测试并精确进入轨道；能够从容安排2012年3月8日开始正式执行的科学探测，包括使两个绕月探测器上的天线互相指向对方，以及使太阳能电池翼朝向太阳。

根据这对"圣杯"绕月探测器的探测数据，科学家绘制了迄今为止最精确的月球重力场图，它有助于科研人员更详细地研究月球内部结构及其成分。

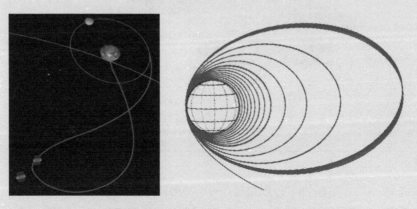

"圣杯"绕月探测器飞往月球的轨道（左）和切入月球的轨道（右）

3 探测方式

从 2012 年 3 月起，这对"圣杯"绕月探测器开始合作探测月球重力，并将月球内部情况绘制成图，这样科学家就会对月球内部构造有一个初步的了解。这次任务可解答曾经是否有第二个月球、现在的月球为什么有如此奇怪的结构等问题，使人类对月球有了更多了解，同时帮助人类进一步掌握地球的演变史。这对"圣杯"绕月探测器是首次进行月心之旅的探测器，通过它们，科学家可绘制出不均匀的月球重力场，更好地了解月球的不对称现象和月球形成的原因。

为了精确测量月球重力场，科学家们综合考虑了月球的热辐射、光压、"圣杯"绕月探测器各部分因加热和冷却产生的膨胀和收缩、从"圣杯"绕月探测器中逃逸的气体等对其自身位置变化的影响，并采取了相应对策。

链接： 测量月球重力场的一般方法是从地球追踪绕月探测器发射的信号。月球重力场的变化将导致绕月探测器从一个位置到另一个位置时速度稍微增加或放慢，这些小的运动变化反映为地球上接收到的无线电频率的变化，该现象称为多普勒频移。但是在绕月探测器绕到月球背面时，地面站无法追踪。"圣杯"项目通过在相同的轨道上飞行两个绕月探测器的方法解决了这个问题，因为它们相对运动的变化与重力场变化相对应。

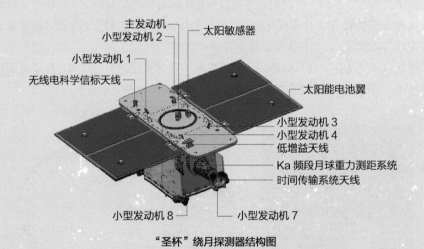

"圣杯"绕月探测器结构图

"圣杯 -A""圣杯 -B"外形相同，每个探测器均为长方体结构，发射质量均为132.6 千克，它们采用了"试验卫星系统 11 号"小卫星的许多技术，携带了 8 台燃料消耗少、控制准确的小型发动机进行精确的轨道机动。每个探测器都装有双太阳能电池翼和1个锂离子电池组。它们采用三轴稳定模式，1台22牛液态肼主发动机用于轨道修正，反作用轮和8个0.9牛推进器用于姿态控制。太阳敏感器、星跟踪器和惯性测量装置用于探测器的定向。通信分系统包括1路S频段转发器、2副低增益天线和1个双掷共轴开关。

其主要有效载荷是Ka频段月球重力测距系统，由振荡器、时间转换器、高稳定的微波装置和重力重现处理器组成，用于收发Ka频段的信号，从而精确地测量"圣杯-A""圣杯-B"之间距离的微小变化，由此推算出月球重力场。

Ka频段月球重力测距系统还会形成一个基于振荡器的单路信号，经X频段无线电科学信标发射到地面。

它们还装有无线电科学信标天线和学生月球知识获取系统。其中无线电科学信标天线提供的单路多普勒数据用于测量振荡器的静态漂移；学生月球知识获取系统是一个数字成像系统，由1个数字视频控制器和4个摄像头组成，该系统可以用每秒30帧的速率拍摄月球表面的图像，数字视频控制器用于存储摄像头拍摄到的图像。

"圣杯"绕月探测器也研究月球的热演化史

4 纪念女杰

2012年12月17日，完成使命的"圣杯-A""圣杯-B"在受控状态下撞击了月球表面。这是由于这两个绕月探测器的燃料即将耗尽。撞击点被命名为莎莉·赖德，以此纪念美国第一位进入太空的女性航天员。其原因是通过赖德（2012年去世）的不懈努力，美国中学生能通过"圣杯-A""圣杯-B"拍摄感兴趣的月面。所以，一些学校组织学生一直密切关注这次总造价4.96亿美元的月球探测任务。每个"圣杯"绕月探测器拍摄了115 000多张月面图像，这些图像被用于学生学习和研究。这也是美国国家航空航天局携带专用照相机执行全面的教育和公共服务的首个行星任务。

美国首位女航天员莎莉·克里斯滕·赖德1951年生于洛杉矶，1973年获斯坦福大学英语系文学士学位，同年获物理学学士学位，1978年获哲学博士学位。此后，赖德进入美国国家航空航天局，1979年被选拔为航天员，1983年乘坐"挑战者号"航天飞机升空，成为美国进入太空的首位女性，也是美国进入太空的最年轻的航天员，负责操作航天飞机上的机械臂。从美国国家航空航天局退役后，赖德先是在大学里从事

美国首位女航天员赖德

教学和科研工作，随后成立以其名字命名的公司，主要从事对女性在科学等领域的教育工作。

2012 年 12 月 14 日，"圣杯 -A""圣杯 -B"收到指令，下降至一个较低轨道，准备对月球北极戈尔德施密特环形山附近进行撞击。12 月 17 日，它们编队飞行，先后以 1.7 千米 / 秒的速度撞击了月球表面，其科学探索任务就此终结。撞击前 5 分钟，"圣杯 -A""圣杯 -B"探测器发动机点火，直至燃料耗尽，所以没有对月球造成污染。在这一过程中，专家们精确计算出它们坠毁前贮箱内剩余的燃料容量，进而修正燃料消耗计算模型，这也为未来的探月任务进行了技术准备。由于撞击地点背光处于阴影地带，所以美国国家航空航天局没有拍摄到它们撞击过程的视频图像，但是撞击坑的尺寸由在月球轨道运行的"月球勘测轨道器"进行了确定并传回了图像。

"月球大气和尘埃环境探测器"的主要任务是什么？月球真的没有大气吗？

2013 年 9 月 6 日，美国的人牛怪 5 号运载火箭成功发射了"月球大气和尘埃环境探测器"，其任务是分析月球稀薄大气的组成成分、研究月球表面尘埃作用、进行月地激光传输测试。这个新型月球探测器与火箭分离后不久便出现了一个小故障——探测器的旋转速度过快，使电脑自动关闭了用于姿态控制的反作用飞轮。不过，技术人员很快采取了应对措施，并表示就像"给宝宝拍了个嗝"一样，此后几天就可以恢复正常，事实确实如此。

美国的人牛怪 5 号运载火箭发射"月球大气和尘埃环境探测器"

1 研究尘埃

20 世纪 60 年代中后期，美国"勘测者"系列月球着陆器和"阿波罗"系列载人登月飞船的航天员发现，从月球表面可以看见发光的地平线，它是月球表面上沿其日月线一层分布的薄薄的光带。当时认为此光带是月球粉尘反光所致。不过，1994 年发射的美国"克莱门汀号"月球探测器没有发现此光带。后来人们猜测这是月球表面的粉尘带电后飘浮到空中，散射太阳光线所致。因此，"月球大气和尘埃环境探测器"的任务之一是确定此光带究竟是真实存在还是人为想象，找出发光的地平线现象形成的原因。

链接： 月球上的尘埃微粒最有可能是发光的原因。在月球表面，由于没有风能够抬升尘埃，因此研究人员推测，太阳辐射可能是造成这一现象的原因。紫外线和 X 射线在月球的阳面能够剥离尘埃原子中的负电荷，并使这些微粒带上一个正电荷。而在月球的阴面，太阳风携带的电子能够给尘埃微粒送去一个负电荷。在这两种情况中，带电尘埃颗粒会互相排斥，就像头发丝摩擦气球一样，从而让月球表面的尘埃微粒飘起来。所以，研究人员称此光带很有可能是由于带电粒子对灰尘的吸附造成的。这些灰尘可能会对太阳能电池翼和散热器造成不利影响。

"月球大气和尘埃环境探测器"是首个设计、开发、制造、集成与测试都在艾姆斯研究中心完成的航天器，耗资 2.8 亿美元，主要执行以下任务：一是研究月球表面稀薄的大气，展示月球稀薄大气层的详细情况，这层稀薄大气可能有氩、氦、钠、钾等元素，可能会提供有关水被冻存在月球两极环形山中的线索，并帮助科学家了解水星、体积较大的小行星和其他行星的卫星；二是探测漂浮在月球表面的尘埃，收集和分析月球尘埃颗粒的样品，研究月球表面尘埃所产生的发光地平线现象，解决一个长期存在的问题，即陨石撞月后是否会出现闪光现象，以及该现象是否是月球表面尘埃被扬起后反射太阳光所致；三是对高速率激光通信系统进行测试。

被称为"吸尘器"的"月球大气和尘埃环境探测器"采集了尘埃与大气分子，从而确定究竟是什么漂浮在月球上空，以及它们是如何到达那里的。它观测了月尘微粒对光造成的影响，为该神秘光带的形成拿出了直接证据。它还采集了月岩释放出的硅、镁等元素，甚至采集了彗星沉积在月球上的甲烷、二氧化碳气体等。

该项目的科学家诺布尔说："当谈到月球大气时，有时我们都感到有点儿惊讶，因为我们中的多数人在学校受到的教育是，月球没有大气。但是月球确实有大气，只是非常、非常稀薄。"月球上稀薄的大气一部分可能是月球内部喷发的气体，另一部分可能是微小流星体碰撞蒸发产生的气体和太阳风中的带电粒子。事实上，由于人类探测月球的活动日益频繁，探测器产生的气体很有可能已经成为月球大气的一部分。

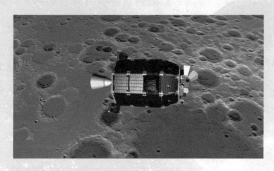

在月面上方飞行的"月球大气和尘埃环境探测器"示意图

月球上空到底漂浮着什么？它们是如何到达那里的？这些问题从未真正得到完美解释。这些有黏性的粗糙尘埃当年几乎拖垮了登月所用的设备，比如说它们弄破了保存月球岩石样品的密封箱。

2 先进技术

"月球大气和尘埃环境探测器"采用了一些先进技术，比如采用了艾姆斯研究中心开发的"模块化通用航天器平台"。该平台由轻质碳复合材料构成，推进系统采用商业现货系统，系统级组件都是来自经过飞行验证的成熟产品。其特点是体积小、成本低、用途广、易于制造，可以在同一时间内实现航天器多个模块的开发、装配和测试；能携带各种有效载荷，可以开发为近地轨道、月球轨道等不同轨道航天器，满足多种探测任务的需求，从而降低任务风险和成本。

"模块化通用航天器平台"由5个模块组成，包括散热器模块（携带电子设备、电子系统、姿态敏感器、紫外光和可见光光谱仪及月球尘埃实验装置），平台模块，有效载荷模块（装有中性粒子质谱仪、月球激光通信验证装置及呈角锥体

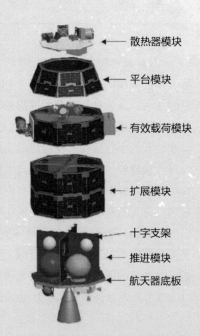

散热器模块

平台模块

有效载荷模块

扩展模块

十字支架

推进模块

航天器底板

"模块化通用航天器平台模块"组成

状的反作用轮），扩展模块，推进模块等。这样的设计可简化集成和测试过程。

"月球大气和尘埃环境探测器"上的月球尘埃实验装置的设计借鉴了"卡西尼－惠更斯号"土星探测器、"伽利略号"木星探测器、"尤利西斯号"太阳探测器上的相关仪器。其工作原理是：微小的尘埃颗粒击打仪器会产生一股电流，从而据此解释尘埃的总数量，分析月球尘埃粒子的样品，判断执行"阿波罗"计划的航天员在日出前看到的地平线光带是否是月球尘埃，太阳紫外线是否使这些月球尘埃带电。

其上的中性粒子质谱仪的设计借鉴了美国"好奇号"火星车上的火星样品分析实验装置，用于测量月球大气在不同高度、不同空间环境下的变化情况，寻找由月球岩石释放的硅、镁和其他元素，以及通过彗星沉积在月球上的其他物质，比如甲烷与二氧化碳气体。

其上的紫外光和可见光光谱仪的设计借鉴了美国"月球坑观测与感知卫星"上的光谱仪，用于了解月球大气的成分。该仪器研究了被太阳辐射驱离月球表面的气体，之前曾认为月球上根本没有大气，但是后来发现月球其实具有包含了氦和钾分子的稀薄"外大气层"。

其上的月球激光通信验证装置使用一种新的激光通信系统与地球通信，以便在星际空间传送宽带数据。

位于白沙试验研究所的主地面站将接收到的"月球大气和尘埃环境探测器"发回的月球科学数据发送到艾姆斯研究中心的任务运行中心进行处理、分配、存储与归档；地面站将接收到的"月球大气和尘埃环境探测器"发回的自身工程数据发送到戈达德飞行中心的科学运行中心进行处理与分析，以保障"月球大气和尘埃环境探测器"正常工作。

"月球大气和尘埃环境探测器"判断航天员在日出前看到的地平线光带是否是月球尘埃示意图

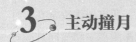 **主动撞月**

美国总统乔治·沃克·布什曾计划"重返月球"，所以美国国家研究委员会在

2007年的《月球探测的科学背景》报告中称，在载人登月之前，应探测月球大气和尘埃的原始状态，优先研究月球环境对登月有什么影响。

为此，美国国家航空航天局于2008年3月对"月球大气和尘埃环境探测器"项目立项。它不光探测月球，还执行其他太空任务，同时借鉴了商业卫星的部分概念，采用模块化方式建造。这些模块能够互换，也可按照要求定制。例如，采用一种配置可以成为一种适合监测太阳的探测器，采用另一种配置则更适合降落在小行星上。模块化方式可大大节省经费，并有望成为美国国家航空航天局未来建造星际空间探测器的新模式。

"月球大气和尘埃环境探测器"用于在月球轨道收集月面数据，以及研究月面附近环境对尘埃的影响，了解未来月球探测活动可能对月球环境造成的影响，了解月球环境可能对未来登月的航天员和探月计划产生的影响；研究日出前月球发光的地平线现象形成的原因。月球有非常稀薄且脆弱的大气层，很容易被人类发射的月球着陆器扰乱。进一步研究月球的大气可以帮助科学家更好地认识多元化的太阳能系统及其改进方向。它为今后的空间任务测试空间激光通信技术，可使数据传输速率达到以往通信方式的6倍，为建立未来的空间通信体系做准备。

测试"月球大气和尘埃环境探测器"的质谱仪

"月球大气和尘埃环境探测器"质量为383千克，可采用三轴稳定模式或自旋稳定模式，电能来自体装式太阳能电池阵，功率为295瓦。它于2013年9月6日升空，30天后抵达了近月点75千米、远月点250千米的月球轨道，进行340天在轨测试，最终在距月球50千米的轨道上绕飞月球100天。完成了预定的探月任务后又超期服役，获得了更多的成果。

由于未携带用于长期维持轨道或进行长期科学研究的燃料，所以美国决定在"月球大气和尘埃环境探测器"的燃料即将耗尽时有意识地让这个探测器主动撞向月球背面，以避免它在自主降落时撞击并污染1969—1972年间"阿波罗"系列飞船载人登月时留下的遗迹。2014 年 4 月 11 日，它进行了最后一次轨道机动，准备撞击月球背面。

2014 年 4 月 18 日，由于燃料耗尽，"月球大气和尘埃环境探测器"按计划高速撞击了月球背面，许多零件由于撞击时产生的高温而气化。

在月球轨道运行的"月球勘测轨道器"拍摄到了"月球大气和尘埃环境探测器"撞击月面之后形成的撞击坑。新撞击坑直径不超过 3 米，撞击坑之所以这么小，是因为探测器的大小仅仅和一辆小汽车相当，并且其撞击月面时的相对速度也较慢（约 1.7 千米 / 秒）。

"月球大气和尘埃环境探测器"
进行旋转试验

4 激光通信

"月球大气和尘埃环境探测器"的另一个主要任务是进行地月间双向激光通信试验。这是美国国家航空航天局第一次尝试在月球轨道器和地面站之间进行激光通信，未来将使用这一技术实现小行星勘测任务。目前，随着数据信息的增多，无线电通信方式已达到了上限。激光通信能够突破无线电通信的技术瓶颈，它使用直径 1 米以下的望远镜来获取信号，能提供 6 倍于现在用于月球通信的最快的无线电通信系统的下载速度。从地面光端机到"月球大气和尘埃环境探测器"的通信传输速率为 20 兆比特 / 秒，从"月球大气和尘埃环境探测器"到地面光端机的传输速率达到了 620 兆比特 / 秒。

链接：相比无线电通信设备，激光通信设备不仅传输速率高，而且小而轻。地面光端机由一个发射和接收望远镜阵列及控制室组成。如果试验一切顺利，未来人类可能还会与其他星球进行高速、宽带激光通信试验。

"月球大气和尘埃环境探测器"
上的月球激光通信验证装置结构图

此次地月间双向激光通信试验使用了由美国国家航空航天局设计的一种全新激光通信终端，它能在星际空间传送宽带数据。此前，美国国家航空航天局曾首次使用激光将《蒙娜丽莎》的图像从地面传送到"月球勘测轨道器"上，但是速率较低。而此次试验则相当于同时传输了100个高清电视频道节目。

"月球大气和尘埃环境探测器"采用一种高可靠性的红外激光器，其上装有能够传输和接收激光脉冲的终端，数据以每秒数亿短光脉冲的形式传输到位于美国新墨西哥州、加利福尼亚州和西班牙的3台地面光端机中的任何一台（由于云层会阻挡光子，因此光端机被安装在3个地点）。激光通信技术可大大提高数据传输速率，比如一部高清影片，传输时间只要几分钟。面临的挑战是要在探测器移动时使非常窄的激光光束精确地指向地面站，如果执行有误，将会削弱信号或失去通信联系。为此，麻省理工学院设计了一个复杂的系统，可消除"月球大气和尘埃环境探测器"的微小摆动，以提高远距离瞄准和跟踪目标的能力。其上有一个超导、冷却的纳米线探测器，能探测从40万千米以外的绕月探测器的红外激光器上发出的单个光子。此外，新的系统还借助高速的数据编码和解码技术，以及一组独立的计算程序，从而调整和保持望远镜能指向彼此。

"月球大气和尘埃环境探测器"准备与地面站进行激光通信示意图

目前，深空通信较为困难，往往需要使用体积庞大的天线，如果能够使用激光进行远距离通信，则可以大大缩小设备体积，因为激光具有更高的能量和传输速率，其传输速率是目前最快的无线电通信系统的6倍。未来，空间探测任务将利用激光通信技术满足轻质和低功率需求，为实时通信和3D高清晰度视频提供更好的数据质量。

地月间双向激光通信试验是美国与欧洲空间局的一个合作项目。欧洲空间局光学地面观测站将和美国的两个终端共同以极快的速度提供数据中继。数据中继将使用红外光束，波长与光纤电缆使用的波长类似。通信验证旨在测试激光通信的就绪水平，以便为未来火星任务或太阳系的其他任务做准备。激光元件质量轻、体积小、耗电量比现在的无线电通信系统低，因此，近红外波长激光通信将是未来下载空间探测器数据的主要方式。

"月球大气和尘埃环境探测器"在发射30天之后，进行了多次地月间激光通信试验。

在撞月前的 2014 年 4 月 1 日—4 月 3 日，欧洲空间局位于西班牙的光学地面站接收到了来自"月球大气和尘埃环境探测器"的红外激光数据信号，传输速度达到 80 兆比特 / 秒。

我国"嫦娥一号"攻克了哪些关键技术？取得了什么探测成果？

2007 年 10 月 24 日，流传千年的嫦娥奔月神话故事终于变成现实，我国自行研制的第一个月球探测器——"嫦娥一号"绕月探测器顺利升空飞向月球。它也是中国第一个空间探测器。此举使我国成为世界第五个发射月球探测器暨空间探测器的国家，因而引起全世界的广泛关注。

1 探月利器

绕月探测工程的实施标志着中国航天开始向深空探测进发。"嫦娥一号"与人造地球卫星不同，它创造了中国航天器史上多个纪录：第一个进入月球轨道的航天器；第一次在飞行中实现 8 次以上变轨的航天器；第一次使用紫外敏感器进行姿态确定的航天器；第一次实现远程测控通信的航天器；等等。

在绕月探测工程中，最引人注目的就是"嫦娥一号"绕月探测器了，因为它将走近月球直接获取大量高价值信息。与人造地球卫星相比，远离地球的"嫦娥一号"在通信、制导和电源等许多方面更为复杂，向科学家提出了不少新的挑战。

人造地球卫星由卫星平台与有效载荷两部分组成，"嫦娥一号"也不例外，它以"东方红三号"卫星平台的结构和推进系统为基础进行研制。所谓卫星平台，就是由卫星保障系统组成的、可支持一种或几种有效载荷的组合体，可为有效载荷正常工作提供支持、控制、指令和管理保障服务等。按照各自服务功能的不同，卫星保障系统主要由结构与机构、热控制和供配电等分系统组成。所以，卫星平台不论安装什么有效载荷，其基本功能是一致的，只是具体的技术性能会有所差别。

"嫦娥一号"与火箭对接

链接： 选用"东方红三号"卫星平台作为基础有 3 个主要原因：一是它具有较大的承载能力，用作绕月探测器时的有效载荷承载能力最大可达 200 千克，其构型布局可以满足月球探测有效载荷的需求；二是这个地球静止轨道卫星平台的推进系统具备充足的轨道机动能力，能满足进入超地球同步转移轨道后多次变轨的轨道设计要求；三是它非常成熟和高度可靠，此前已成功应用于 10 多颗卫星，且具有充足的适应性修改能力。

　　由于"嫦娥一号"主要用于对月球进行遥感探测，所以它还充分继承了我国资源一号、二号等对地观测卫星的现有成熟技术和设备，并进行了适应性改造，相比原有人造地球卫星平台，在轨道、测控、制导导航与控制分系统、热控制分系统等方面有自己的独特之处。所谓适应性改造就是在继承上进行创新，突破一批关键技术，比如技术难度相当高的三体定向技术、轨道设计和紫外敏感器等。

　　"嫦娥一号"为一个 2.22 米 ×1.72 米 ×2.2 米的六面长方体，两侧各装有一个大型展开式太阳能电池翼，两侧的太阳能电池翼完全展开后，最大跨度可以达到 18.1 米。其质量为 2350 千克，干质量为 1150 千克，工作寿命为 1 年，运行在距月面约 200 千米高的圆形极轨道上。

　　"嫦娥一号"由结构与机构、热控制、供配电、制导导航与控制、推进、数据管理、测控数传、定向天线、有效载荷 9 个分系统组成。这些分系统各司其职、协同工作，保证月球探测任务的顺利完成。其中星上的有效载荷用于完成对月球的科学探测和试验，其他分系统则是有效载荷的保障系统，属于卫星平台部分。这些分系统就像人体的"五脏六腑"，缺一不可。

组装采用"东方红三号"卫星平台的"嫦娥一号"

结构与机构分系统如同人体的骨架和关节，用于支撑和固定"嫦娥一号"上的各种科学仪器及其他分系统，使之构成一个整体，能够承受地面运输、卫星发射等运动带来的影响。

热控制分系统如同人体的皮肤和所穿的外衣，保证"嫦娥一号"飞行各阶段星上仪器、设备的工作温度均在规定的范围之内，满足星上各分系统对温度的要求。

制导导航与控制分系统如同人体的大脑和中枢神经，主要任务是完成"嫦娥一号"奔月过程所需的多种轨道和姿态控制，并在环月探测期间实现"嫦娥一号"的三体定向控制要求。

推进分系统如同人体的腿脚，是"嫦娥一号"的动力系统，它与制导导航与控制分系统配合，根据后者发出的指令来工作，提供"嫦娥一号"各种姿态的建立与保持、轨道控制和修正所需的动力。

数据管理分系统是"嫦娥一号"的"总管家"，它会根据事先制定好的准则控制各分系统的工作状态，将地面站发送的遥控指令进行分类，然后按时分发到对应的分系统，同时收集卫星产生的遥测和数据信息，并对这些信息进行分类和编码，为下载到地面站做好准备。它还为星上各个分系统提供时间基准。

测控数传分系统如同人体的耳朵和嘴，主要功能是为"嫦娥一号"的遥测、遥控和数据传输提供可靠的通道，使地面站能够知道卫星的飞行轨道、飞行和工作状态，并对其进行相应的控制。

在"嫦娥一号"环月飞行期间，定向天线分系统如同人体的嗓门，向地面站传输星上有效载荷产生的科学数据和自身工作状态信息。

供配电分系统如同人体的血液系统，负责发电、电能存储、电源控制和电源电压变换等。"嫦娥一号"采用太阳能电池翼－蓄电池组联合电源，产生、贮存和调节电能，以满足"嫦娥一号"供电需求。

有效载荷分系统如同人体的眼睛，"嫦娥一号"上搭载了8种共24台件月球探测仪器，用于完成科学探测任务。

正是有了这9个分系统的相互协作，"嫦娥一号"才能够在遥远的太空中完成自己的使命。

"嫦娥一号"进行光照试验

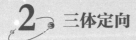 三体定向

在研制上述分系统的过程中，科研人员攻克了许多技术难关，因为与人造地球卫

星相比，绕月探测器要采用较多新技术，比如制导导航与控制分系统中的三体定向技术，这样"嫦娥一号"才能够正确地飞行，开展正常工作。

链接： 所谓三体定向是指"嫦娥一号"具备同时对太阳、地球、月球的三体定向的能力。除了个别人造地球卫星，一般的人造地球卫星只需要进行两体定向，即卫星上的太阳能电池翼对准太阳，以保证获得足够的光照并产生足够的电能，星上的有效载荷对准地球，来完成遥感任务。

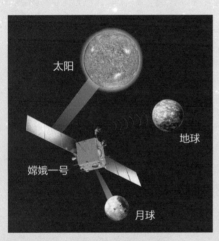

三体定向原理示意图

由于"嫦娥一号"的探测目标是月球，所以不仅要保证其所携带的科学仪器对准月球，星上的太阳能电池翼对准太阳，同时还要将它的定向天线对准地球，从而使"嫦娥一号"在环绕月球飞行过程中的限定时间内将自身工作状态信息和科学仪器的探测结果及时传回地球。但是由于地球、太阳和月球的空间关系随时都在变化，而且比较复杂，因此三体定向会很困难。

为使"嫦娥一号"上的科学仪器始终对准月面进行连续探测，"嫦娥一号"采取三轴稳定的姿态控制方式，这样可以保证星体上安装科学探测仪器的一面始终朝向月面，满足遥感探测的需求。

在星体姿态固定之后，为了能同时保证"嫦娥一号"上的太阳能电池翼总是朝向太阳，以获取最多的电能，"嫦娥一号"采用了可一维转动的驱动机构，它能带着太阳能电池翼桨轮实现360°的转动。利用太阳敏感器来捕获太阳的方位，然后不断地控制驱动机构一直保持太阳能电池翼获得最佳的太阳入射角，从而提供充足的电能。

为了使"嫦娥一号"的定向天线一直对准地球，从而将工程遥测和科学探测数据及时传回地球，科研人员研制了定向天线的双轴驱动机构，它可在半球空间内实现高精度指向定位要求，使定向天线具备对地球的跟踪指向能力。

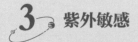

3 紫外敏感

上述方式解决了月球探测过程中的三体定向的难题。与此同时，"嫦娥一号"还采用了多种手段来确保三体定向的精度要求，其中一项新技术是紫外敏感器。

"嫦娥一号"上的科学探测仪器只有在垂直对准月面时才能最好地发挥功效，因此需要对"嫦娥一号"的姿态，特别是俯仰方向和滚动方向的姿态进行实时控制，及时纠正各种因素引起的卫星姿态偏差，以确保科学探测仪器始终处于最佳工作状态。制导导航与控制分系统中的紫外敏感器就是一种用于测量"嫦娥一号"对月姿态的光学姿态敏感器，它相对于人造地球卫星上的红外地球敏感器来说具有自己的特点。

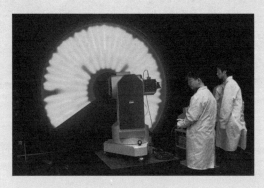

测试紫外敏感器

链接： 地球大气层内存在着很稳定的红外辐射带，无论白天黑夜、阴晴雨雪、风云雷电，红外辐射带始终呈现为一个完整的圆盘，而且辐射强度、圆盘直径变化都很小。由于地球大气层温度相对太空背景温度要高很多，因此地球大气层的红外辐射也要比太空背景的红外辐射强度高。利用这一特性，研究人员为人造地球卫星研制出了红外地球敏感器，它利用探测红外光谱来获得地球地平信息，然后经过进一步的技术处理获得地心垂线方向，得到俯仰方向或滚动方向的姿态偏角。

红外地球敏感器在人造地球卫星甚至宇宙飞船上应用得非常普遍，但是这种敏感器并不能应用于月球探测任务，原因是月球几乎没有大气，也就不可能具有稳定的红外辐射带。此外，月球本身不发光，仅反射太阳光，而且随太阳光照射角及观察方向的不同，月球会呈现不同的月相，也就是通常所说的"月有阴晴圆缺"。太阳光照射到的部分辐射很强，太阳光照射不到的阴影部分的辐射则弱得几乎探测不到。所以"嫦娥一号"上不能使用红外地球敏感器。

那么应该采用什么样的敏感器呢？研究人员经过研究月面不同物质、不同地形的反射特性后发现，月球有稳定的紫外辐射。因此，"嫦娥一号"应用了紫外敏感器来探测月球。

绕月勘查的"嫦娥一号"示意图

此外，"嫦娥一号"绕月探测工程还攻克了轨道设计、热控制技术等关键技术，克服了月食的影响。

4 主要成果

"嫦娥一号"上搭载了8种科学探测仪器。其中CCD立体相机用于获取月球表面三维立体图像；激光高度计用于测量月球表面到"嫦娥一号"的高度数据；干涉成像光谱仪、γ射线光谱仪、X射线光谱仪分别用于探测月球表面不同物质化学元素；微波探测仪被首次用于测量月球的微波辐射特征，从而研究月壤的厚度；太阳高能粒子探测器和太阳风离子探测器用于探测从地球至月球4万到40万千米的空间环境。太阳高能粒子探测器和太阳风离子探测器在奔月途中就开始工作，其他仪器在探测器进入月球轨道后才相继开机工作。

2008年7月1日，"嫦娥一号"完成了全月球影像数据的获取；2008年10月24日，它实现了在轨1年寿命，完成了各项任务。此后，中国又用"嫦娥一号"开展了变轨等10余项验证试验。为了给探月工程二期"探路"，积累落月过程控制和轨道测定方面的经验，"嫦娥一号"于2009年3月1日受控撞击了月球丰富海区域，成功实现硬着陆。

"嫦娥一号"累计飞行494天，其中环月482天，比原计划多飞行了117天；飞行期间经历了3次月食；传回了约10.96太比特的有效科学探测数据；获取了全月球影像图、月面化学元素分布、月面矿物含量、月壤分布和近月空间环境等一批科学研究成果，填补了中国在月球探测领域的空白。

CCD 立体相机及干涉成像光谱仪

例如，"嫦娥一号"的 CCD 立体相机使中国制作的"全月球影像图"在几何配准精度、数据的完整性与一致性、图像色调等方面在国际上处于先进水平；"嫦娥一号"的 γ 射线光谱仪获得了铀、钍、钾 3 类重要元素的全月球分布和含量数据，以及镁、铝、硅、铁、钛 5 类重要元素的局部区域的分布和含量数据；通过国际上首次采用的微波探测仪所获数据，推算出月壤平均厚度为 5 ~ 6 米，月壤中的氦 3 含量约为 100 万吨。

"嫦娥一号"还获得了太阳高能粒子时空变化图、太阳风离子能谱图和时空变化图等，发现了它们与地球磁场和月面带电粒子之间相互作用过程中的一些独特物理现象。科学家根据"嫦娥一号"的数据提出了月球岩浆洋结晶年龄为 39.2 亿年和月球东海盆地倾斜撞击成因的新观点。

中国国家航天局于 2007 年 11 月 26 日正式公布的"嫦娥一号"传回的第一幅月面图像

为什么要发射"嫦娥一号"的备份星"嫦娥二号"？它与"嫦娥一号"有什么不同？

探月工程二期，即落月探测需要攻克的关键技术多、技术跨度和实施难度大。因此，为了降低探月工程二期的风险，在发射我国首个月球着陆探测器"嫦娥三号"之前，我国于 2010 年 10 月 1 日使用长征三号丙运载火箭发射了"嫦娥二号"，以突破"嫦娥三号"部分关键技术。

被称为"二姑娘"的"嫦娥二号"原来是"嫦娥一号"的备份星，由于"嫦娥一号"表现出色，后来又将"嫦娥二号"改作我国探月工程二期的技术先导星，积累相关经验，并在"嫦娥一号"任务的基础上深入开展月球科学探测和研究。

"嫦娥二号"运行在距月面 100 千米高的极轨道上，设计寿命半年，分辨率为 7 米，比"嫦娥一号"提高了 17 倍，主要完成两大任务：一是对新技术进行试验验证，对未来的预选着陆区进行高分辨率成像；二是获得更加丰富和准确的探测数据，深化人类对月球的科学认知。

"嫦娥二号"工程总设计师吴伟仁把"嫦娥二号"任务归纳为具有"快、近、精、多"四大特点。"快"是指到达月球的时间缩短；"近"是指探月卫星的绕月轨道从原来的 200 千米降低到 100 千米，最近点只有 15 千米；"精"是指测量精度提高，运行在 100 千米轨道时相机分辨率为 7 米，运行在 15 千米轨道时相机分辨率为 1 米；"多"是指试验多，要进行轨道机动和使用降落相机等多项试验。

"嫦娥二号"奔月示意图

1 升级载荷

"嫦娥二号"的科学目标与"嫦娥一号"一样,完成四项任务。它载有 7 种科学探测仪器(比"嫦娥一号"少了干涉成像光谱仪),但是全面升级了有效载荷,且运行轨道低,因此获得的数据的精度更高了。

它采用了新研制的 TDI-CCD(时间延迟积分-电荷耦合器件)立体相机,获取了全月球表面高清晰三维影像,分辨率为 7 米。这种相机通过积分增值的原理来增加光学的能量,即用 96 条线 CCD 对同一目标采样,最后将信号全都累加,使得相机分辨率、性噪比能够达到一定的要求,解决了时间短、分辨率高、能量不够的问题,即使很暗的目标,该立体相机也能把它照出来。

此外,要想使相机获得高分辨率图像,一是要距离近,二是要镜头大,三是要焦距长,四是要光线好或曝光足。"嫦娥二号"上的相机采用的推扫成像技术保证了在月球自转的情况下获得清晰的全部图像,以满足分辨率提高对相机曝光控制的要求,这是我国相关载荷研制技术的一个重要突破。

"嫦娥二号"上全国产的激光高度计也有一些改进,其激光重复频率从原来的 1 赫兹提高到 5 赫兹,即 1 秒可以测 5 个点的高程数据,性能较"嫦娥一号"的激光高度计有很大提升,激光测距精度达到 5 米。

利用经技术改进的 γ 射线光谱仪和 X 射线光谱仪,探测月球物质成分和含量的精度提高了大约 4 倍,可以探测月球表面硅、镁、铝、钙、钛、钾、钍、铀的含量与分布特征,获得更高空间分辨率和探测精度的元素分布图。

"嫦娥二号"上的 TDI-CCD 立体相机

2 改进平台

与"嫦娥一号"的 9 个分系统相比,"嫦娥二号"增加了一个技术试验分系统,主要用于实现星地 X 频段测控体制验证,并试验降落相机等相关技术,为探月工程二期进行先期验证和技术储备。"嫦娥二号"的平台也进行了部分改进,

和"嫦娥一号"的 200 千米运行轨道相比,"嫦娥二号"的 100 千米运行轨道上的热流增加了 20% ~ 30%,平均温度要升高 15℃左右,"工作环境"面临 120℃左右的高温。所以工程师对"嫦娥二号"的热控制分系统采取了以下三项改进措施。

一是重新设计了热控制系统。对于"嫦娥二号"内部元器件来说，0～20℃的温度是最理想的工作温度。为了将温度降下来，专家对"嫦娥二号"舱内的热交换系统进行了重新设计和布局，使"嫦娥二号"受到照射的部分和没有受到照射的部分之间能够迅速实现热交换，从而使温度不致高者过高、低者过低，维持一种平衡的状态。

二是为"嫦娥二号""穿了"一套采用聚酰亚胺材料的金银外衣，金衣由一层层比羽毛还轻的膜状物和网状物间隔拼叠而成，共15层，可以隔热，其保温效果可以和热水瓶瓶胆的保温效果相媲美；银衣是一层类似镜子的膜，它具有很强的反射能力，能够反射掉85%左右的太阳光，同时还具有较强的散热能力，舱内温度过高的时候可以把热量散掉。两者组成了一个天然的空调系统，使"嫦娥二号"能够在100℃以上的高温环境中正常工作。

三是为"嫦娥二号"装上了更加灵活的太阳能电池翼。一般情况下，空间探测器的太阳能电池翼会自动调整至与太阳光垂直的角度，以保证太阳光线能够直射到太阳能电池翼上。但是，"嫦娥二号"处在高温环境之中，太阳光的持续直射可能造成帆板温度过高而失效。所以，为使"嫦娥二号"的太阳能电池翼在高温环境中保持良好的工作状态，技术人员在设计时使其和太阳成60°夹角，避免太阳光直射，这样温度就会大大降低；而且星上有一套软件系统，在温度达到一定高度时，该系统可以使太阳能电池翼旋转，停留在和太阳成30°夹角的位置，使星上温度降下来。

"嫦娥二号"星体外面的金箔用于保温

3 六大突破

与"嫦娥一号"任务相比，"嫦娥二号"任务技术更新、难度更大、系统更复杂，相应地，风险也随之增加。在技术上，"嫦娥二号"共实现以下六大突破，它们也是"嫦娥二号"的工程目标。

一是突破了运载火箭直接将卫星发射至地月转移轨道的发射技术。利用长征三号丙运载火箭将"嫦娥二号"直接送入了近地点高度200千米、远地点高度约38万千米的地月转移轨道。相比"嫦娥一号"，"嫦娥二号"取消了调相轨道飞行，充分利用了火箭的运载能力，改为直接进入地月转移轨道，从而节省了7天时间，减少了"嫦娥二号"的燃料消耗。

有人形容"嫦娥一号"奔月走的是"国道""滚梯","嫦娥二号"奔月走的则是"高速公路""直梯"。不过相比"嫦娥一号"发射时的火箭飞行轨道,"嫦娥二号"发射由"固定靶"升级为"移动靶",难度自然大大增加。

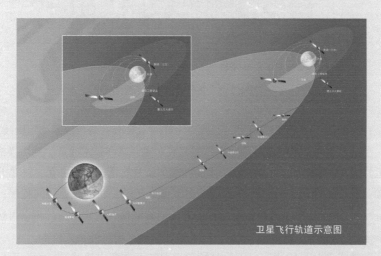

"嫦娥二号"飞行轨道示意图,图中小图为"嫦娥一号"飞行轨道示意图

二是首次试验了 X 频道深空测控技术,初步验证了深空测控体制。相比"嫦娥一号"使用的 S 频段(2 吉赫兹 ~ 4 吉赫兹),"嫦娥二号"试验的 X 频段(8 吉赫兹 ~ 12 吉赫兹)具有传输速率高、信号衰减小和负载数据多等优点,远距离测控通信效果更好,并可用更小的设备、更低的功率传输更多的数据,在不增大天线口径的前提下,能增加 2.6 分贝的增益。这为以后的深空测控打下了基础。"嫦娥二号"任务主要还是使用 S 频段,嫦娥三号、四号任务主要使用 X 频段进行测控通信。

三是首次验证了 100 千米月球轨道捕获技术。"嫦娥一号"是在距月面 200 千米处通过制动被月球捕获的,而"嫦娥二号"是在距月面 100 千米附近的特定位置通过制动被月球捕获的,这意味着"嫦娥二号"距月面的飞行轨道更低、速度更快、所需的制动量更大,大大提高了对"嫦娥二号"制动控制精度的要求。其制动时机和制动量要恰到好处,如果制动早了,"嫦娥二号"就无法进入月球轨道;如果制动狠了,"嫦娥二号"有可能撞月;如果制动轻了或晚了,"嫦娥二号"会越过月球轨道。

"嫦娥二号"的控制能力和测控系统的测量精度是确保第一次近月制动成功的关键。2010 年 10 月 6 日,"嫦娥二号"第一次近月制动获得成功,它进入了近月点约 100 千米、远月点约 8000 千米的椭圆轨道,为最终进入"使命轨道"进行科学探测活动奠定了坚实基础,使我国航天测控"月球精密定轨"技术得到了进一步验证。后又经过 2 次近月点制动,"嫦娥二号"最终进入了高度 100 千米、周期 117 分钟的极月圆轨道。

"嫦娥二号"进行近月制动示意图

四是首次验证了近月点 15 千米、远月点 100 千米轨道机动与快速测定轨技术。"嫦娥二号"在进入 100 千米的极月圆轨道后先完成在轨测试和技术验证，然后择机变轨，进入了近月点 15 千米、远月点 100 千米的椭圆形绕月轨道，其任务是：一是开展轨道机动试验，验证"嫦娥三号"任务着陆前在不可见弧段变轨的星地协同程序；二是在运行至近月点 15 千米时重点拍摄后续任务着陆的虹湾预选着陆区，分辨率可达 1 米，细致考察未来"嫦娥三号"的着陆区；三是验证快速测定轨等相关技术。

这样的轨道调整风险很高，因为虹湾预选着陆区在朝向地球的一面，而目前采取的控制方式是对称控制。所以如果想调整"嫦娥二号"在月球正面的高度，必须在月球背面进行控制，提前注入数据，然后靠"嫦娥二号"自主控制变轨。变轨 1 ~ 2 天后，"嫦娥二号"还要返回 100 千米极月圆轨道，继续开展科学探测任务。

选择预选着陆区的一般原则是：为了保证安全，必须地势平坦，利于月球着陆器着陆；要在月球正面，以便于进行测控通信；应有科研考察价值，并选在其他国家没有着陆过的地方；太阳光较好，保证能源供应。

五是首次试验了降落相机、监视相机、低密度校验码遥测信道编码和高速数据传输等技术。降落相机是此后发射的"嫦娥三号"软着陆过程中寻找安全落点的"眼睛"，使"嫦娥三号"在降落过程中能根据图像自主避开不适合降落的地点，"临机决断"选择一块适宜降落的平坦表面。它是黑白相机，用于获取月球表面图像，具备清晰拍摄与快速拍摄两种工作模式，探测器可根据需要选择不同的工作模式。

"嫦娥二号"上的发动机监视相机在近月制动时对月面成像（距月面 100 千米）

3 台监视相机分别用于监视 490 牛发动机、定向天线及太阳能电池翼的工作情况，使地面控制中心第一次看到了太阳能电池翼和定向天线在太空中展开和转动的真实画面，第一次看到了发动机在太空中喷出的火焰，而此前只能展示模拟动画。这 3 台监视相机均为彩色相机，拍摄的目标颜色各有不同，且在姿控系统配合下还可以从太空中的不同距离、以不同视角拍摄地球和月球的图像。

在"嫦娥二号"飞行期间,还试验了一项具有强纠错能力的创新数据编码技术,它可以大幅提高数据传输过程的纠错能力,以提升"嫦娥二号"遥测链路性能,防止外界干扰出现误码,为提高数据传输效率奠定更好的基础。

在地面应用系统的配合下,"嫦娥二号"也分别试验了 2 倍和 4 倍于"嫦娥一号"数据传输速率的新技术。"嫦娥二号"的数据传输速率由"嫦娥一号"的 3 兆比特 / 秒提高至 6 兆比特 / 秒,并试验了 12 兆比特 / 秒的传输能力,这可以保证"嫦娥二号"获得的高分辨率数据能够尽快传回地面站。

六是通过"俯冲"对"嫦娥三号"任务预选着陆区进行了高分辨率成像。嫦娥二号在近月点 15 千米处用相机对"嫦娥三号"任务预选着陆区进行了约 1 米分辨率成像试验。

2010 年 11 月 8 日,我国首次公布了"嫦娥二号"传回的"嫦娥三号"任务预选着陆区月面虹湾区域局部影像图,它标志着"嫦娥二号"任务取得圆满成功。

2010 年 11 月 8 日,国家国防科技工业局首次发布"嫦娥二号"月面虹湾局部影像图。
这是虹湾局部三维景观图(数据获取时间为 10 月 28 日)

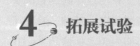

4 拓展试验

2011 年 4 月 1 日,"嫦娥二号"绕月探测器半年设计寿命期满。此后,它开展了三项拓展试验：一是在已获取 99.9% 月球图像的基础上，补全了月球南北两极漏拍点，获得了世界最全的高分辨率月球图；二是用主发动机降轨至 15 千米，再次对"嫦娥三号"任务预选着陆区虹湾区进行了高清晰度成像，以验证在月球背面卫星不可监测的条件下，制导导航与控制和推进等分系统的协同能力；三是离开月球，飞往太阳与地球引力平衡点——拉格朗日 2 点驻留，进行科学探测。

2011 年 8 月 25 日，经过 77 天的飞行，"嫦娥二号"在世界上首次实现了从月球轨道出发，受控准确进入日地拉格朗日 2 点环绕轨道，使我国成为世界上继欧洲空间局和美国之后第三个造访日地拉格朗日 2 点的国家或组织，并完成了 150 万千米远距离测控通信，开展了日地空间环境探测。

2012 年 6 月 1 日，"嫦娥二号"又成功变轨，进入飞往小行星的轨道。同年 12 月 13 日，"嫦娥二号"在距地球约 700 万千米的深空以 10.73 千米／秒的相对速度，与图塔蒂斯小行星由远及近"擦肩而过"。在与该小行星最近相对距离达到 3.2 千米时，其星载监视相机对小行星进行了光学成像。

这不仅是我国首次实现对小行星的飞越探测，也是国际上首次实现对图塔蒂斯小行星的近距离探测，还使我国成为继美国、欧洲空间局和日本之后，第四个探测小行星的国家或组织。"嫦娥二号"开创了中国航天一次发射开展月球、日地拉格朗日 2 点、小行星等多目标多任务探测的先河。

"嫦娥二号"任务的实施创造了航天领域多项"世界第一"：首次获得 7 米分辨率全月球立体影像；首次从月球轨道出发飞赴日地拉格朗日 2 点进行科学探测；首次对图塔蒂斯小行星近距离交会探测，并获得 10 米分辨率的小行星图像。

"嫦娥二号"拍摄的图塔蒂斯小行星

2014 年，已成为我国首个人造太阳系小行星的"嫦娥二号"在与地球间的距离突破了 1 亿千米时还能进行测控通信，从而为我国今后的火星探测奠定了基础，验证了中国测控通信系统的传输能力。2029 年前后，"嫦娥二号"将回归距离地球约 7×10^6 千米的近地点。

"嫦娥三号"进行落月探测要闯几关？它创造了几项世界第一？

2013年12月2日，我国用长征三号乙改进型运载火箭成功把"嫦娥三号"落月探测器直接送入地月转移轨道。这是我国探月工程二期——落月探测的关键一步。它于12月14日在月面软着陆，首次实现了我国对地球以外天体的软着陆，它也是美国"阿波罗"计划结束后世界第一个软着陆月球的探测器，并使我国成为世界第三个掌握落月探测技术的国家，以及世界第二个掌握无人月球探测车技术的国家。

1 两器组合

"嫦娥三号"宽度为4米、高为4.2米，发射质量为3780千克，干重为1220千克，由着陆探测器（简称着陆器）和巡视探测器（简称巡视器，俗称月球车，名为"玉兔号"）组成，所以发射"嫦娥三号"实际上是发射了两个月球探测器。两器分离前，巡视器为着陆器的载荷，分离后，为两个独立的探测器，各自展开月面探测工作。

在"嫦娥三号"的整个任务过程中，包括地月转移、环月、软着陆/巡视勘察几个阶段。其发射窗口为2013年12月2日，运载火箭将"嫦娥三号"直接送入近地点200千米、远地点38万千米的地月转移轨道；12月6日，"嫦娥三号"通过1次近月制动被月球捕获（"嫦娥二号"要通过3次近月制动）进入100千米的环月圆轨道；12月10日，即绕月4天后，"嫦娥三号"变轨进入近月点15千米、远月点100千米的椭圆形降落轨道，距离月面越来越近，并做好各项准备；12月14日，"嫦娥三号"从距月面15千米高的近月点开始动力下降，经过约700秒，在月球表面虹湾区软着陆；12月15日，着陆器释放"玉兔号"月球车，成为两个独立的探测器，然后，它们携带的相机互相拍摄，标志着"嫦娥三号"任务取得圆满成功。此后，它们在月

刚完成热真空试验的"嫦娥三号"着陆器、
"玉兔号"月球车组合体

面开展各自的科学探测任务，即着陆器开展就位探测，"玉兔号"开展巡视勘察。

2 多项创新

为了完成"嫦娥三号"任务，我国进行了多项创新。

首次实现了我国航天器在地外天体软着陆；首次实现了我国航天器在地外天体巡视探测；首次实现了我国对月面探测器的遥测操作；首次研制了我国大型深空测控站；首次在月面开展了多种形式的科学探测。

"嫦娥三号"搭载了8台科学载荷，创造了3个第一。

- 着陆器上的月基光学望远镜开创了国际上首次在月面开展天文研究的新领域。在月球表面进行天文观测可以免受大气影响，获得极高精度的观测数据。同时，由于月球约27个地球日才自转一周，因此光学望远镜可对一个目标开展长达300多个小时的持续跟踪。
- 着陆器上的极紫外相机首次实现了国际上在月面对地球等离子体层进行极紫外成像，从而在整体上探测太阳活动、地磁扰动对地球空间等离子体层的影响。同时，因具有多天连续观测的有利条件，它极大提高了我国空间环境监测和预报能力。
- 月球车上的测月雷达集合其他载荷探测成果，在国际上首次建立了集形貌、成分、结构于一体的综合性观测剖面，建立起月球区域综合演化动力学模型。

3 着陆不易

完成"嫦娥三号"任务有三大难关，即着陆关、月夜生存关、巡视关。其中着陆关又有三大难点。

一是落月着陆的减速。因为月球表面大气极其稀薄，所以探测器需要依靠自己的推进系统降低工作速度，且速度变化很大。

二是着陆段的自主制导导航控制。因为月球软着陆动力下降过程时间比较短，速度变化很大，所以无法靠地面站实施制导导航的控制，而是需要探测器自身系统利用基于对月测速、测距和地形识别的敏感器进行自主制导导航控制。

三是着陆冲击的缓冲。着陆器接触月面时会形成一个比较大的冲击载荷，因此必须设计相应的着陆缓冲系统，吸收着陆的冲击载荷。

"嫦娥三号"利用发动机反推减速在月面软着陆过程示意图

所以，"嫦娥三号"落月时需要克服反推减速、自主控制、着陆缓冲三大技术难点。

2013 年 12 月 14 日，"嫦娥三号"利用 1500 ～ 7500 牛变推力发动机，以 1.7 千米 / 秒的速度"驶"向月面并逐渐减速，实施动力下降。探测器经过准备段、主减速、快速调整、接近、悬停（在距月面 100 米处保持悬停）、避障（可横向移动）、缓速下降、自由下降（实际在距月面 2.88 米处自由落体）8 个阶段着陆，共耗时约 700 秒。"嫦娥三号"落在月球西经 19.5°、北纬 44.1° 的虹湾以东区域，地势很平坦，只有 1° ～ 2° 的倾斜，远低于小于 15° 倾斜的要求。

月球是真空环境，软着陆时不能使用降落伞。着陆过程中，"嫦娥三号"要一边降落，使用反推发动机把速度降下来，一边要避开大石头和大坑。在"嫦娥三号"下降至距月面约 100 米时，像直升机一样悬停了一会儿，以智能方式选择了一块比较平的地方，飞到着陆地点上空后再降下来，最后一直靠反推发动机慢慢下降。

按照设计，当"嫦娥三号"降到距离月面 4 米高度时，要关闭发动机，以免扬起月尘，污染相机镜头或影响其他设备工作。之后，"嫦娥三号"自由下降，靠着陆器的 4 个支架腿缓冲落在月面上。

因为"嫦娥三号"动力下降过程是一个时间较短、推进剂消耗大和速度变化很大的过程，还要求能够自动避障，以提高着陆的安全性，所以它与我国此前已有航天器用的制导导航与控制系统区别很大，无法依靠地面站实时控制。在约 12 分钟的落月过程中，"嫦娥三号"依靠自身的敏感器对月面进行测距、测速和障碍识别，来完成整个动力下降的自主制导导航与控制，完成软着陆。也就是说，整个软着陆过程基本是靠探测器自主完成的。

12 月 15 日，着陆器完成了"玉兔号"月球车分离释放（着陆器建立工作状态、月球车 6 个车轮解锁、车体解锁、太阳能电池翼和桅杆解锁并展开到位、导航相机和全景相机对月面成像、两器脐带电缆脱落、月球车移动到转移机构上、随转移机构运动到位并驶离转移机构、抵达月面）。月面工作时，月昼进行就位探测和巡视勘察，月夜断电休眠。过月夜后自主唤醒，继续实施探测任务。

"嫦娥三号"在月面智能着陆，也为此后嫦娥四号、五号着陆月面奠定了基础。此前，国外的月球着陆器多为盲降或失控坠毁，成功率不高。即使在 2019 年，以色列和印度的首个落月探测器也都相继着陆失败。在月面着陆并非易事。

"玉兔号"月球车正在驶离"嫦娥三号"着陆器示意图

4 月夜生存

探测器安全落月后面临的最大难关就是如何经受住月球昼夜极端温差的考验而"存活"下来。月球的一天相当于地球的约 27 天，13 天半是太阳光普照的白天，13 天半是寒冷的黑夜。在白天，受光部位的极限温度可达 150℃，未受光部位的温度则为 -130℃ ~ -60℃，而到了夜间，温度会降到 -180℃。月夜长时间低温对"嫦娥三号"是个严峻考验，因为很多设备的工作温度有严格限制，在这么低的温度下，所有的电子仪器可能被冻坏。要保持这些电子仪器不被冻坏的最低温度是 -40℃。

为了解决这一难题，"嫦娥三号"首次采用了同位素热源（核电源）和电加热器等技术，以确保探测器系统顺利度过漫长的月夜。例如，到了晚上，"嫦娥三号"断电进入"冬眠"，大部分设备关机或待机，然后使用放射性元素钚（Pu）衰变释放的热能，使温度保持在 -20℃ 以上，核电源可以连续工作 30 年；原本展开的太阳能电池翼就会折叠起来，像被子一样盖在月球车上，这种"包裹式睡眠"有助于保护各种仪器不被冻坏。等太阳一出来，通过光照自主唤醒，重新展开太阳能电池翼继续工作。白天时，"玉兔号"月球车的太阳能电池翼还要调整角度，避免被太阳光照射得太热，最热的月午，"玉兔号"还要进行"午休"。

为了适应极端温差，设计人员在热控制系统方面做了一些特殊设计。例如，月球车热控制分系统利用导热流体回路、隔热组件、散热面设计、电加热器、同位素热源等，可耐受 -180℃ ~ 120℃ 的极限温度。工作时的舱内温度可以控制在 -20℃ ~ 50℃ 之间。着陆器和"玉兔号"月球车外面都包有多层隔热组件材料，如同日常生活中的被子，把整个探测器给包起来。这种材料是双向隔热的，热量不能往里传，也不能往外漏。

月昼时热量不能从外面传递到探测器里面，月夜时热量不能从探测器里面流失到外面。

经历漫长月夜的"嫦娥三号"着陆器和"玉兔号"月球车示意图

安装在探测器里发热用的同位素热源如同炉子，它可以持续放热，整个月夜，着陆器和巡视器都靠它来提供热量。但是，同位素热源的放热也是需要控制的，需要热的时候放热，不需要热的时候不能放热。

链接： 月昼的时候比较热，月面温度高达约 120℃，这个时候就需要给探测器开空调。那么，在高温下，探测器工作时产生的热量是怎样散出去的？在地球表面，可以用冷却剂来散热，而在月面真空环境中只能用辐射方式散热。工程师在探测器上设计了几个特殊的散热面，这样就可以在月昼的时候把热量散出去。

5 漫游虹湾

巡视勘察的难度也很高，因为从月面的路况上看，受太阳紫外线辐射的影响，月壤细粒会周期性地升起。月球的表面重力是地球的 1/6，月球车行走时更容易带起大量月壤细粒，形成月尘。月尘可能进入甚至覆盖月球车所载仪器设备，一旦附着很难清除。月尘可能使月球车发生很多故障，包括机械结构卡死、密封机构失效、光学系统灵敏度下降等。月球车可以通过控制姿势等方式消除月尘。

因为缺乏大气，月球车将完全暴露在多种宇宙射线之下，强烈的电磁辐射可能破坏电子遥控系统，这对接收系统的最大接收功率提出了相当高的要求。为此，"玉兔号"被设计了一身金银外罩，这并不是为了好看，而是为了反射月球白昼的强光，避免昼夜温差的影响，同时阻挡宇宙中各种高能粒子的辐射。

"嫦娥三号"着陆器拍摄的"玉兔号"月球车

另外，月球表面的土壤非常松软，而且崎岖不平，石块、陨石坑遍布。月球车的行进效率会降低。而弱重力导致的摩擦系数降低，使得月球车在月球表面行走时更容易打滑，这对月球车的控制系统提出了更高的要求。在这种情况下，"玉兔号"既不能打滑下陷，还要能爬坡越障。"玉兔号"具备"眼观六路、耳听八方""独立思考、自主判断"的本领。

链接： 月面巡视过程中的自主导航与遥控操作也很难。巡视勘察任务要求"玉兔号"月球车能够在复杂月面环境中实现远距离行驶，安全到达指定位置，并保障自身的安全和稳定工作。解决月面环境感知、障碍识别、局部路径规划及多轮运动协调控制是自主导航控制的难题。

"玉兔号"是高智能"机器人"，可以自主导航，自主选择探测路线，自主上下坡，规避撞击坑和大型障碍物体。它采用了 6 个空心网状轮子（可防止粘带月尘），高 1.5 米左右的"脖子"上装有 360° 全景相机，这里有一套自主视觉导航系统，可观察前方 3 米以内的地貌，然后通过计算建立三维立体地图，判断和规划行进路径。如果遇

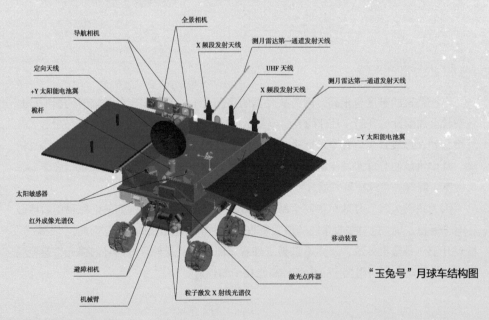

"玉兔号"月球车结构图

到较大的坡、石块或坑时，它可以避让并绕开行驶，实现未知环境的自主安全避障和自主导航。其活动范围理论上为 5 平方千米，具有 20° 爬坡、20 厘米越障能力，移动速度要达到 200 米/时。

"玉兔号"的移动速度之所以慢，是由它的任务决定的。它首先要"看路"，月球上没有人可以帮忙把路修好；其次要向地面站传输数据；还要按照工程目标和科学目标展开工作。考验它的不是速度，而是越障能力。"玉兔号"地面试验行驶 10 千米没有问题，在月面上则要看实际情况了。

其在月面的巡视勘察过程比较复杂："玉兔号"用相机对周围环境进行感知，并将数据传回地面站；地面控制中心利用环境数据和"玉兔号"状态信息进行建模、分析和规划，并对规划进行运动仿真和验证；将通过验证的控制指令上传给"玉兔号"，"玉兔号"将执行控制指令，并自主完成近距离障碍识别和局部路径规划，利用携带的仪器进行科学探测；对于给出的任务计划，还可根据具体情况选择地面遥控操作模式或自主运行模式。简单说就是：先通过全景相机和导航相机"观察"周围环境，对月面障碍进行感知和识别，然后对巡视的路径进行规划。遇到超过 20° 的斜坡、高于 20 厘米的石块或直径大于 2 米的撞击坑，能够自主判断安全避让。

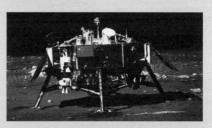

"嫦娥三号"着陆器目前还在月面工作，是世界上迄今为止在月面上工作时间最长的月球着陆器。

"玉兔号"月球车全景相机拍摄的
"嫦娥三号"着陆器

为什么"嫦娥四号"要落到月球背面？在月球背面探测要攻克什么难关？

"嫦娥四号"是我国探月工程四期的首次任务，后续还有"嫦娥六号""嫦娥七号""嫦娥八号"任务，并将在月球上建立科研站。

1 月球背面

相比月球正面，月球背面保留着更多的原始状态，因此探测月球背面对研究月球甚至地球的早期历史具有重要价值。

另外，由于月球的自转周期与公转周期一致，因此在地球上永远看不到月球背面，这使得月球背面可屏蔽来自地球的各种无线电波的干扰，人类在月球背面可以监测到在地球表面和地球附近的太空无法分辨的宇宙中的低频射电信号，并且有望在该领域取得重大成果。

不过，正是因为在地球上永远看不到月球背面，所以在月球背面着陆的探测器不能直接和地面站进行无线电通信。因此，在月球背面进行落月探测的困难极大，国外没有进行过。我国是世界上第一个成功地在月球背面进行落月探测的国家。

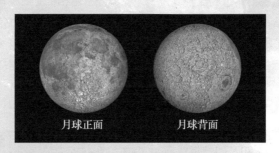

月球正面与背面对比图，正面的月海平原颜色较深，地形比较平滑；
月球背面以月陆为主，地形崎岖，南部有一个巨大的撞击盆地

2 鹊桥先行

2018 年 5 月 21 日，我国发射了一颗名叫"鹊桥"的中继卫星，它于 2018 年 6 月 14 日进入地月拉格朗日 2 点（简称地月 L2 点）的晕轨道，这是世界首次。在这个使命轨道上，"鹊桥"能同时"看到"地球和月球背面，为在月球背面着陆的"嫦娥四号"与地面站之间提供通信链路，传输测控通信信号和科学数据，还能节省燃料，一年只消耗 2 千克燃料。

"鹊桥"基于 CAST100 卫星平台研制，质量为 448 千克。由于"嫦娥四号"落月探测器体积较小，因此配备的天线也不大，通信信号较弱。所以，"鹊桥"的通信分系统装有大型伞状高增益天线和螺旋状中增益天线，设置了多种不同码速率。它们具备自适应数字调节能力，从而能够克服"嫦娥四号"信号微弱、不稳定等带来的信号捕捉困难问题。其最大

"鹊桥"中继卫星工作示意图

特征是采用了 4.2 米口径的高增益伞状抛物面天线（星载天线金属网）。该天线可以实现对地、对月、对日和对惯性空间任意目标指向与跟踪的三轴稳定控制，为着陆器、巡视器与地面站之间的测控与数据传输提供了有力支撑。

链接： 除了具有中继地月信号的功能，"鹊桥"中继卫星上还装载了荷兰的低频射电探测仪。它能与位于荷兰境内的低频天文阵列等地面天文观测设施联合，首次开展 43 万～46 万千米基线的地月空间甚长基线干涉测量实验。它也可以与"嫦娥四号"着陆器上中方研制的低频射电频谱仪之间形成干涉测量，有望对来自宇宙黑暗时代和黎明时期的辐射进行探测，研究在宇宙大爆炸后的几千万年到一两亿年间，宇宙如何摆脱黑暗，以及如何点亮了第一颗恒星。

3 世界第一

2018 年 12 月 8 日，我国用长征三号乙运载火箭成功发射了"嫦娥四号"落月探测器。26 天后，"嫦娥四号"于 2019 年 1 月 3 日 10:26 成功着陆于月球背面东经 177.6°、南纬 45.5° 附近的预选着陆区——月球南极 - 艾肯盆地内的冯·卡门撞击坑，并通过"鹊桥"中继卫星传回了世界第一张近距离拍摄的月背影像图，成为世界上第一个在月球背面软着陆的航天器，并实现了世界首次月背与地球的中继通信。

2019 年 1 月 11 日 8:00，"嫦娥四号"着陆器上的地形地貌相机完成了环拍。1 月 11 日 16:47，"嫦娥四号"着陆器与"玉兔二号"月球车正常工作，在"鹊桥"中继卫星支持下顺利完成互拍，这标志着"嫦娥四号"任务圆满成功，进入科学探测阶段。

作为"嫦娥三号"的备份，"嫦娥四号"仍由着陆器和巡视器（即"玉兔二号"月球车）组成，但是因为"嫦娥四号"与"嫦娥三号"的科学目标不同，所以两者装载的科学载荷有明显的变化，更换了部分科学载荷，其中一些是国际科学载荷。

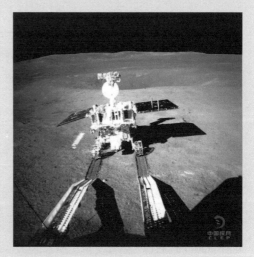

两器分离后，"玉兔二号"月球车在月背留下了人类探测器第一行"脚印"

4 低频探测

"嫦娥四号"着陆器上的有效载荷与"嫦娥三号"着陆器上的类似，仍装有降落相机、地形地貌相机，增加了国内新研发的低频射电频谱仪，以及德国的月面中子与辐射剂量探测仪，去掉了"嫦娥三号"的月基光学望远镜和极紫外相机。其上装有 3 根 5 米长的低频射电频谱仪天线，这是"嫦娥四号"着陆器与"嫦娥三号"着陆器在外形上最显著的区别。

低频射电频谱仪将利用月球背面没有地球无线电波干扰、天然洁净的环境，探测 0.1 兆赫兹 ~ 40 兆赫兹范围内的太阳低频射电特征和月面射电环境。另外，它还会与"鹊桥"中继星上携带的低频射电探测仪协同观测，互为验证和补充，研究太阳射电爆发、着陆区上空的月球空间环境，观测来自太阳系行星的低频射电场，并"聆听"来自宇宙更深处的"声音"。

"嫦娥四号"着陆器地形地貌相机环拍全景图（圆柱投影）

月面中子与辐射剂量探测仪能够探测着陆区的辐射剂量，分析月球远侧的辐射环境，为未来的载人登月航天员的危险度进行前期评估，提供相应辐射防护的依据。

链接："嫦娥四号"着陆器上还有一个科普载荷——月面微型生态圈，首次尝试研究动植物在月球弱重力环境下的生长状况，用于天体生物学实验和大众科普，其成果是在月球上长出了第一颗嫩芽。

5 玉兔二号

"玉兔二号"月球车上仍装有全景相机、测月雷达、红外成像光谱仪，增加了瑞典的中性原子探测仪，去掉了粒子激发 X 射线光谱仪。因此，"玉兔二号"月球车也就不需要机器臂了，从而比"玉兔号"月球车轻了 2 千克，是世界探月史上质量最小的月球车。

中性原子探测仪能探测巡视探测点 0.01 千电子伏 ~ 10 千电子伏能量范围内的能量中性原子及正离子，这是国际上首次在月面开展能量中性原子探测。它对于研究太阳风与月面相互作用机制、月面逃逸层的形成和维持机制等关键科学问题有着重要的意义。这是人类探月史上首次在月面开展此类探测活动。

瑞典的中性原子探测仪

"玉兔二号"月球车已经实施了岩石探测、车辙探测、撞击坑探测等科学探测试验。例如，利用测月雷达就位探测数据，首次揭示了月球背面着陆区域地下 40 米深度内的地质分层结构，阐述了其物质组分与演化机制。利用红外成像光谱仪的就位光谱探测数据，成功揭示了月球背面的物质组成，验证了月幔富含橄榄石，加深了人类对月球形成与演化的认知。利用中性原子探测仪对月面环境能量中性原子的探测数据，得到了能量中性原子在月球表面通量能谱，证实了能量中性原子的能量与入射太阳风的速度有很强的相关性。

"嫦娥四号"现已取得多项阶段性科学成就。例如，进行了月球背面巡视区形貌和矿物组分研究，进行了月球背面巡视区月面浅层结构研究，进行了月面中子及辐射剂量、中性原子研究，进行了月基低频射电天文观测与研究，等等。

6 性能大增

"嫦娥四号"的着陆方式与工作状态和"嫦娥三号"有很大区别，性能上有很大提升，这是因为"嫦娥三号"着陆区地形起伏仅 800 米，相当于华北平原，而"嫦娥四号"着陆区地形起伏达到 6000 米，相当于崇山峻岭的云贵川地区。

因为月球正面有较为宽阔的平原，虽然也有许多陨石坑，但是坑底相对平整，所以"嫦娥三号"是以弧形轨迹缓慢着陆的。

"嫦娥四号"要在凹凸不平的地方软着陆，所以需要具有比"嫦娥三号"更准确的着陆精度。"嫦娥四号"着陆区周围有海拔 10 千米的高山，着陆区地形起伏达到 6000 米。为了不撞到峭壁，"嫦娥四号"需要具备很强的自主导航和避障功能，以便自主寻找地势相对平坦的地区进行着陆，并且只能采取近乎垂直的着陆方式，而且着陆时间短、航程短、风险高。

"嫦娥三号"在长月夜 –180℃ 的环境中是不能工作的，"嫦娥四号"采取新的能源供给方式——同位素温差发电与热电综合利用技术，以保证其度过寒冷漫长的月夜及正常开展探测工作，因此在国内首次实测了月夜期间浅层月壤的温度。

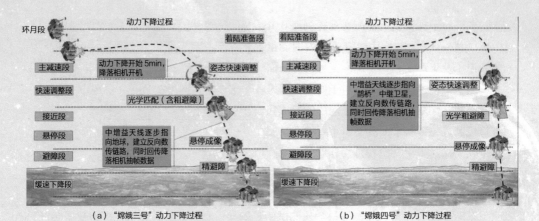

（a）"嫦娥三号"动力下降过程　　　　　（b）"嫦娥四号"动力下降过程

"嫦娥三号"与"嫦娥四号"动力下降过程对比

有一个现象比较有意思，即每次月昼来临时，"玉兔二号"月球车要比"嫦娥四号"着陆器早唤醒一天左右，这是因为月夜休眠后的唤醒时间是由舱内设备温度决定的。唤醒时要保证舱内温度升高到一定的程度，温度太低的话会导致设备开机工作不正常。"玉兔二号"月球车由于体积较小等原因，度过月夜时的舱内温度就比着陆器的舱内温度要高，太阳出来之后，它的舱内温度达到工作温度也要早，所以"玉兔二号"的唤醒时间比着陆器早了一天左右。

此外，"玉兔二号"月球车还吸收了"玉兔号"月球车的经验。针对"玉兔号"月球车在执行任务过程中遇到的一些问题，"玉兔二号"月球车有针对性地进行了电缆设计与材料应用等技术的改进和试验，仅在电缆钩挂、摩擦方面就做了上千次试验，同时也尽量减少电缆裸露在外的面积，降低电缆的故障风险。

总之，为了实现"嫦娥四号"任务的工程目标，我国突破了四项关键技术：一是复杂地形环境条件下的安全着陆，二是地月 L2 点晕轨道设计与控制，三是地月 L2 点远距离中继通信，四是同位素温差发电与热电综合利用技术。

7 三大壮举

"嫦娥四号"任务的"两器一星"上共配置了 6 台国内研制的科学载荷和 3 台国际科学载荷。它们开展以低频射电天文观测、巡视区形貌、矿物组分及浅层结构为主的科学探测。

"嫦娥四号"在月球背面的着陆地点附近开展低频射电天文观测和月面形貌、矿物组成、化学成分、浅层结构、中子及辐射剂量和能量中性原子探测，有望填补 0.1 兆赫兹 ~ 40 兆赫兹频段射电天文观测的空白，取得对月球早期演化历史的新认知。继续更深层次、更加全面地在月球地质、资源等方面展开探测，完善月球的档案资料，可以取得行星际激波、日冕物质抛射和空间传播机理等方面的原创性科学研究成果。

"嫦娥四号"任务特点鲜明，预期成果显著，是一次低成本、短周期、大开放、高效益的示范性空间探测任务，目前已经或未来有望实现三大壮举：首次实现人类探测器造访月球背面；首次实现人类航天器在地月 L2 点对地月中继通信；首次在月球背面开展月球科学探测和低频射电天文观测，填补了世界月球科学探测领域多项空白，有望继续获得一批重大的原创性科学研究成果。

例如，利用月球背面保存的最古老月壳岩石的独特条件开展的地质特征调查，可以在国际上首次建立集地形地貌、浅层结构、物质成分于一体的综合地质剖面和演化模型，获得对月球早期演化历史的新认知。

2019 年 5 月 16 日，国际科学期刊《自然》（*Nature*）在线发布我国月球探测领域的一项重大发现。中国科学院国家天文台李春来研究员领导的研究团队利用"玉兔二号"月球车携带的可见光和近红外光谱仪的探测数据，发现并证明了"嫦娥四号"落区的物质成分明显区别于月球正面的月海玄武岩，月壤中存在以橄榄石和低钙辉石为主的月球深部镁铁质物质，这种矿物组合很可能源于月幔，为冯·卡门撞击坑东北部芬森撞击坑的溅射物，这为解答长期困扰科学家的月幔详细物质构成问题提供了直接证据，可以帮助人类进一步认知月球的形成与演化。

"玉兔二号"月球车的车辙

2019 年 2 月 15 日，中国国家航天局、中国科学院和国际天文学联合会向全世界发布"嫦娥四号"着陆区域月球地理实体命名："嫦娥四号"着陆地点命名为天河基地；着陆地点周围呈三角形排列的三个环形坑，分别命名为织女、河鼓和天津；着陆地点所在冯·卡门撞击坑内的中央峰命名为泰山。月球地理实体命名体现国家科技水平，已有 27 个中国名字。

为什么说"嫦娥五号"是我国截至当时发射的最复杂的航天器？它是如何取回月球样品的？

我国探月工程三期的主任务就是通过"嫦娥五号"完成无人月球采样返回任务。这有利于人类进一步了解月球的状态、物质含量等重要信息，深化对月壤、月壳和月球形成演化的认识。"嫦娥五号"任务经历了一个全面、精细、深入的科学探测过程，突破了一系列关键技术，并能为以后的载人登月和月球基地的选址提供有关数据。

"嫦娥五号"任务是我国截至当时系统最复杂、技术难度最高的航天工程任务，带来了许多技术挑战；任务中有许多环节对我国而言是首次实施，难度很大。

"嫦娥五号"由上升器、着陆器、轨道器、返回器四个部分组成，它们像糖葫芦一样"串"在一起。从发射到返回的时间里，它总共经历了23次重大的轨道控制和6次重大的分离控制，完成了动力下降和月面起飞、交会对接等很多风险比较高的项目，设计相当精妙、复杂。

"嫦娥五号"实物图

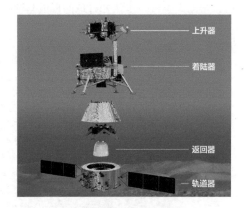
"嫦娥五号"组成示意图

1 11 个阶段

从发射入轨到返回器再入回收，"嫦娥五号"共经历了以下 11 个重大飞行阶段。

一是发射入轨阶段。"嫦娥五号"于 2020 年 11 月 24 日 04：30 由长征五号遥五运载火箭发射，进入地月转移轨道的飞行阶段，开启了探月的旅程。

二是地月转移阶段。"嫦娥五号"完成器箭分离，并展开探测器上的太阳能电池翼，进入地月转移轨道，飞行了大约 112 小时，进行了 2 次中途修正。

三是近月制动阶段。 2020 年 11 月 28 日 20:58、29 日 20:23，即"嫦娥五号"飞行 4 天半后，2 次启动轨道器上推力 3000 牛的发动机进行制动减速，使"嫦娥五号"首先进入近月点 400 千米椭圆环月轨道，然后进入 200 千米近圆形环月轨道。

"嫦娥五号"奔月示意图

四是环月飞行阶段。 2020 年 11 月 30 日 04:40，"嫦娥五号"的轨道器－返回器（简称轨道返回）组合体和着陆器－上升器（简称着陆上升）组合体在环月轨道上两两分离。采用一体化复用设计的着陆上升组合体进行了 2 次降轨、变轨，进入近月点 15 千米、远月点 200 千米的着陆准备轨道进行环月飞行，准备择机着陆。其目的是等待着陆区月午时刻的到来，以便使着陆上升组合体着陆后获取充沛电能。在环月飞行期间，用着陆上升组合体上的高清相机拍摄了着陆区，用微波高度计、激光高度计等获取了着陆区更详细的地貌信息，为择机着陆做准备。轨道返回组合体继续在 200 千米高环月轨道飞行，等待与上升器的交会对接。

五是着陆下降阶段。 2020 年 12 月 1 日 22:57，通过启动着陆上升组合体中着陆器上的高比冲、高精度、高可靠 7500 牛变推力发动机，使组合体从下降初始点开始动力下降，经主减速段、接近段、悬停段、避障段、缓速下降段、自由下落段等阶段，在合适的月面完成软着陆。整个着陆下降过程约 14 分钟，探测器相对月球速度从约 1.7 千米／秒降为零，于 2020 年 12 月 1 日 23:11 着陆在月球正面西经 51.8°、北纬 43.1° 附近的预选着陆区。

着陆上升组合体落月示意图

链接： 着陆器在月球正面最大的月海风暴洋北部吕姆克山脉附近软着陆。风暴洋地体相对年轻，富集铀、钍、钾等放射性元素，存在大约 20 亿～13 亿年前的玄武岩，获得这些年轻玄武岩的同位素年龄，可推进人类对月球火山活动和演化历史的认知。

六是月面工作阶段。着陆上升组合体在月面停留了 2 天，完成了设定任务。通过有效载荷完成月面科学探测；通过采样封装设备，在 2020 年 12 月 2 日 22∶00 完成了对月壤的钻取、表取及封装。同时，着陆上升组合体与轨道返回组合体进行了下一个阶段的准备工作，为月球轨道交会对接和样品的转移做好了的准备。

着陆上升组合体在月面准备采样示意图

七是月面上升阶段。经过 2 天的月面工作后，携带月球样品的上升器在着陆器上起飞，这是我国空间飞行器第一次在地外天体起飞。2020 年 12 月 3 日 23∶10，上升器上的 3000 牛发动机点火工作约 6 分钟，在先后经历垂直上升、姿态调整、轨道射入三个阶段后，上升器进入相应的环月飞行轨道。

八是交会对接与样品转移阶段。从上升器进入环月飞行轨道开始，2020 年 12 月 4 日和 12 月 5 日通过远程导引，12 月 6 日通过近程导引，12 月 6 日 05∶42，上升器与在 200 千米高度飞行的轨道返回组合体完成交会对接，同日 06∶12，上升器中存放的月球样品通过轨道器转移到返回器中。

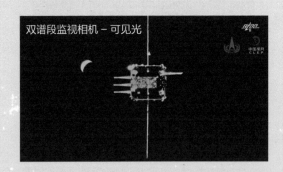

轨道返回组合体在逐渐接近上升器时拍摄的上升器

九是环月等待阶段。在完成对接与样品转移后，轨道返回组合体进入为期 6 天的环月等待飞行，目的是进入能量最优月地转移轨道。2020 年 12 月 6 日 12∶35，轨道返回组合体与上升器在月球轨道成功分离，并进入月地入射点。

十是月地转移阶段。 2020 年 12 月 12 日 09:54，轨道返回组合体经历了约 6 天的环月等待，实施了第一次月地转移入射，从近圆形轨道变为近月点高度约 200 千米的椭圆轨道。12 月 13 日 09:51，轨道返回组合体实施第二次月地转移入射，在距月面约 230 千米处成功实施 4 台 150 牛发动机点火，约 22 分钟后，发动机正常关机。轨道返回组合体成功进入月地转移轨道。

轨道返回组合体返回地球示意图

十一是再入回收阶段。 2020 年 12 月 17 日凌晨 1 时许，轨道返回组合体在距离地球 5000 千米高度时，轨道器协助返回器建立再入返回姿态，随后轨道器和返回器分离，返回器准备再入返回地球，轨道器按计划完成规避机动。返回器在经历惯性滑行、地球大气再入、回收着陆三个阶段后安全降落。

2 五个"首次"

为了完成这次月球采样返回任务，"嫦娥五号"实现了我国开展航天活动以来五个"首次"。这五个"首次"既是亮点，也是难点。

（1）首次在月面自动采样

在月面上采集样品时，"嫦娥五号"着陆器上的采样装置要具备在月球弱重力环境下钻孔、铲土和输送等能力。在月面采样完成后要封装，要求不能有任何污染。尽管在地球上，机械手在模拟月球重力环境的试验条件下做得很好，但是真实的月球重力环境与模拟环境仍存在差异。机械手在地球上做出的精确动作，在月球上能否顺利完成是一个较大的挑战。由于准备充分，实际完成得很顺利，预计 2 天的任务，只用了 19 个小时就完成了。

🔗 _____

链接： "嫦娥五号"着陆器上有两种用于采样的机械手：一种机械手是钻取器（岩心钻探机），用于钻取，即在月面自动钻取岩芯，在月球深层采样，取得月面一定深度下的样品。它可以钻取月面下2米深度的月岩样品。另一种机械手是电铲（机械取样器），用于表取，即在月球表面铲取月壤。

着陆器在月球表面自动采样实景

_____

（2）首次从月面起飞

采集的样品封装到上升器后，上升器要从着陆器上起飞。这是我国空间飞行器第一次从地外天体起飞，难度非常大。上升器起飞时喷射的火焰会碰到着陆器，从而可能产生干扰上升器的力。另外，月球表面环境复杂，着陆器不一定是四平八稳的状态，也无法像地球发射塔架那样配置火箭导流槽，因此要克服月面起飞轨道设计、月面起飞测控和发动机羽流导流等困难。经过一系列技术攻关，航天五院科研团队成功开展了各项试验验证，建立了一整套环环相扣的系统保证任务，护送上升器离开月球。由于准备充分，实际完成得很顺利。

上升器从着陆器上起飞示意图

（3）首次在 38 万千米外的月球轨道上进行无人交会对接

携带月球样品的上升器起飞后，要在月球轨道与轨道返回组合体进行无人交会对接，将采集的样品转移到返回器中，这在世界上是第一次。我国在地球轨道上有着比较成熟的航天器交会对接经验，多次采用"小追大"的模式，即小质量飞船追大质量"天宫"。但是在月球轨道上进行交会对接要"大追小"，即用有较多燃料的大质量的轨道返回组合体追小质量的上升器，而且距离地球 38 万千米，稍有差池就会偏离到太空中，或撞开上升器，因此对交会对接的精度要求更高。对接全过程要在 21 秒内完成，即 1 秒捕获、10 秒校正、10 秒锁紧。为此，研制人员做了 35 项故障预案，从启动开始到交会对接，全部自动控制。由于准备充分，实际完成得很顺利。

链接： 为了防止大质量轨道返回组合体撞开小质量上升器，"嫦娥五号"的月球轨道交会对接采用停靠抓捕式交会对接方式。为此，我国研制了一种被称为抱爪式的空间轻小型弱撞击对接机构，并将其装在轨道器上，它具有重量轻、捕获可靠、结构简单、对接精度高等优点，通过增加连杆棘爪式转移机构，实现了对接与自动转移功能的一体化，这些设计理念都是世界首创。它与载人航天对接机构不同，从"太空之吻"变成了"月轨相拥"。

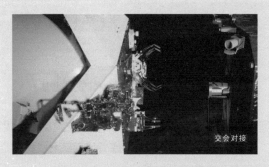

交会对接

轨道返回组合体与上升器完成交会对接

具体过程是：实施对接任务前，轨道返回组合体首先要分离出返回器支撑舱。从月面起飞的上升器将进入近月点 15 千米、远月点 180 千米的目标轨道，随后经过几天的环月飞行完成上升器与轨道返回组合体之间的远程导引，进入自主近程交会段后，在微波雷达导引下于 3.5 小时内实现轨道返回组合体与上升器的交会对接。

（4）首次带着月壤以接近第二宇宙速度返回地球

携带月球样品的返回器以 11 千米 / 秒的接近第二宇宙速度再入地球大气层。这与返回式卫星、宇宙飞船返回舱的大约 7.9 千米 / 秒的第一宇宙速度返回不同。返回器再入速度每提高一倍，再入热量将提高 8 ~ 9 倍，因此，如果返回器直接再入地球大气层则很容易被烧毁。

为此，"嫦娥五号"返回器采用了创新性的半弹道跳跃式再入返回技术方案，就像"打水漂"一样使其速度降低后再二次进入地球大气层返回地面。返回器第一次再入大气层后在距离地面接近 60 千米时，利用大底前端形成的弓形激波再度反弹回太空，之后再二次进入大气层，此时返回器的再入速度与"神舟"飞船返回舱一样。这样做主要是为了减速耗能。返回器在距离地面接近 10 千米高度时将引导伞与主减速伞相继拉出，最终着陆于内蒙古四子王旗预定着陆场。

"嫦娥五号"返回器在预定着陆地点着陆

即使这样，还是对返回器的气动外形、防热材料及控制系统提出了很高的要求。为了抵御高温烧蚀，返回器在大底迎风面、大底背风面、大底拐弯角环、侧壁迎风面、侧壁背风面、侧壁舱盖与边缘防热环、稳定翼等部位应用了 7 种不同成分的防热烧蚀材料。

（5）首次自取月球样品的存储、分析和研究

首次自取月球样品的存储、分析和研究也很重要。"嫦娥五号"随身携带着各种仪器，采集约 2 千克土壤并进行密封封装后安全送回地球。科研人员将首次对中国自取月球样品进行存储、分析和研究。我国已在探月工程一期和二期基础上对"嫦娥工程"地面应用系统进行了适应性改造，并新增了月球样品存储实验室和异地容灾备份存储实验室，新建了密云 35 米数据接收天线，满足探月工程三期月球样品存储和数据接收、处理和解译的任务需求。

从返回器中取出的月壤封装容器

除了将月球样品带回地球，"嫦娥五号"任务的工程目标之一是为载人登月和深空探测奠定一定的人才、技术和物质基础。这次月球采样返回任务对未来载人登月选址有一定帮助。另外，"嫦娥五号"采用月球轨道交会对接方案，这也为我国未来的载人登月奠定了基础，因为这种方案也适用于载人登月。

解密
火星探测

火星与地球有什么异同？为什么人类热衷探测火星？

近年来，全球掀起了火星探测热潮，发射的火星探测器的数量比同期发射的月球探测器的数量还要多。例如，2020 年 7 月，有 3 个国家发射了各自的火星探测器，其中我国首先发射了第一个火星探测器"天问一号"，它在2021 年率先实现通过一次发射完成"绕、着、巡"三项任务的壮举；美国发射了新型火星车"毅力号"，它携带了新颖的火星直升机，已多次在火星上空飞行；阿联酋首个火星探测器"希望号"也获得了成功，成为人类第一颗火星气象卫星。欧洲空间局和俄罗斯原定在 2022 年 9 月联合发射"火星生物学 -2022"，其任务是将"罗莎琳德·富兰克林号"火星车送到火星表面，但是由于俄罗斯与乌克兰的军事冲突推迟了。一些国家还准备进行火星采样返回活动。那么，为什么人类对火星探测越来越感兴趣呢？这需要首先了解火星是怎样的一个星球。

1 火星简介

火星是太阳系中与地球相似且距离较近的行星，因此成为目前除了地球以外人类研究程度最高的行星，人类通过空间探测器对火星进行探测的历史几乎贯穿了人类的整个航天史。

火星是太阳系由内向外的第四颗行星。火星与地球一样，有昼夜，火星的一天约为 24.6 小时，与地球接近；火星的一年约为 687 个地球日，少于 2 个地球年。火星自转轴倾角为 25.19°，与地球相近，因此火星也有四季，只是火星季节的长度约为地球季节的两倍。

人离不开氧气，在地球上呼吸，空气中约 1/5 是氧气，在火星上如果想要呼吸到与在地球上一样的氧气量，人们需要呼吸14 000 多次。因为火星上的大气非常稀薄，以 CO_2 为主，大气密度大约只有地球的 1%，而且非常干燥。

火星的那层薄薄的大气主要是由遗留下的二氧化碳（95.3%）、氮气（2.7%）、氩气（1.6%）、微量的氧气（0.15%）和水汽（0.03%）等组成的。火星表面的平均大气压强小于地球平均大气压强的 1%。其两极永久地被固态 CO_2（干冰）覆盖着。不过，现在已经通过火星探测器

火星

发现火星上可能有水冰甚至是水了。

火星的轨道是椭圆形。因此，在受到太阳光照射的地方，近日点和远日点之间的温差将近160℃。这对火星的气候产生了巨大的影响。虽然火星表面温度平均仅为−55℃，但是夏季太阳光直射区域的温度可以上升到约20℃，赤道附近的极端最高温度则有机会达到30℃左右。

火星比地球小，比月球大，直径是月球的两倍，而地球的直径又是火星的两倍。火星的体积约为地球的15%，也就是说，大约6个火星加起来才有1个地球那么大。尽管火星比地球小得多，但是它的表面积却相当于地球表面的陆地面积。

火星比地球轻，质量约为地球的11%，重力约为地球的1/3，所以当你登陆火星后，你能够举起来的物体的质量是在地球上的两倍多。

链接： 火星基本上是沙漠行星，地表沙丘、砾石遍布，由于重力较小等因素，其地形尺寸与地球相比也有不同的地方。南半球与北半球的地形有着强烈的对比：北半球是被熔岩填平的低矮平原，南半球则是充满陨石坑的古老高地，两者之间以明显的斜坡分隔；火山地形穿插其中，众多峡谷也分布各地，风成沙丘广布整个星球，南极与北极则有以干冰和水冰组成的极冠。

火星上的龙卷风与地球上的不同，火星上的龙卷风又矮又粗，风的旋转直径可达500米，但是高度只有几千米。地球上的龙卷风，旋转直径小的不到1米，大的也不过100米，这种风围绕着一股热的空气柱快速旋转上升，同时以每小时30~90千米的速度向前移动。火星上的龙卷风其实就是一种尘暴。

火星尘暴比地球上的沙尘暴厉害得多，除了地区性的尘暴，有时还会发生全球性的尘暴。火星虽然空气稀薄，大气压强不到地球的1%，但是表面风速极大。风速可达每秒钟35~50米，比地球上的最大风速强9倍。火星表面虽然风速极大，但是因为空气稀薄，风的动态压力其实比地球上的风小得多。火星上以二氧化碳为主的大气既

火星尘暴

稀薄又寒冷，沙尘悬浮其中，每年常有尘暴发生。火星尘暴规模庞大，有时可达地球上 12 级台风的 6 倍，时间可达几个月甚至半年，但是由于空气稀薄，所以飞沙不走石。

与地球相比，火星地质活动不活跃，地表地貌大部分于远古较活跃的时期形成。火星缺乏明显的板块运动，火山分布是以热点为主，不像地球那样有火山环的构造。火星的火山主要分布于塔尔西斯高原、埃律西姆地区，并且零星分布于南方高原上，比如希腊平原东北的泰瑞纳山。火星拥有太阳系已知最高的山峰——奥林帕斯山，高达 21 千米。火星还拥有太阳系已知最长的峡谷——水手大峡谷，长 4000 千米、最深处 7 千米。

火星与地球的最近距离约为 5500 万千米，最远距离则超过 4 亿千米。在地球，火星肉眼可见，亮度可达 -2.9，比金星、月球和太阳暗，但是在大部分时间里比木星亮。

另外，火星有两个天然卫星——火卫 1 和火卫 2，形状不规则，可能是捕获的小行星。

2 探火意义

由上述简介可见，人类十分青睐火星探测的重要原因是火星与地球很像，而且距离地球比较近。正是因为火星是太阳系里与地球最相似的行星，所以探测火星，了解火星的起源和演化，有助于人类进一步认识地球和太阳系的起源和演化，预测地球的未来变化趋势，以及了解人类在宇宙中的地位和最终的命运。

通过大量的空间探测活动，人类已经了解到太阳系的八大行星形态各异、特点不一。虽然目前人类无法飞出太阳系，但是可以肯定的是太阳系里不存在第二个地球。如果想在太阳系中寻找一个新的家园，哪颗行星更适合呢？

金星是距离地球最近的行星，但是这里简直就是地狱般的世界，其表面温度超过 460℃，大气压强是地球的 90 多倍，此外，金星上还下着浓硫酸雨，存在很多火山喷发，烟雾弥漫。这种恶劣环境，无人探测器都很难探测它。

距离地球更远一些的木星和土星的情况更加恶劣，它们都是气液态行星，没有固态的表面，也就无法登陆，人类根本无法轻易地在此驻足。

太阳系边缘的天王星和海王星，除了路途遥远，还有着约 -200℃ 的极寒，是两颗完全冰冻的星球。

那么水星呢？水星距离太阳非常近，在这颗星球上，朝向太阳的一面，温度可以达到约 400℃ 以上，而在背向太阳的一面，温度又非常低，平均可低至约 -173℃。在这么极寒极热的地方，安家？算了吧。

如此看来，在太阳系中，只剩下火星可以考虑了。那么，它有可能成为人类的第二家园吗？

太阳系示意图

　　火星上是否有水、有生命，是人类目前最关心的话题。另外，探测火星本身的地形地貌、地质构造、大气特征、气候变化、内部结构和物理场等也很重要。

　　大量迹象表明，历史上的火星很可能与目前的地球一样，只是经过几十亿年的演化才变成如今大气层稀薄、温度较低、水源枯竭的样子；而另一颗距离地球很近的行星——金星的环境则一直非常恶劣。所以，不少天文学家推断，火星是地球的未来，金星是地球的过去。因此，要深入探测火星，对研究地球的演变，防止它变成人类难以生存的第二个火星具有促进作用。

链接： 从长远看，火星探测还有可能解决未来地球上一些难以解决的问题。例如，地球可能总有一天会遭受地外天体的撞击。因此有些科学家现已经开始研究向外太空移民的方案了，以延续人类的文明。由于太阳系中火星与地球最为相似，所以很多科学家认为可以先把火星改造成适合人类居住的第二个家园，向火星移民。为此，现在就必须逐渐全面而深入地了解火星，为改造火星、建造火星基地奠定基础、做好准备。

3 三个阶段

　　人类的火星探测起步于 20 世纪 60 年代，到 2022 年 1 月，全球共实施了 47 次探火活动，但是成功率只有约 50%。所以，探测火星十分不易，主要原因是火星距离地球十分遥远且环境复杂。

　　迄今为止，成功登陆火星的探测器有 10 个：美国的"海盗 1 号""海盗 2 号""火星探路者""勇气号""机遇号""凤凰号""好奇号""洞察号""毅力号"，中国的"祝融号"。目前仍在工作的轨道器有8个，着陆巡视器有4个，其中的轨道器是：美国的"火星奥德赛"、"火星勘测轨道器"、"火星大气与挥发物演变"探测器，欧洲空间局的"火星快车"和"微量气体轨道器"，印度的"曼加里安"，阿联酋的"希望号"，中国的"天问一号"；其中的着陆巡视器是：美国的"好奇号"和"毅力号"火星车、"洞察号"火星着陆器，中国的"祝融号"火星车。

中国火星着陆巡视器示意图

由于政治、科技、经济、技术等因素的影响，探火和探月很相似，可分为以下三个发展阶段。

1960—1975年为第一阶段，是人类探火的第一次热潮，共进行了23次发射。美国和苏联主要是出于政治目的，在包括火星探测在内的许多航天领域开展了激烈的争霸活动，以显示各自的航天实力。这一阶段也取得了不少探火成果。

1976—1990年为第二阶段，人类火星探测进入低潮期，只有苏联进行了2次火星探测器的发射，还都失败了。这一时期，美苏竞争战略重点转移，美国大力发展航天飞机，苏联则大力发展空间站。

20世纪90年代至今为第三阶段，是人类探火的第二次热潮，共进行了22次发射。这次探火高潮与第一次探火高潮不同，主要是出于科学和工程目的，尤其是美国实施了庞大的"火星生命计划"，发射了不少新型火星探测器，成就斐然。另外，欧洲空间局、印度也成功探测了火星。而且，这一阶段的火星探测成功率大为提升，21世纪以来发射的火星探测器取得了成功或部分成功，无一完全失败。

4 主要成果

火星是地球的近邻，了解火星的演化对人类了解地球的过去历史和未来演化有十分重要的意义。火星表面上是否曾经存在过生命，现今是否依然存在生命，是人类尤其关心的问题。围绕火星是否曾经存在生命的探索一直是火星探测的重要主题，当然还有其他科学目标，如下。

探测火星上的水和生命信息。搜寻火星上的水，研究火星水体的演化，寻找火星生命存在的证据。

研究火星地形地貌和地质构造。主要探测火星地形地貌、地质构造、土壤与岩石的矿物组成和化学成分、沉积岩的分布范围和相对年龄、极地水冰与干冰的分布和变化特征，研究火星地质演化历史和表面演化过程，并为火星上水的存在和水体演化提供证据。

研究火星大气特征和气候变化。主要检测火星中性大气层的结构和成分、气象与气候特征及其变化特征，寻找过去气候变化的证据，研究火星气象与气候的演化历史及未来变化趋势。

研究火星物理场和内部结构。进一步探测火星附近的物理场，包括火星磁场、重力场、电离层，开展火星内部结构的探测与地球的对比研究，探讨类地行星的演化史。

美国"机遇号"火星车拍摄的此处被证实曾经有水，可能存在过生命

在火星上建立科学观测台站，监测和研究火星表面的变化及气候环境；探测火星上可能存在的资源，为就位开发与利用火星资源提供科学依据。

进入 21 世纪以来，人类的火星探测已经取得了很多成果。

- 火星曾有足够的内部热能、地质构造活动强烈、具有全球性内禀偶极子磁场、岩浆 - 火山作用活跃，形成了太阳系已知最高的火山山峰（奥林帕斯山）和太阳系已知最长的峡谷（水手大峡谷）。
- 火星曾有比现在浓密得多的大气层，表面存在过液态水，火星表面观测到干涸的水系、湖泊和海洋盆地，火星曾有过适宜生命繁衍的环境，并可能曾经发育过生命。
- 火星存在小天体撞击形成巨大撞击坑和洪水冲刷的痕迹。现在的火星表面是干旱、寒冷的世界，没有液态水，大气成分以二氧化碳为主，大气稀薄，大气压强小于地球大气压强的 1%，尘暴肆虐。
- 全球性内禀偶极子磁场已经消失，成为区域性的多极子弱磁场。
- 构造和岩浆活动已基本停息，水体可能转入地下，火星是一颗老年期的行星。

下一步，人类将对火星进行采样返回探测，以最终确定火星上是否有水甚至生命。然后实施载人登火的壮举。

为何说火星是探测器坟场？探测火星难在何处？

火星探测起步于 20 世纪 60 年代，至 2022 年 1 月，人类共实施了 47 次火星探测活动，其中美国 22 次，苏联 / 俄罗斯 19 次，日本 1 次，欧洲空间局 2 次，印度 1 次，阿联酋 1 次，中国 1 次。其中，完全成功的只有 20 次，成功率约 43%。即使加上部分成功的也只有 27 次，成功率约 57%。

迄今为止人类一共向火星发射了 21 个着陆巡视器，成功了 10 个，成功率约 48%。目前仍在工作的轨道器有 8 个，着陆巡视器有 4 个。

所以，有人说火星是探测器坟场或者叫死亡星球。那么，探测火星为什么这样难？难在哪里？

1 十大难关

探测火星之所以难，致使早期火星探测的失败率很高，其原因是多方面的，但最重要的原因有两个：一是距离远，二是环境新。多方面的因素直接影响火星探测器的发射、通信、能源、入轨、着陆和工作等多个方面，概括地说，探测火星要闯过十大难关。

第一关是窗口关。通俗地讲，发射窗口是指比较适合运载火箭发射的一个时间范围，这个时间范围有长有短，短的只有几十秒钟，甚至几秒钟，长的有几天，甚至几十天。

长征五号遥四运载火箭发射中国第一个火星探测器"天问一号"

对于空间探测器来说，发射窗口主要取决于所要探测的目标天体的位置。发射空间探测器时，必须在地球与目标天体处于一个合适的位置范围内进行，以便节省探测器的飞行时间、燃料和成本等。那么火星探测器的发射窗口是怎样的？

地球和火星都以太阳为中心公转，它们以不同的公转速度在不同轨道上绕太阳运行，就像在田径赛场上赛跑的运动员一样。所以地球与火星的距离有时近，有时远。地球与火星的最近距离约 5500 万千米，最远距离约 4 亿千米。大约每隔 26 个月，火星、地球和太阳就会依次排成一条直线，人们通常将这个现象叫作"火星冲日"，这时是地球距离火星最近的时候。为了节省燃料和成本，发射时需要选择地球与火星较近的时机，这样的机会每隔 26 个月才有一次。

链接：并不是在"火星冲日"的时候发射火星探测器最合适。因为地球和火星都在运动，再加上太阳引力的影响，所以火星探测器想以直线飞到火星是不可能的。由于人类目前运载火箭的运载能力有限，因此发射火星探测器时主要考虑的不是线路上的最短，而是主要使用较少的燃料和费用将探测器送到目的地。

2 最省能量

俗话说，条条大路通罗马。其实，条条大路也通火星。例如，采用下面三条路线都可以飞往火星，但是所消耗的燃料和费用有很大差别。

路线 1 的飞行路线最短，火星探测器只需要飞行约 70 天就能抵达火星轨道，但是它要求火星探测器飞离地球的速度达到每秒 16.57 千米。

路线 2 的飞行路线稍长，火星探测器需要飞行约 150 天才能抵达火星轨道，火星探测器飞离地球的速度可降低至每秒 11.80 千米。

路线 3 的飞行路线最长，火星探测器需要飞行约 250 天才能抵达火星轨道，火星探测器飞离地球的速度最低，仅为每秒 11.56 千米。

因为路线 3 要求的探测器飞离地球的速度最低，需要的火箭燃料也就最少，仅为路线 1 的一半，所以通常被认为是到达火星轨道的最佳路线，也是人类去火星最节省燃料的线路。

链接：早在 1925 年，也就是将近 100 年前，德国科学家霍曼就提出了路线 3 的太空飞行轨道，因此，这条路线也被称为"霍曼轨道"。采用这种轨道，可以很好地利用地球和火星的公转运动，先后与地球、火星相切。

不过，目前的火星探测器采用的轨道基本上在路线 2 和路线 3 之间，飞行时间大都是 180 天 ~ 240 天。

如果发射早了，探测器已经飞到了预定与火星相会的位置，但是火星还没运行到相会的位置。如果发射晚了，火星已经运行到了预定相会的位置，但是探测器还在路上。所以发射的时机非常重要。

由于探测器飞得快，火星运行慢，所以探测器从地球发射时，火星应该在地球前方的某个位置。这样，探测器在飞到火星轨道时，火星才有可能正好运行到同一个位置并彼此相会。

采用"霍曼轨道"发射火星探测器时，火星应在地球前方的一个特定位置，也就是火星和太阳的连线与地球和太阳的连线的角度达到 44° 的时候。当火星运行到这个特定位置时，就是适宜发射火星探测器的时候，也就是所说的火星发射窗口。

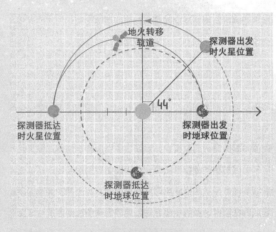

火星探测器的发射窗口

这个发射窗口出现的周期和"火星冲日"的周期是一样的，也是 26 个月，并且一般出现在"火星冲日"前的 2 ~ 3 个月。这也是为什么去火星不能说走就走的原因。

2020 年 7 月下旬到 8 月上旬，就是 26 个月一次的火星发射窗口，中国、美国和阿联酋都选择在这个时候发射火星探测器，因为一旦错过了，就要等到两年多之后。

3 排除万难

即使在每 26 个月一次的发射窗口来发射火星探测器，它也要飞行 7 个月左右的时间才能到达火星轨道。所以探测火星对运载火箭、轨道设计、控制、通信和电源等技术都提出了很高的要求。

第二关是火箭关。运载火箭的运载能力、入轨精度和可靠性是火星探测的重要前提，最好使用大推力运载火箭将探测器加速到 11.2 千米 / 秒的第二宇宙速度，直接进入地火转移轨道飞往火星，否则需要消耗探测器自身燃料和较多的飞行时间来加速，影响探测器寿命。

俄罗斯在 1996 年发射"火星 -96"探测器时，因发射它的质子号运载火箭出现故障而失败。这次失败对严重缺乏资金的俄罗斯航天计划来说无疑是一次沉重的打击，同时也使世界火星探测活动遭受了一次挫折。

俄罗斯"火星 -96"探测器

印度在发射首个火星探测器"曼加里安"时，因为运载火箭推力不足，所以"曼加里安"只能被发射到在地球轨道，然后在地球轨道上运行 20 多天，依靠火星探测器自身发动机不断加速，花费了很多额外的时间和燃料才抵达火星轨道。

第三关是通信关。由于信号强度与距离的平方成反比，因此从火星探测器上发出的电波，经过几亿千米传到地球时已经十分微弱，再加上其他的噪声，很容易被淹没。所以火星探测器上需要装有高增益、高可靠的通信设备，地面上则要设置天线直径很大的地面深空测控网。天线的直径和探测距离成正比，增大天线直径可以增加探测距离。即使这样，还是有不少火星探测器因通信故障而失落在太空。

例如，1962 年 11 月 1 日，苏联发射了"火星 1 号"探测器，它在 1963 年 6 月 19 日飞越火星，但是不久就失去了通信联系。1964 年 11 月 30 日，苏联发射了"探测器 2 号"，它虽然飞越了火星，但是由于通信失败，没有返回有用数据。1992 年 9 月 25 日，美国发射了"火星观测者"轨道器，它在 1993 年 8 月 21 日即将进入火星轨道之前与地面站失去了通信联系。

失联的美国"火星观测者"轨道器示意图

第四关是控制关。由于距离地球远，火星探测器测控信号传输延时单向达 10 ～ 20 分钟，所以地面站对火星探测器的测控很复杂，地面站对它的支持能力有限，火星探测器需要具有更高自主性。在飞往火星的途中需要多次修正轨道。因为出发时如果有万分之一的速度误差（相当于 1 米 / 秒误差）或 1 千米的高度误差，探测器飞到火星时就会产生 10

万千米偏差。因此必须通过分布在地球表面的深空通信网的测控多次修正探测器的航线。美国"勇气号"和"机遇号"火星车在飞往火星途中分别修正了4次和3次航线。

第五关是能源关。火星上的太阳辐射强度只有地球的43%，还存在尘暴，这对火星探测器上的太阳能电池提出了很高的要求；如果使用核电源，则要解决安全性问题。

第六关是环境关。航天器在地球轨道运行时可以受到地球磁场的屏蔽作用。但是在飞往火星的途中，就没有地球磁场的屏蔽作用了，火星探测器可能因受到宇宙辐射、太阳风暴的影响而损坏。

例如，日本"希望号"火星轨道器原定于2003年12月14日进入火星轨道，但是由于其电路系统在2003年年底受太阳风暴的影响而出现故障，导致变轨发动机无法启动，最终使得它不能切入火星轨道而告失败。为此，人类在执行火星探测任务时，一是要监视、预报宇宙辐射、太阳风暴的变化，尽量避免探测器受到宇宙辐射和太阳风暴的影响；二是探测器采取防辐射器件和防辐射屏蔽技术。

日本"希望号"火星轨道器示意图

第七关是入轨关。火星探测器最终切入火星轨道时会面临巨大的风险，这是由于地火通信延时很长，所有数据都要提前注入。此关的技术关键是探测器要选择适当的"刹车"距离、角度和速度等。如果制动早了，探测器到达不了火星轨道；如果制动狠了，探测器有可能撞到火星上；如果制动轻了或晚了，探测器会越过火星轨道。

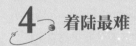 **着陆最难**

如果发射的是火星着陆器或火星车，则要多闯几关。

第八关是选址关。在火星约1.4亿平方千米的表面选择一个合适的着陆地点不是一件容易的事情，它必须满足两个基本条件：一是在工程上可以实施；二是在科研上具有价值。

链接： 首先，着陆地点要相对开阔平坦，不崎岖不平，着陆安全是第一位的，如果不安全，则不予考虑。其次，着陆区必须是科研人员十分感兴趣的地方，比如，地质构造、物质元素比较丰富，其他国家或组织尚没有探测。另外，着陆区的光照应当比较充足。需要工程师与行星科学家相互配合共同完成选址。

第九关是着陆关。这是火星探测中最难的一关，难度被比喻为从巴黎打一个高尔夫球，正好落到东京的某个球洞里。这是由于火星距离地球十分遥远，地面深空测控网的遥测和遥控信号很微弱。另外，由于地球与火星的通信延时单向达 10 ~ 20 分钟，所以在着陆火星的全过程中，一切都要靠火星探测器自主进行。当火星探测器运动到火星背面时，地球上无法准确地确定其轨道参数，这就会给再入高度的选择带来困难。

另外，着陆前，必须提前给火星探测器注入数据，使它在着陆过程中完全自主地执行上百个程序，精确地完成气动减速、降落减速、制动减速和着陆减速等一系列动作，任何一个程序都不能有误。

此外，进入火星大气层后，火星探测器防热措施如何，降落伞、气囊或缓冲火箭等能否按照程序工作都是至关重要的，所用成百上千个程序都不能有任何闪失，而且必须非常精确，分秒不差，整个过程要经历所谓的"恐怖 7 分钟"。

许多火星着陆器在最后关头功亏一篑。例如，1971 年 11 月 27 日，由于制动火箭失灵，苏联"火星 2 号"探测器软着陆失败。原定 1999 年 12 月 3 日在火星着陆的美国"火星极地着陆器"在即将登陆火星表面时，由于软件错误导致其起减速作用的火箭发动机过早关闭，最终坠毁。2016 年 10 月 20 日，欧洲空间局"火星生物学 -2016"探测器中的"夏帕雷利"进入、下降和着陆演示器在着陆前与地面失去了联系，原因出自一个仅一秒的计算失误，提前将降落伞与防热罩分离，导致"夏帕雷利"硬着陆而坠毁。

5 着陆方式

经过大量研究和实践探索，目前，探测器在火星软着陆的方式主要有三种，每种方案都各有优缺点，但是基本原理相同，就是依靠火星大气对下降舱和降落伞产生的阻力，以及火星探测器上缓冲发动机的反推，在着陆火星表面时将高速飞行的火星探测器的速度减为零。

气囊弹跳式比较简单，成本低，但是只能满足质量小的探测器的着陆要求，美国的"火星探路者""勇气号""机遇号"都采用了这种降落伞＋气囊弹跳的着陆方式。

美国"勇气号"使用气囊在火星表面着陆示意图

空中吊车式最为复杂，成本高，但是能满足质量大的探测器的着陆要求，美国的"好奇号""毅力号"采用了这种降落伞＋缓冲发动机反推＋空中吊车的着陆方式。

反推着陆腿式介于两者之间，美国的"海盗"系列、"凤凰号"、"洞察号"和中国的"祝融号"采用了这种降落伞＋缓冲发动机反推＋着陆腿的着陆方式。

第十关是工作关。在火星表面成功着陆后，也不是万事大吉，因为火星环境复杂、恶劣也是导致火星探测器经常"失能"的主要原因。火星的大气密度只有地球大气密度的约1%，且因磁场极弱而充满着强烈的宇宙辐射。2010年，美国的"勇气号"火星车的存储器就曾因受到强辐射而出现了故障。

火星上的尘暴规模也很大，其尘暴有时是地球上12级台风的6倍，持续时间可达半年，美国的"火星探路者"着陆器和它携带的"旅居者号"火星车最后都因为沙尘覆盖了太阳能电池板而无法工作。2018年，美国的"机遇号"火星车也因火星尘暴而停止工作。

火星上温度很低，赤道上的平均温度只有-23℃，与地球南极差不多，而很可能有水的火星两极的温度在-100℃以下，这对火星探测器的温控系统提出了很高的要求。

今后，人类还要完成难度更高的火星采样返回任务，但是最难的还是未来的载人登陆火星壮举。

哪个探测器最早成功探测了火星？哪个探测器最早成功进入了火星轨道？

在 20 世纪 60 年代到 80 年代，全球处在冷战时期。美国和苏联不仅通过各自的北约、华约两大集团在政治、军事上争霸，还在人造卫星、载人航天和空间探测等航天领域展开竞赛，火星探测也是美苏角逐的领域之一，全球第一次火星探测热潮在此背景下形成，并创造了一系列火星探测的世界纪录，其中美国探测火星的成功率明显高于苏联。

1 败多胜少

在 1962—1973 年间，苏联在拜科努尔发射场使用闪电号或质子号运载火箭发射了多个"火星"系列探测器，以完成火星飞越、绕飞和着陆任务，但是其中的大部分任务都失败了，只有火星 2 号、3 号、5 号、6 号取得了小部分成功。

苏联于 1962 年 11 月 1 日发射了"火星 1 号"探测器。这个火星探测器高 3.3 米，直径 1.1 米，重 863 千克，装有拍摄火星表面图像并传回地球的摄像装置，以及考察火星上有机物、磁场、辐射带等的观测仪器。但是在升空 4 个月之后，它在距离地面 1 亿多千米的地方与地面站失去联系，没有完成探测任务。

1971 年 5 月 19 日，苏联发射了"火星 2 号"探测器，然而它在到达火星轨道之后便与地面站失去了联系，最终任务失败。

苏联"火星 3 号"探测器是于 1971 年 5 月 28 日发射的，任务目标为绕飞和着陆。1971 年 12 月 2 日，该探测器下降舱以约 5.7 千米/秒的速度进入火星大气。通过空气动力学、降落伞和制动火箭等减速后，着陆器在火星表面着陆。"火星 3 号"仅在火星表面工作了 20 秒后就由于未知原因而与地球失去联系，这使得它成为世界第一个到达火星表面的探测器，该任务部分成功。

1973 年 7 月 21 日，苏联"火星 4 号"探测器升空，又因为出现故障，导致探测器未能进入火星轨道，后与地面站失去联系，任务失败。

苏联"火星 5 号"探测器于 1973 年 7 月 25 日升空，

苏联"火星 3 号"探测器

1974年2月12日进入火星轨道，成为火星的人造卫星，并发回首批火星彩色图像，但是2天后便与地球失去了联系。

1973年8月5日升空的"火星6号"探测器质量为3260千克。它于1974年3月12日抵达火星附近。其635千克的着陆舱在着陆过程中对火星大气进行了观测，但是只向地球传送了224秒的数据后就失联了。由于探测器上的计算机出现了故障，导致其发送的大部分数据无法被地面站读取，而且在接近火星表面时，着陆舱与地球失去联系。

苏联"火星7号"探测器于1973年8月9日发射，任务目标为着陆火星。但是该探测器也未进入火星轨道，后与地球失去联系，任务失败。

2 困难重重

除了"火星"系列探测器，冷战时期，苏联还研制、发射过"探测器"系列探测器，其中1964年11月30日发射的"探测器2号"用于探测火星，它成功进入地火转移轨道后，由于太阳能电池翼未能完全展开，最终在1965年5月5日与地面站失去联系。

1988年7月7日和12日，苏联又相继发射了"火卫1号"和"火卫2号"两个火星探测器，但是它们在太空飞行了约200天到达接近火星的轨道后与地面站失去联系，任务失败。至此之后，苏联就再也没有发射火星探测器了。

苏联"火卫1号"探测器

苏联时代的火星探测系统没有取得什么工程和科学方面的成果。这也大大影响了其后俄罗斯的火星探测发展。

20世纪90年代初，苏联解体，俄罗斯火星探测活动进度缓慢。从20世纪90年代中期到2012年，俄罗斯只发射了"火星-96"和"火卫1-土壤"两个火星探测器，但也双双失败，尤其是后者的失败还导致在其上搭载的中国首个火星探测器"萤火一号"探测器"出师未捷身先死"。

"火卫 1- 土壤"是俄罗斯在 21 世纪初发射的首个空间探测器，也是人类向火星发射的第一个采样返回探测器，所以如果成功，对重振俄罗斯昔日航天大国形象有重要意义。它也是一项体现国际合作精神的探测任务，搭载了来自中国、美国和芬兰的探测设备。

装有中国、美国和芬兰火星探测
设备的俄罗斯"火卫 1- 土壤"
整体模型

这个火星探测器是在"火卫 1 号"探测器基础上改进而来的，在着陆系统与推进系统之间增加了连接框架，以放置"萤火一号"探测器；另外，在推进系统底部增加了可脱落燃料箱，增加了推进剂储量。

2011 年 11 月 9 日，"火卫 1- 土壤"升空，发射后由于出现故障而未能按计划实施变轨，"火卫 1- 土壤"的主发动机在地球轨道上未能按计划启动，导致探测器无法进入地火转移轨道，只能留在近地轨道，并于 2012 年 1 月 15 日坠入太平洋。

此后，俄罗斯联邦航天局成立了以俄罗斯联邦航天局（RKA）前局长科普托夫为首的故障调查委员会调查事故原因，但是遇到了很大困难。俄罗斯曾先后推测了几种可能原因，包括探测器"内部短路"和"受外部冲击"，但似乎都站不住脚，缺乏说服力。

例如，俄罗斯曾经暗示，"火卫 1- 土壤"任务失败是因为受到了位于太平洋的一座美国大功率雷达站释放的电磁辐射干扰，从而导致探测器电子器件故障。俄罗斯当时主管国防工业和航天工业的副总理罗戈津表示，这种说法"不是没有根据"。为此，测试人员模拟美国雷达站释放了等量电磁辐射，"轰击"了一个类似火星探测器的装置，以验证火星探测器是否会在电磁辐射干扰情况下出现故障。

对此，俄罗斯联邦航天局时任局长波波夫金表示，故障调查委员会只把这视为原因之一。但是美国表示，在俄罗斯探测器失灵的过程中，美国并未使用俄罗斯指认的位于夸贾林的那座军事雷达设备，当时正在使用位于美国西部莫哈韦沙漠和波多黎各的雷达监测小行星，俄罗斯应当从自身查找失败原因，这对俄罗斯和俄罗斯未来宇宙探索都有好处。美国拒绝参与"火卫 1- 土壤"事故调查。

链接： 俄罗斯一些航天专家对"雷达干扰"说法也持质疑态度，认为这属于无稽之谈，"雷达干扰"说法太过"牵强"，将火星任务失败归咎于外部因素，目的是掩盖航天工业长期以来的衰退现象。最终，波波夫金表示，地面试验结果证实，美国雷达对"火卫 1- 土壤"飞行可能产生影响的说法不成立。

此后，俄罗斯又称失败的主要原因是程序员犯了错误，该错误导致探测器上计算机的两条运行信道同时重启。2012 年 1 月 31 日，波波夫金证实，导致"火卫 1- 土壤"事故发生的主要原因可能是探测器计算机的程序出错，否定了包括"雷达干扰"等在内的一系列与外部人为干扰有关的说法。波波夫金说，"火卫 1- 土壤"在设计时就应考虑宇宙辐射对火星探测器的影响，应具有防辐射功能。为此，"火卫 1- 土壤"探测器的研制单位——拉沃奇金科研生产联合体的相关责任人已受到行政处罚。

波波夫金承认，"火卫 1- 土壤"是在资金有限的情况下设计、制造的，其方案本身就存在一定技术风险。他说，"火卫 1- 土壤"原定应在 2009 年发射，后因技术原因推迟到 2011 年。如果俄罗斯 2011 年再不发射该探测器，就会被迫承受为其投入的50 亿卢布损失。这是因为"火卫 1- 土壤"探测器的研制与生产时间过长，上面的很多部件很快就要超过保质期和使用寿命。

2012 年 1 月 31 日，波波夫金发表声明称，"火卫 1 土壤"事故原因是器载计算

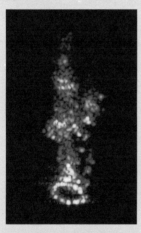

"火卫 1- 土壤"探测器
坠入大气层

机遭宇宙辐射影响失灵，而且该火星探测器的器载计算机使用了不合格的进口芯片。但是 2012 年 2 月 2 日他又称，探测器并没有使用劣质微电路，但微电路因受重带电粒子的影响发生了故障是真的。波波夫金同时承认，俄航天部门存在使用劣质进口元件的情况，如果使用不符合要求的进口微电路，就有可能导致航天器发生故障。

"火卫 1- 土壤"是俄罗斯在 21 世纪初发射的首个空间探测器，难度极大。一是因为苏联 / 俄罗斯以往探测火星的成功率极低，而这次又是人类首次向火星发射采样返回探测器，所以技术跨度十分巨大。二是政治压力较大，有专家分析认为俄罗斯很想以此一鸣惊人，重振航天大国的昔日雄风，而且它还搭载了较多的国外探测设备，因此似乎只许成功；三是从经费上讲，俄罗斯也失败不起了。

链接： 其实，仅从技术上分析，进行火星采样返回太复杂了。这对于苏联 / 俄罗斯这种火星探测成功率低下，且多年没有发射火星探测器的国家而言技术难度太大了，对于近十多年一直进行火星探测，且成功率较高的美国来说也没有进行过火星采样返回任务，美国的首次火星取样返回任务已多次推迟，目前可能定在 2030 年左右完成，以确定火星上是否存在生命。因此，俄罗斯发射"火卫 1- 土壤"本身就具有较大的风险，其失利是可以理解的，只是很少有人想到失利会来得这样早。

3 创造纪录

"水手"系列探测器是美国国家航空航天局在 1962—1973 年期间发射的一系列行星际探测器，共 10 个。其中水手 3 号、4 号、6 号～9 号用于火星探测，有 4 个探测器成功探测了火星，尤其是"水手 4 号"，它于 1965 年 7 月 14 日在距火星表面约 1 万千米的地方掠过，回传了世界上第一张火星表面图像，它共传回了 21 张火星近距离图像，从中鉴别出火星的多个火山口，还探测到火星的大气密度不足地球的 1%。

"水手 4 号"并不大，质量只有 260 千克，主结构为八边形柱体。其巡航主推进器采用推力 225 牛单元肼发动机；姿态控制采用 12 个氮气喷管；姿态敏感器包括 4 个太阳敏感器、1 个地球敏感器、1 个火星敏感器和 1 个老人星敏感器；电源系统由 4 个太阳能电池翼和 1.2 千瓦时的银锌电池组成，其中太阳能电池翼在地球附近的功率约为 700 瓦，在火星附近的功率约为 300 瓦；通信采用 S 频段，装有直径为 1.17 米的高增益碟形天线、双工三极管放大器、10 瓦行波管放大器发射机；热控制采用可调百叶窗、多层隔热毡和铝屏蔽板；有效载荷包括摄像机、磁强计、尘埃探测仪、宇宙射线望远镜、辐射探测仪和太阳等离子体探测仪。

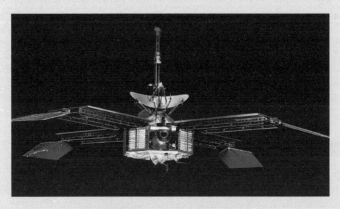

美国"水手 4 号"火星探测器

1969 年 2 月 24 日和 3 月 27 日发射成功的"水手 6 号"和"水手 7 号"探测器，主结构也为八边形柱体，质量增大了，为 381 千克。它们的任务目标是近距离拍摄火星图像和探测火星大气。它们于 1969 年 7 月 31 日和 8 月 4 日在距火星约 3400 千米处飞过。两个探测器共拍摄了 58 286 幅火星图像，并对火星的大气成分和结构进行了探测，发现火星上到处是沙漠和大大小小的含铁硅酸盐岩石。

1971 年 11 月 14 日，世界上首次进入火星轨道飞行的"水手 9 号"拍摄了 85% 的火星表面图像，分辨率为 1～2 千米，共传回 7329 张火星图像。它首次对火星表面进

美国"水手9号"火星轨道器

行了全球测绘，并观测到火星的火山口、火星峡谷、火星极区及火星卫星，获得了火星尘暴和重力场数据。其中第一张图像从根本上否定了火星存在运河的说法，因为从图像上看到的是由火星风形成的沙粒带状条纹。这些图像上出现了许多干涸的河床，其中有的长达1500千米，宽达200千米，这表明火星上可能曾经存在过液态的水。"水手9号"拍

摄的火星图像为后来的海盗1号、2号在火星着陆探测选定了地点。

虽然"水手9号"的主结构与水手4号、6号和7号一样，仍为八边形柱体，但是其质量增加到998千克。其巡航主推进系统采用推力1340牛的双组元发动机。其太阳能电池翼在地球附近的功率约为800瓦，在火星附近的功率约为500瓦。

链接："水手9号"的通信系统采用S频段，装有高增益抛物面天线、中增益喇叭天线、低增益全向天线、10瓦双向发射机和20瓦单向接收机；热控制系统采用百叶窗和多层隔热毯；观测数据存储在数字磁带记录机上；有效载荷包括宽视场相机、窄角相机、红外辐射计、紫外光谱仪和红外光谱仪。

"海盗"系列探测器是如何在火星表面着陆的？

　　1976年7月20日和9月3日，美国海盗1号、2号火星探测器的着陆器先后实现了在火星表面成功软着陆的壮举。而且，海盗1号、2号火星探测器还是世界首批通过一次发射，成功实践了环绕探测和着陆探测两大探测方式的航天器。

1 一举两得

世界上第一个在火星软着陆的探测器应该是苏联的"火星3号"，因为它于1971

年12月2日率先在火星上软着陆，但是它只工作了20秒后就莫名其妙地与地球失去了联系，基本没有取得科学成果。因此，很多人认为，第一个真正意义上在火星软着陆的探测器是美国的"海盗1号"探测器的着陆器。

"海盗1号"和"海盗2号"的着陆器确实是具有真正意义的火星着陆器，在火星表面工作了较长时间，取得了大量有价值的火星科学数据。它们也是人类第一次和第二次通过一次发射完成环绕探测和着陆探测两项任务的火星探测器。环绕探测用于对火星进行全球综合性普查，着陆探测用于对火星进行区域专业性详查。

这两个基本一样的"双胞胎"都是由轨道器和着陆器组成的。在进入火星上空时两者分离，其中轨道器进入环绕火星的轨道进行在轨探测，而着陆器进入火星大气并在火星表面着陆。

链接： "海盗1号"和"海盗2号"这对"双胞胎"都装有电视摄像机、红外光谱仪、红外辐射计、气体摄谱仪、气象自动记录仪、X射线荧光分光计、地震仪、伸缩臂式土样挖掘机等科学探测仪器。其主要任务是探测火星上是否存在生命，同时勘测火星地貌，研究火星大气和地震活动借以研究地球与太阳系的演变。

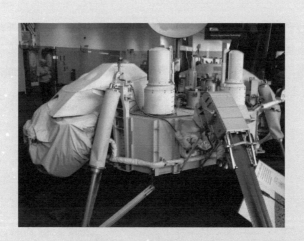

美国"海盗"系列探测器上的着陆器

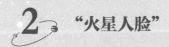

"火星人脸"

1976年6月19日，"海盗1号"轨道器进入环绕火星轨道；1980年8月7日，因燃料耗尽停止工作。

1976 年 8 月 7 日，"海盗 2 号"轨道器进入环绕火星轨道；1978 年 7 月 25 日，轨道器停止工作。

"海盗 1 号"和"海盗 2 号"的发射质量约为 3530 千克，它们的轨道器设计基于美国的"水手 9 号"火星探测器。在进入火星上空之后，轨道器和着陆器分离，由于消耗了一些燃料，轨道器质量变为 900 千克，着陆器质量变为 572 千克。

链接： "海盗 1 号"和"海盗 2 号"的轨道器装有能源、通信、计算机、指令、飞行数据、姿态控制和温度控制等分系统。其主推进系统采用 1323 牛的双组元发动机，可提供 1480 米 / 秒的速度增量；采用三轴稳定模式，由 2 个太阳敏感器、1 个老人星敏感器和 6 个陀螺仪提供姿态信息，并通过 12 个氮气喷管实现；装有 4 个太阳能电池翼，可提供 620 瓦功率，并为 2 个 30 安时的镉镍蓄电池组充电；通信系统采用 S 频段，装有 1 个直径 1.5 米的高增益抛物面天线、1 个 20 瓦的发射机和 2 个 20 瓦的行波管放大器。另有 1 个 X 频段装置用于进行射电科学试验和通信试验。

轨道器上的科学探测仪器有：成像系统、大气水分探测仪、红外热辐射测绘仪。两个轨道器对火星表面成像的分辨率均为 300 米。它们不仅用于对火星空间环境、火星地表进行探测，共发回 51 539 幅火星图像，覆盖了 97% 的火星表面，还分别对火卫 1 和火卫 2 进行了观测，拍摄了大约 50 幅图像。

美国"海盗 1 号"轨道器拍摄到的"火星人脸"

有意思的是，1976 年，美国发布了一张由"海盗 1 号"轨道器拍摄的类似人脸的火星表面图像，许多人为之疯狂。不过，美国国家航空航天局解释说，图像中央的巨大岩石之所以看起来像人脸，其实是光影造成的错觉，但是，这张图像还是激起了公众对火星的强烈兴趣，成为各大媒体的热门话题。

为了平息争论，后来发射的美国"火星全球勘测者"探测器又分别于1998年和2001年在同一地点拍摄了两张图像，在这两张图像上，那块大石头看起来并不像一张人脸，而更像一块露出地面的岩层。

然而，持"火星人脸"之说的仍大有人在。欧洲空间局用2003年发射的"火星快车"探测器在同一地点又拍了一张新图像，再次证明了"火星人脸"纯属无稽之谈。在这张清晰度极高的图像上，所谓的"火星人脸"根本不存在，而是一座山丘，是一大块露出地面的岩层。

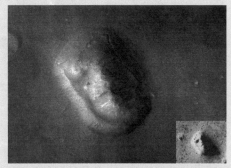

美国"火星全球勘测者"探测器拍摄的"火星人脸"不过是一块露出地面的岩层

3 率先着陆

众所周知，探测器在火星着陆非常不易，要经历"恐怖的7分钟"。不少探测器都在火星着陆的过程中失联。而美国海盗1号、2号的着陆器先后在火星成功软着陆，为后来的火星着陆探测奠定了重要基础。

"海盗1号"的着陆器于1976年7月20日在火星的普拉尼蒂亚平原软着陆，11月2日开始工作。1982年11月13日，着陆器与地面中断联系。所以，许多人认为，"海盗1号"的着陆器才是世界上首个真正意义上在火星着陆的探测器。

"海盗2号"的着陆器于1976年9月3日在火星的乌托匹亚平原软着陆，11月18日开始工作。1980年4月11日，着陆器因电池故障而结束任务。

美国"海盗1号"轨道器释放着陆器示意图

海盗1号、2号的着陆器质量都为572千克，总高度为2.2米，呈六边形铝平台结构，由3条着陆腿支撑。它装有能源、制动、制导与控制、S波段通信、生物化学实验箱、测量挖掘设备、2台电视录像机、气象遥感器、机械手及其他探测装置，在火星地表进行寻找生物实验。

着陆器与轨道器的分离和离轨推进是通过一些肼发动机实现的，它们可提供180米/秒的速度增量。最后阶段的下降和着陆采用3个肼燃料发动机进行制动减速，这些制动发动机带有18个喷嘴，可缓冲着陆冲击力。

链接： 海盗1号、2号的着陆器采用4个陀螺仪、1个惯性基准单元、1个加速度计、1个雷达高度计及1个末段下降和着陆雷达来提供着陆器的姿态和位置信息。其电源系统采用2台放射性同位素热电发生器，每台功率为30瓦，还装有4个8安时的28伏镉镍蓄电池组。通信采用S频段，装有1副高增益抛物面天线、1副低增益全向天线、1个20瓦的发射机和2个20瓦的行波管放大器。此外，着陆器上还装备1副特高频（381兆赫兹）天线，用于与轨道器的通信。

着陆器上的科学探测仪器有：成像系统、气体色层质谱仪、测震仪、X射线感应荧光器、生物实验室、气候仪器包和遥控采样机械臂。

着陆器一般经轨道器中继向地球发回图像和数据，经此方式向地球传回了约4500幅着陆地点周围的图像，但是在S波段抛物面天线展开后，着陆器也可以直接与地球通信。它在弹出土样挖掘机和展开气象感测器杆后工作了90天。其中前10天进行寻找生物实验和3次取样化验，每隔20分钟向地球发回图像和数据。海盗1号、2号的着陆器还对火星表面的土壤样品进行了化验分析，测量了风速、气压和温度，并确定了火星的大气成分。探测结果表明，在着陆区域里没有发现任何生命存在的痕迹，也未探测到火星上有任何有机分子。

"海盗2号"的着陆器拍摄的火星表面

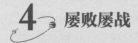

屡败屡战

说起采用"一举两得"方式探测火星，就不禁联想起欧洲空间局的两次火星探测活动，原计划也都想"一举两得"，但最后均因着陆器着陆失败而没有实现。

2003 年 6 月 2 日，俄罗斯联盟 -FG 火箭发射了欧洲空间局的第一个火星探测器——火星快车，使欧洲空间局成为继苏联 / 俄罗斯、美国和日本之后世界第四个发射深空探测器的国家或组织。

"火星快车"探测器由 1 个方形轨道器和 1 个 71 千克的英国"猎兔犬 2 号"着陆器组成，其中轨道器设计寿命为 2 年，"猎兔犬 2 号"着陆器的设计寿命为 2 个月。

2003 年 12 月 20 日，英国"猎兔犬 2 号"着陆器在火星轨道上与轨道器分离，在着陆火星过程中与地球失去联系。这是为什么呢？欧洲空间局航天专家一直百思不得其解。

链接： 十多年后，英国"猎兔犬 2 号"着陆器被美国"火星勘测轨道器"发现，其引导伞仍连着着陆器，主降落伞散落在附近，太阳能电池板没有完全展开。这一结果表明，"猎兔犬 2 号"的着陆是成功的，但是着陆后由于太阳能电池板没有完全展开，导致其无法与地球取得联系。只有其全部的 4 个太阳能电池板完全打开，"猎兔犬 2 号"着陆器才能够展开天线，进而与地球进行联络。不过，"猎兔犬 2 号"只承担此次欧洲空间局火星探测任务 10% 的任务，其他 90% 的任务由轨道器完成。

然而，由于着陆技术不成熟，所以在 2016 年，欧洲空间局和俄罗斯联邦航天局联合研制的火星探测器又重蹈覆辙，只取得部分成功。

2016 年 3 月 14 日，航天局"火星生物学 -2016"探测器由俄罗斯质子 -M/ 微风 -M 运载火箭从哈萨克斯坦拜科努尔发射场发射升空。"火星生物学 -2016"由欧洲空间局"微量气体轨道器"与"夏帕雷利"（意大利天文学家的名字，最早的火星地图部分由他绘制）进入、下降和着陆演示器组成，由泰雷兹 - 阿莱尼亚宇航公司研制，俄罗斯提供部分探测仪器和负责探测器的发射。其中的轨道器主要用于探测火星大气中的微量气体，着陆器用于火星表面着陆试验，为后续任务的火星着陆进行技术验证，并为其他火星任务积累经验。

该组合体飞往火星的巡航过程中，着陆器处于休眠模式，由轨道器为组合体提供必需的操作和与地球间的通信，并为着陆器提供所需能源。它们在飞行 4.96 亿千米后，即 2016 年的 10 月 16 日，着陆器通过三点旋转分离机构

英国"猎兔犬 2 号"火星着陆器示意图

与轨道器分离，着陆器以大于 0.3 米 / 秒的相对速度和 2.5 转 / 秒的自旋角速度脱离轨道器，与火星大气进入边界点成 0° 攻角飞往火星。

"夏帕雷利"进入、下降和着陆演示器又叫静态气象学着陆器，是一个盾形航天器，由一个半锥角 70° 的盾头前体结构和一个半锥角 47° 的圆锥形后体结构组成，装有进入、下降和着陆系统。该着陆器外直径为 2.4 米，表面平台直径为 1.7 米，用于测试原计划于 2022 年发射的欧洲空间局火星车在火星表面着陆将要用到的一些关键技术。

"夏帕雷利"着陆器总质量为 600 千克，在带防热罩时直径为 2.4 米，分离防热罩后直径为 1.65 米，其上的 2 副特高频天线用于和"微量气体轨道器"进行通信。它用于验证火星进入、下降和软着陆技术，评估着陆器在下降过程中的传感器，以及在着陆地点研究火星环境的传感器的性能。它是装有火箭推进器、先进电子设备、特殊热防护材料、制导雷达、多普勒测高仪和欧洲空间局自制的超声速降落伞的火星着陆器。

"夏帕雷利"着陆器与人体的大小比较

该火星着陆器在距离火星表面 120 千米时以 21 000 千米 / 时的速度进入火星大气层，通过防热罩实现减速。原来的设计是：当"夏帕雷利"距火星表面 10 千米时打开直径 12 米的超声速降落伞减速。此后，分离防热罩，并启动多普勒测高仪和速度计进行着陆地点的定位。当"夏帕雷利"距火星表面 1.4 千米时启动火箭发动机进行反推制动。当它距火星表面 2 米时速度为 2 千米 / 时，在高度约 1.5 米时实现悬停，这时关闭用于反推制动的火箭发动机，以免吹起大量火星扬尘对着陆器造成不良影响。着陆时，通过"夏帕雷利"上采用的可压扁结构的碳纤维外壳进行缓冲。着陆地点为地势平坦的子午线平原，此地有一个古老的赤铁矿和氧化铁层，在地球上，氧化铁一般在含液态水的环境下形成。

另外，在进入、下降和着陆的过程中，"夏帕雷利"上的"火星大气进入和着陆研究与分析"分系统用于研究着陆器的工程数据，对着陆器的轨道进行修正，确定火星大气的密度、风等环境条件；其上的"下降相机"用于在着陆器接近火星表面时高分辨率拍摄着陆地点，测量大气的透明度，辅助建立着陆区域表面 3D 地形模型。然而，这一切最终化为乌有，因为 2016 年 10 月 20 日，"夏帕雷利"进入、下降和着陆演示器在着陆前与地面失去了联系，原因出自一个仅一秒的计算失误，提前将降落伞与防热罩分离，导致"夏帕雷利"硬着陆而撞毁。

链接： 欧洲空间局与俄罗斯联邦航天局合作研制的"火星生物学 –2018"原计划在 2018 年升空，它由欧洲空间局首辆火星车和俄罗斯火星表面平台组成。火星车将在火星表面开展巡视探测用于搜寻生命迹象。不过，由于"夏帕雷利"着陆器失联和地面着陆试验的失败，"火星生物学 –2018"又先后推迟到 2020 年、2022 年发射。2022 年，由于俄乌军事冲突，"火星生物学 –2022"事实上已一拍两散，未来如何尚不得而知。

美国是何时开始实施"火星生命计划"的？发射的第一个探测器是什么？

关于火星上是否有生命的话题已经争论了多年了。很多迹象表明，同地球一样，火星曾拥有大量水。火星北半球的大部分地区遍布着许多平原，那里曾经是由从南部高地倾泻而下的洪水淤积成的一片汪洋大海，所以可能存在生命。为了彻底搞清这一重大课题，从 20 世纪 90 年代中期起，美国开始实施庞大的"火星生命计划"，即每隔 26 个月发射 2 个不载人火星探测器，最终确定火星上是否存在生命。

1 开路先锋

1996 年 11 月 7 日，美国发射了"火星全球勘测者"探测器，它是美国"火星生命计划"中的第一个探测器，任务目标是绘制高分辨率火星地图，探测火星地形、磁场和重力场，测定火星大气成分和气候状况，同时为后续的火星探测任务提供中继服务。

第二年，"火星全球勘测者"进入了火星轨道。

"火星全球勘测者"重 1031 千克，采用长方体结构，尺寸为 1.17 米 × 1.17 米 × 1.7 米。它由设备舱和推进舱组成，两侧装有两个翼展均为 12 米、总功率为 900 瓦的太

美国"火星全球勘测者"探测器

阳能电池翼，并配了 2 个 20 安时的镍氢蓄电池组。其通信采用 X 和 Ka 频段，上行为 X 频段，下行为 X 和 Ka 频段，包括 1 副高增益天线和 2 副低增益天线，直径 1.5 米的高增益抛物面天线安装在沿平台一侧伸出的 2 米支撑杆上。科学数据下行最小数据率为 21.33 千比特 / 秒，工程数据以 2 千比特 / 秒的数据率下行，紧急情况下能以 102 千比特 / 秒的数据率下行。其采用三轴稳定模式，巡航主推进器是 596 牛双组元发动机，姿态控制采用 4 组 12 个 4.45 牛单元肼推进器。热控制系统采用多层隔热材料、热辐射器和百叶窗。

经过 10 个月的飞行后，它于 1997 年 9 月 11 日进入绕火星运行的轨道，在入轨火星过程中利用太阳能电池翼提供阻力进行了"气动制动"。

2 性能优异

"火星全球勘测者"载有 7 台仪器，包括火星轨道器相机、火星轨道器激光高度计、热发射光谱仪、磁强计 / 电子反射计和无线电科学装置等。

与先它 21 年发射的"海盗"系列探测器相比，"火星全球勘测者"成像系统的分辨率有了很大提高。它拍摄的图像使科学家们对火星表面的演化史有了更深入的认知，同时也发现了一些令人不解的新问题。

从 20 世纪 70 年代末至"火星全球勘测者"发射前，科学家们一直把"海盗"系列探测器中的轨道器拍摄的图像作为火星表面特征研究的基本资料。"海盗"系列探测器拍摄的火星图像分辨率为 200 ~ 250 米或更好一些，即分辨率约为 80 ~ 100 米。它们拍摄的最清晰的图像分辨率可达 8 ~ 20 米，但数量仅占 2% 左右，而且有些还因为地速的原因而变得模糊不清。

"火星全球勘测者"上的火星轨道器相机配置的广角相机能以 250 米的分辨率对火星进行拍摄，而窄角相机对选定目标拍摄的图像的分辨率可达到 1.5 米和 12 ~ 15 米不等，平均分辨率可能为 3 米左右。

火星轨道器相机原本是为"火星观测者"探测器研制的。但是"火星观测者"在 1993 年即将到达火星轨道时突然失踪。"火星全球勘测者"上使用的该装置称为火星轨道器相机 2 号，它是"火星观测者"所用装置的备份。该装置带有 1 台窄角相机和 2 台广角相机。这种线扫描成像系统的主要科学目标是对火星表面和大气层进行全球范围的观测（分辨率约 7.5 千米），以最高 0.3 千米 / 像元的中等分辨率监视火星表面特征和以最高 1.5 米 / 像元的高分辨率观测感兴趣的局部地区。此次探测有一项重要使命，就是要对未来的着陆探测任务可能选用的着陆场地进行拍照。

美国"火星全球勘测者"探测器

其窄角相机焦距为 3.5 米，孔径为 0.35 米，视场角为 0.44°，使用一个 2048 阵元的线扫描 CCD 阵列。双色广角系统使用鱼眼镜头获取全景图像和区域性图像。通过拍摄成系列的多张全景图，科学家们可以监视火星尘暴、云的形成过程和极地冰冠的全球性变化。

首先，"火星全球勘测者"上的火星轨道器相机使科学家们研究火星表面特征的精细程度比以往有了极大的提高。其次，人们还发现火星具有许多与众不同之处，如火星地壳的分层现象。美国的"水手 9 号"和"海盗"系列探测器早在 1971 年和 20 世纪 70 年代末的探测中就曾发现火星的极区有分层的迹象，但是"火星全球勘测者"发现了范围更大、更为广泛的分层现象，说明这种现象在火星上是普遍存在的。出现这种现象的原因及分层部分的组成目前还不清楚，但这至少可以说明火星在历史上发生过变迁。

3 收获很大

在"火星全球勘测者"获取的图像上，科学家们意外地看到了一些其他特征，如有坑洼和丘陵的表面构造。这说明火星环境与火星上的物质相互作用会产生一些很奇怪的特征，其中很多特征在地球上是看不到的。这些图像还说明，火星上可能已经有很长时间没有下过雨了。很多人认为火星上肯定下过雨，但新获取的几乎所有资料都表明，火星上的侵蚀是由地下水而不是地表水引起的，只有极个别的地表特征更适宜于用地表水来解释。

由于"火星全球勘测者"可以飞到距离火星表面 125 千米的地方，因此探测器上的相机能够详细拍摄火星地貌，并获得了大量的火星数据，其中包括意外获得的一次面积有南大西洋那么大的沙暴图像。它还发现火星上存在强磁物体。这一发现对正确认识和了解火星的演化历史、探明火星上究竟有无生命存在的条件具有极其重要的价值。通过探测器上的激光高度计探测，人类认识到火星上有海洋的遗迹，火星北半球存在太阳系中最平整的表面，其他区域则是古代高原。探测器还发现了火星上敞着口的峡谷，其图像揭示了火星地质层的构造。

古谢夫环形山

美国"火星全球勘测者"观测"勇气号"火星车的着陆地点古谢夫环形山

根据"火星全球勘测者"传回的图像，科学家发现了火星上曾经存在过水的迹象，这些水曾在远古时代流淌在火星的表面，一些科学家由此推测出远古时期火星的湖泊与海洋中也许有海洋生物的存在。

该探测器自 1999 年开始对火星进行测绘以来，传回了数万张火星的图像，它所收集的火星数据超过了过去所有针对火星的探测活动所收集的火星数据总和。其中，1997 年 9 月 15 日，"火星全球勘测者"上的磁强计在近拱点附近探测到了 1 个 60 纳特的磁场，说明火星表面有 1 个强度约为地球的 1/800 的磁场。测量结果证实火星确实曾经存在过 1 个很强的磁场。

"火星全球勘测者"探测器的主要工作于 2001 年 2 月初结束，但是美国国家航空航天局还继续利用这一火星探测器开展其他的科研工作，不断发回关于火星大气、表面特征、湿度和矿藏的最新数据，包括为 2003 年 6 月、7 月升空的"勇气号"和"机遇号"火星车在搜寻合适的着陆地点，并为它们中继信息。2006 年 11 月 21 日，美国国家航空航天局宣布，由于探测器出现故障，地面站已与"火星全球勘测者"失去联系。

4 突然失联

在发射"火星全球勘测者"前后，美国火星探测活动都曾经历失败，所以，"火星全球勘测者"的成功来之不易。

自从 1975 年美国发射了"海盗 1 号""海盗 2 号"火星探测器之后，美国认为在火星探测领域已没有竞争对手，于是将航天战略重点转移到研制航天飞机上面去了。但是，此前大量的实践和后来的研究表明，探测火星具有重要意义。于是，1992 年 9 月 24 日，美国使用大力神 3 号运载火箭从肯尼迪航天中心发射了"火星观察者"探测器。

"火星观察者"探测器原计划对火星的地貌和大气进行连续 687 天（1 个火星年）的普查，获取火星地质、大气和气候数据，进而建立火星的动力学模型。该项目总研制、发射及支持费用约 8.13 亿美元。

该探测器是经历了 7 次机动飞行才接近火星的。在长达 11 个月的飞行段内，它展开了 6 块太阳能电池帆板中的 4 块和高增益天线，部分展开了 2 个试验杆，进行了 4 次轨道校正及轨道测试。这一切似乎都很顺利。

然而，在太空飞行了 11 个月后的 1993 年 8 月 21 日，"火星观察者"在到达火星附近，准备 3 天后进入火星轨道之际，却发生了故障，与地球失去了联系，探测器失踪。

美国"火星观察者"在即将进入火星轨道时失联

按照预定程序，"火星观察者"本来应于 1993 年 8 月 24 日进入火星轨道，然而就在这之前的 3 天（8 月 21 日），探测器突然与地球失去了联系。自那之后，美国专家们一直在查找信号丢失的原因。据美国国家航空航天局授权的一个调查小组称，探测器推进系统的燃料运输管道破裂，损坏了电子系统，导致探测器发生不可控的旋转，很可能是导致"火星观察者"在太空失踪的原因。

链接： 探测器推进系统的燃料运输管道破裂后，氦气和液氢从裂口处泄漏，导致星体旋转，随之紧急关机，燃料便无法再输往发动机。这一旋转还可能使太阳能电池翼的角度出现偏差而不能正常提供电力。此外，外泄的液氢还可能附着在电路板上，破坏电路。最终使得探测器与地球失去了联系。

虽然"火星观察者"在太空失联，但是它装载的复杂科学仪器达到了一个新的水准，它仍然代表了人类火星探测进入了一个新阶段。

5 低级错误

在"火星全球勘测者"和"火星探路者"获得成功之后，美国又先后发射了两个火星探测器，但都失败了，而且都是因为犯了原本可以避免的低级错误。

"火星气候轨道器"于 1998 年 12 月 11 日使用德尔塔运载火箭发射，任务目标是监测火星大气尘埃和水汽，绘制火星气候变化演变图。1999 年 9 月 23 日，"火星气候轨道器"到达火星附近并按计划进行了入轨机动，但是经过火星背面之后就与地球失去联系，随后坠入火星大气层烧毁。事故调查表明，故障原因是，探测器本应在 80～90 千米高度进入火星大气层，但是在轨道切入操作中，由于英制和公制单位的混淆而产生了导航误差，地面中心发出的英制指令未转换成公制指令，致使导航信息错误，所以它在距离火星表面 57 千米时才减速切入，最终烧毁在火星大气层中。

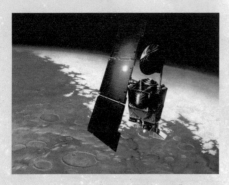

功亏一篑的"火星气候轨道器"

1999 年 1 月 3 日，美国又用德尔塔运载火箭发射了"火星极地着陆器"，任务是对火星表面过去和现在的水资源进行探测。按照计划，"火星极地着陆器"进入火星大气层后将释放 2 个穿彻器，使其以 200 米 / 秒的速度撞击火星表面，钻取火星表层以下土壤进行分析。1999 年 12 月 3 日，探测器到达火星附近，但在准备进入火星大气层前 6 分钟与地面失去联系，随后坠毁在火星表面。调查表明，软件错误导致着陆器在下降期间打开着陆架时发送了错误信号，使制动发动机提前关机，导致着陆器下降速度过快而坠毁。

链接： "火星极地着陆器"由巡航级和着陆器组成。其中着陆器质量为 293 千克，高 1.06 米，宽 3.6 米，主结构呈六边形，由 3 条铝合金着陆腿支撑。2 个太阳能电池翼从基座的 2 个对边伸出，基座上安装有 2 米长的机械臂、中增益碟形天线和 UHF 天线。该着陆器有效载荷包括火星下降成像仪、立体成像仪、机械臂相机、气象学仪器包、热和析出气体分析仪、激光测距仪、火星挥发物和气候仪器包等。

世界第一辆火星车有多大？它的行驶速度有多快？

1997 年 7 月 4 日，美国"火星探路者"着陆器在火星着陆，然后利用携带的"旅居者号"火星车进行了较为广泛的探测。"火星探路者"是 1996 年 12 月 4 日用"德尔塔"运载火箭发射升空的，主要任务是向火星发射着陆器，部署世界第一辆火星车，验证新技术，演示低成本火星探测和着陆的可能性，采集火星大气、地质、土壤和磁场等的数据。该项目成本约 2.65 亿美元，其中的着陆器研制费用为 1.5 亿美元，火星车研制费用为 0.25 亿美元。

1 几个世界第一

着陆后，"火星探路者"着陆器发回了蔚为壮观的火星全色全景图像，使人类对火星地表景观有了更加直观的认知；深入了解了火星气候，对火星岩石和土壤也有了初步的了解；找到了一些支持"火星生命说"的证据。

"火星探路者"任务创造了几个世界第一。例如，它是第一个在地外行星上硬着陆的探测器；第一个在超声速飞行情况下使用降落伞和气囊着陆的探测器；第一个携带火星车进行巡视探测的探测器，从而大大扩大了火星的探测范围。

它首次采用了别开生面的气囊弹跳硬着陆技术，即用气囊包裹探测器以 14 米 / 秒的速度接触火星表面（最大过载为 16g，着陆质量为 410 千克）。气囊第一次着陆弹跳了 12 米高，在弹跳了 15 次、滚动了 2.5 分钟之后，停在距离第一弹跳点约 1 千米远的地方。着陆稳定后，包裹探测器的气囊放气，打开 3 个舱板，着陆器携带的世界第一辆火星车"旅居者号"沿着陆斜道从舱内驶出。

链接： 这次探测费用只是当年"海盗"系列探测器计划的 1/5。它表明，"更快、更好、更省"的新探测方针是可行的，从而为未来的行星探测开辟了美好前景。

"火星探路者"使用的气囊着陆装置

2 两器组合

"火星探路者"探测器重 870 千克，由两部分组成：1 个固定位置着陆器和 1 辆火星车。其中的着陆器采用面积 2.5 平方米的太阳能电池阵和银锌电池组提供 177 瓦功率的电力。它与地球之间通过 X 频段进行双向通信；着陆器与火星车之间采用特高频进行通信。

着陆器上装有火星探路者成像仪、α 质子 X 射线光谱仪、大气结构仪和气象仪器包等科学探测仪器。

登陆火星后，着陆器首先向地球发回了进入火星大气层及着陆时的科学和工程数据，接着获取火星表面的图像。它依靠 3 台放射性同位素加热装置来保持温度，每台装置中装有 2.6 克钚 -238。这些钚呈陶瓷状，包覆在金属内，并由气动外壳防护，以保证这种核装置不会在发生事故时损坏并使钚 -238 外泄。

3 新技亮相

"火星探路者"质量较轻，并且是按照能经受高速闯入火星大气层的严峻考验来设计的，所以它的飞行轨道与之前发射的"火星全球勘测者"有很大不同，只用了 7 个月就到达了火星。

1997 年 7 月 4 日，即美国独立日这一天，"火星探路者"在经过 4.94 亿千米、7 个月的漫长飞行后，终于到达了火星，并成功地在火星表面的阿瑞斯谷登陆。这是 21 年来人类首次将探测器送到火星表面。

"火星探路者"采用了一些以前从未用过的技术，包括复杂的下降飞行过程，被动式的气囊着陆装置和装在四面体形星体一个侧瓣上的一辆微型漫游车。

例如，它以 7.26 千米 / 秒的速度直接进入火星大气层，而不是先进入一条环火星轨道；它是世界上首个使用"气囊缓冲"技术的火星探测器，借助降落伞、制动火箭和气囊的减速作用在火星大气中下降，并在下降过程中对火星大气进行测量。

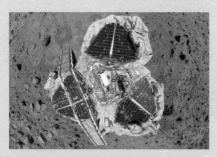

"火星探路者"着陆器

探测器进入火星大气层后，按预定程序完成了一系列"高难度动作"。进入大气层后 2 ~ 3 分钟，直径 7.3 米的减速伞张开；20 秒后，防热罩与火工品分离。随后着陆器从其后壳上分离。着陆器落地后像沙滩排球一样弹了十几次。

4 着陆地点

科学家们从"火星探路者"的相机系统最初拍摄的图像中发现，着陆地点周围分布着大大小小各种形状的卵石。之所以将阿瑞斯谷内的这一地域作为着陆场，是因为这里是火星上一块相当平坦的区域，而且它的"海拔"高度相对较低，可使"火星探路者"的降落伞系统有更多的时间在火星稀薄的大气层中给探测器减速。另外，这里距离赤道较近，太阳辐射较强，有利于着陆器和漫游车的太阳能电池系统发电。

链接： 从科学上来说，由于阿瑞斯谷是一场特大洪水形成的外流盆地，所以应当有很多各式各样的岩石。"火星探路者"发回的图像证实了这一点。从这些图像上可以发现着陆场周围遍布着各类小岩石和卵石，表面类型丰富，远处还有 300 多米高的山峰和丘陵。科学家们正是利用地平线上的小山和其他地物特征来判断探测器的着陆位置的。

5 漫游小车

"火星探路者"所带的火星车称为"旅居者号"（音译叫"索杰纳"），在探测器着陆后次日走下着陆器，在火星表面行驶，进行巡视探测。尽管苏联分别在 1970 年和 1973 年成功地在月球上运行过两辆大型漫游车，不过在地外行星上投入运行的"旅居者号"火星车却是首例。

该火星车体积不大，像一个微波炉，长 0.66 米，宽 0.48 米，展开后高 0.3 米，仅重 10 千克。它采用六轮摇臂悬架底盘结构，有 6 个轮子，车轮直径 13 厘米，宽 7 厘米，由 2 个独立的电机驱动，行驶速度很慢，像只蜗牛，设计速度 1 厘米 / 秒。其由面积 0.2 平方米的砷化镓太阳能电池阵和蓄电池组提供 16 瓦的电力。

它携带了 3 台相机和 1 台 α 质子 X 射线光谱仪，由车顶的太阳能电池阵提供电力。6 个轮子是铝制的，前、后 4 个轮子可独立转动，因而能原地掉头。火星车和着陆器间通过特高频指令与遥测系统保持联络。

1997 年 7 月 5 日，"旅居者号"火星车开始使用 α 质子 X 射线光谱仪对选定的火星岩石进行研究。由于相距遥远，所以从地球发往火星或从火星发往地球的无线电信号要用大约 11 分钟的时间才能到达目的地。

"火星探路者"刚在火星着陆时拍摄的周边景色

6 可喜成果

"火星探路者"的这次探测使人类对火星地表有了直观的认识，使人类对火星岩石和土壤有了初步了解，对火星气候有了更深入的了解。通过对发回的图像和数据进行分析，火星可能与地球一样清晨有雾气，这进一步说明了火星上有水存在。找到了一些支持"火星生命说"的证据，例如，"火星探路者"拍摄的图像表明，很久以前火星的阿瑞斯平原曾发生过大洪水，从而证实了"海盗"系列探测器当年的判断。不过，

世界第一辆火星车"旅居者号"

这还不能断定火星上曾经存在过生命，还需要通过此后更详细的探测计划来证实。

1997 年 9 月 27 日，"火星探路者"着陆器、"旅居者号"火星车与人类的联系中断了，它们的工作时间大大超过了着陆器和火星车的设计工作寿命（分别为 30 天和 7 天），其中火星车在火星表面工作了 83 天，拍摄了 550 幅火星图像，并对着陆地点周围 16 处不同位置的土壤进行了化学分析，后因火星尘暴覆盖了太阳能电池板而停止工作。

链接： 它们取得了众多的科学考察成果，共向地球发回 2.6 吉比特数据和 1.6 万幅火星图像，以及火星大气压、温度和风速等数据。其探测结果表明，火星在历史上可能存在比较温暖、潮湿的环境。

7 后继有"车"

在发展了第一代火星车之后，美国又先后发展了两代火星车，使火星车的性能越来越优异。与世界第一辆火星车"旅居者号"相比，2003 年 6 月 10 日和 7 月 8 日先后发射的第二代火星车"勇气号"和"机遇号"的性能就有了较大的提高，实现了对火星较大范围的移动考察，标志着人类火星探测进入了新的重要阶段。

例如，"勇气号"和"机遇号"火星车在体积和能力上都高出"旅居者号"一筹。第二代火星车长 1.6 米，宽 2.3 米，高 1.5 米，重 174 千克，而"旅居者号"火星车只有 0.66 米长，重仅 10 千克；"勇气号"和"机遇号"火星车存储器的容量是"旅居者号"

火星车的 1000 多倍，前者各装有 9 台相机，而后者只携带了 3 台，分辨率和距地面高度也较低；"勇气号"和"机遇号"火星车配置了 3 台光谱仪，而"旅居者号"火星车上仅有 1 台光谱仪；"旅居者号"火星车在火星表面共移动了约一个足球场长度的距离，"勇气号"和"机遇号"火星车的漫游距离可达到"旅居者号"的 6 ~ 10 倍，约 600 ~ 1000 米。另外，在设计寿命、行进速度等方面，"勇气号"和"机遇号"火星车也比"旅居者号"火星车有明显的提高。

链接： 第二代火星车虽然也是装有 6 个轮子，但是能爬 45° 以下的坡，并可以跨过大于轮直径（25 厘米）的障碍（如岩石或坑洞）。每个轮子设有履带，可在软的沙地上行驶，也能爬越岩石。在平坦的硬质地面上，"勇气号"和"机遇号"火星车的移动速度是 5 厘米 / 秒。

"勇气号"和"机遇号"火星车上的相机所拍的图像的总像素达到 1200 万，清晰度是此前人类拍摄的最好火星图像的 3 ~ 4 倍。它们在技术和科学方面都取得了巨大成就，其中最大的技术进步在于获取科学信息的能力，除了增加了相机的数量、穆斯堡尔光谱仪和微型热红外光谱仪，还携带了岩石钻探工具和显微成像仪。它们的整体性能也得到了很大提升，其中包括火星车的大小和机动性等许多方面的改进。在实际运作中，它们的工作寿命、行驶速度、探测性能等许多方面都大大超出了设计范围，获得了大量新信息，其中最突出的成果是证实了火星表面曾经存在水。

"勇气号"和"机遇号"火星车的设计寿命都是 3 个月，最终分别在火星表面顽强地坚持工作了 7 年和 15 年，它们被视作火星探测器的传奇。

调试"勇气号"火星车

8 新车更"牛"

美国现在使用的是更先进的第三代火星车，首辆第三代火星车是 2011 年发射的"好奇号"，2020 年又发射了第二辆第三代火星车"毅力号"。它们的质量是第二代火星车的 4 倍，长度约是第二代火星车的 2 倍，其上的科学探测仪器总质量是第二代火星车上仪器的 15 倍。

  "好奇号"的体积与小汽车相当，但质量将近 900 千克，载有 10 套科学探测仪器。桅杆上安装高分辨率相机和激光器，能够在最远 7 米处探测目标物体，用激光束照射岩石来分析火星土壤与尘埃的化学成分，从而对火星上的一些"死角"进行考察。多用途机械臂上装有两种设备，可以进行掘土、采样和收集等工作，还能对所采集样品进行表面清理并分类。

  与众不同的是，"好奇号"火星车首次以受控升力的方式进入火星大气，以提高着陆精度。它使用了当时世界上最大并且最坚固的超声速降落伞来降速。另外，由于"好奇号"的质量比先前的火星车的质量大许多，无法使用安全气囊来确保安全着陆，所以它首次使用了空中吊车式的新型着陆方式在火星上软着陆。

  其电源也有质的飞跃。它采用了"多任务放射性同位素电热发生器"，即核电源，大大提升了"好奇号"的行程和使用寿命，能够避免太阳能电池阵被火星尘土覆盖而影响发电效率。

  该火星车的 6 个轮子均具有独立的传动装置，能保证探测器在任何方向倾斜 45° 而不发生翻车。它可原地转弯 360°，越过直径约 50 厘米的坑，翻越 65 ~ 75 厘米高的障碍物，在平整坚硬的地面上行驶的最高速度为 4 厘米 / 秒，通常，每天可在火星表面行驶 200 米，总行驶范围约为 20 千米。

链接： "勇气号"和"机遇号"火星车常常被称作野外地质学家，个头更大的"好奇号"火星车将像一位在火星上工作的化学家，能够做更多活儿，机动性更强。

"好奇号"火星车在火星表面用激光进行无接触探测示意图

  其上的化学与微成像激光诱导遥感仪器可研究机械臂无法触及的火星岩石和土壤，寻找元素周期表上的任何元素。它还能清除火星岩石上的灰尘，可以发射数百次重复的激光脉冲来把岩石表层打掉，以测量内部成分，并可对内部和表层的成分进行对比。

  装在机械臂上的 α 粒子 X 射线光谱仪只用 10 分钟就能探测到岩石中含量低至

1.5% 的成分，如果使用 2 ～ 3 小时，还可探测到含量低至万分之一量级的物质，从而判断其是否曾与水发生过作用。

装在火星车机械臂末端的火星手持成像仪相当于科学家手持一个超级放大镜，用于拍摄火星岩石和土壤的微型图像。

2020 年发射的"毅力号"火星车与"好奇号"相似，降低了费用，也进行了不少改进，性能进一步提高。

哪个火星探测器最先发现火星上有水？除了探火它还有哪些用途？

2002 年 3 月 1 日，美国国家航空航天局宣布，其发射的"火星奥德赛"探测器传回的火星南极图像和数据表明，火星上有大量的水冰。这一惊人消息意味着：有冰就有水，有水就证明火星上可能有生命或者曾经存在过生命。

1 一鸣惊人

"火星奥德赛"探测器是美国国家航空航天局"火星勘测者 2001 计划"中保留的探测器，该计划最初包括 2 次飞行任务，分别发射轨道器和着陆器。后来，美国国家航空航天局取消了其中的火星着陆任务，保留了轨道器任务，并将其重新命名为"2001 火星奥德赛"，又名"火星奥德赛"。这次任务的名称是根据电影《2001 太空漫游》来命名的。

2001 年 4 月 7 日，美国使用德尔塔 2 号运载火箭从卡纳维拉尔角发射了"火星奥德赛"探测器。德尔塔 2 号运载火箭从美国东海岸起飞，然后飞过欧洲，在中东上空，飞行器与火箭分离，随后以每秒 11.5 千米的速度飞离地球。

链接：由于"火星奥德赛"采用空气动力制动技术替代以往使用推进器改变探测器轨道的老办法，因而不需要沉重的推进器，使用便宜、轻小的运载火箭便能发射该探测器。科学家希望它所携带的高度复杂的仪器能将有关火星上水的现状及其深度、火星表面的地质构造和所受辐射的特征数据传回地球。

从 2001 年 10 月 24 日起的 70 多天时间中，"火星奥德赛"多次采用空气制动技

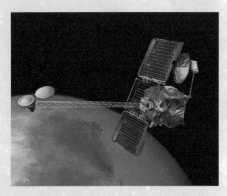

"火星奥德赛"在火星上空示意图

术调整轨道，最终运行在距离火星表面 400 千米高的极圆轨道上，轨道倾角为 93.1°，轨道周期为 2 小时。

美国用了三年时间才完成"火星奥德赛"的研制，这次发射总成本高达 2.97 亿美元，是 1998 年 10 月发射的"火星气候轨道器"的两倍，其中"火星奥德赛"本身价值为 1.51 亿美元。这次发射是美国国家航空航天局在 1999 年经历了两次火星探测失败之后第一次向火星发射探测器。

链接： 1999 年 9 月 23 日，"火星气候轨道器"因为工程师混淆了英制和公制的计量单位，最终在火星上空坠毁。10 个星期后，也就是 1999 年 12 月 3 日，另一艘探测器"火星极地着陆器"在着陆时，因在下降过程中着陆腿伸开，产生的虚假信号造成着陆器已经登陆的假象，导致当着陆器还在火星上空时就过早地关闭了发动机，最终坠毁在火星上。两次失败的全部损失约为 3.7 亿美元。

事后美国国家航空航天局总结教训，认为问题出在发射前没有足够的资金进行试验，并重新审视了它的火星计划。从喷气推进试验室到美国国家航空航天局华盛顿总部都采取了顶级管理和财政检查措施，缩减了飞行任务。

2 主要任务

"火星奥德赛"的任务目标是对火星表面进行详细的矿物学探测和研究，获取火星气候和地质特征数据；探测火星表面放射性环境，研究可能对航天员构成潜在威胁的火星辐射环境；为后续的火星探测任务提供中继服务。

建立火星表面的化学元素和矿物的全球分布图，为了解火星过去的气候、研究火星上水的历史、寻找支持生命的环境提供新的证据。

确定火星地下浅层中氢的丰度。如果发现丰富的氢，可能预示着水冰的存在。

提供关于火星表面结构的信息。

记录地球和火星之间及低火星轨道的辐射环境，因为它将帮助人类探查辐射相关的危险，为人类登陆火星做先期准备。

作为一个通信中继站服务于其他火星探测器，如"勇气号"、"机遇号"火星车和"猎兔犬 2 号"着陆器。

总之，通过对火星展开系统的测绘，收集火星土壤和岩石的组成数据，可以改善人类对行星气候和地质历史及生命的孕育过程的了解。

3 飞行平台

"火星奥德赛"由美国洛克希德·马丁公司制造，呈箱状，尺寸为 2.2 米 × 1.7 米 × 2.6 米，重 725 千克，发射成本为 2.97 亿美元。它由一个面积为 6.75 平方米的翼状太阳能装置提供动力，其主体呈四四方方的箱状，可以缓解空气动力制动带来的压力。

这个火星轨道器的质量是 725 千克，其中轨道器本体质量约 331 千克，科学仪器的质量约 44.5 千克，燃料的质量约 349 千克，太阳能电池翼的尺寸为 5.7 米（末端至末端），高增益天线的直径为 1.3 米，支撑杆长 6 米。

链接： 它采用三轴稳定模式，装有 4 个反作用动量轮，姿态信息由太阳敏感器、恒星相机和惯性基准单元提供。推进系统包括 1 个双组元发动机和 8 个单元肼推进器，其中巡航主推进采用 640 牛双组元发动机，4 个 0.98 牛推进器和 4 个 22.5 牛推进器用于姿态控制。电源系统包括 3 个太阳能电池翼和 1 个 16 安时的镍氢蓄电池组。通信系统包括 2 套无线电系统，1 套工作在 X 频段，用于探测器与地球的通信；另 1 套工作在 UHF 频段，用于探测器与其他火星着陆器间的通信。热控制系统采用热控制涂层、隔热毡、辐射器、百叶窗及加热器。

4 仪器不多

尽管此前的火星探测工作为科学家提供了大量信息，但是科学家尚未完全弄清楚火星到底由什么构成。所以，"火星奥德赛"探测器携带了 3 台科学仪器，包括 1 个热散发成像系统、1 台 γ 射线光谱仪和 1 台火星辐射环境试验器，科学家通过它们了解火星表层的构成和它的辐射环境。

其中，热散发成像系统可绘制高分辨率的火星地理图，帮助科学家更好地理解火星矿物与火星地形之间的联系。

γ 射线光谱仪如同科学家勘探火星地表的铁铲，使科学家能够有机会看清火星亚

"火星奥德赛"工作示意图

表层的情况，它能测定包括氢在内的多种元素的含量和分布情况。γ射线光谱仪和附带的中子频谱仪、高能中子探测仪合在一起使用，通过中子测定，可推断水存在的可能和分布，这是由于氢极有可能存在于冰冻状态的水里，因此光谱仪有望探测到火星表层冰冻水的痕迹。这是科学家首次在火星探测器上配备探测表层水及矿物成分的仪器。

火星辐射环境试验器是一个俄罗斯研制的高能中子探测仪，在火星轨道上和火星表面采集数据，首次测量了火星表面的放射物质水平，为评估航天员登陆火星时可能面临的危险提供预警。

间接找水

火星表面是没有液态水或冰冻水的，所以探测火星的亚表层成为"火星奥德赛"在火星找水的突破口。火星的周围没有稠密大气，当宇宙射线撞击火星时，火星地表就会释放出强度很高的中子流。这些中子流在穿越火星的亚表层时，会与亚表层中各种元素的原子核发生碰撞。水中富含氢原子，当中子撞到氢原子核时，中子的动能就会降低。与此同时，中子还会释放出部分热能。高能中子探测仪具有极高的灵敏度，能够探测出火星地表中子流的动能差别，并捕捉到中子释放出的热能，进而判断水的存在。

在2001年年底—2004年年初，"火星奥德赛"上的高能中子探测仪反复探测了火星的亚表层，以确定亚表层的含水概率，并划出有可能含水的区域。此外，高能中子探测仪还与热散发成像系统等仪器协同探测，以确定含水区中所含的是液态水还是冰冻水。高能中子探测仪和其他仪器所获得的"火星水"信息，通过无线电信号传至美国国家航空航天局喷气推进实验室。随后，俄罗斯航天研究所专家通过互联网获得上述信息，并对其进行分析研究。

链接： "火星奥德赛"上的抛物线形天线直径达1.3米，能以110千比特/秒的速度，将其他探测器在围绕火星轨道运行时和在火星表面运作时收集到的科学数据传输到地球上。

该探测器于2001年10月31日发回了第一张有关火星的图像，这是由该探测器上的红外相机拍下的。"火星奥德赛"的主要科学测绘任务是从 2002 年 2 月开始的，已经传回了大量数据，目前还在工作，是世界上在火星轨道工作时间最长的火星探测器。它也为多个火星着陆器和火星车中继数据。

"火星奥德赛"拍摄的火星表面

6 抛砖引玉

更好地了解水以何种形态存在于火星何处是非常重要的，这个课题不仅对人类未来在火星的实地探索有着重大的意义，而且对人类寻找火星上可能存在过的可居住环境与生命迹象有着重大的意义。

自从"火星奥德赛"发现火星上可能有大量的水冰后，此后人类发射的火星探测器也陆续找到火星上有水冰或有水的线索。

例如，2004 年在火星着陆的美国"勇气号""机遇号"火星车都有这方面的收获。这两辆火星车各自携带的微型热辐射光谱仪，探测来自远处的热辐射，寻找与水作用而形成的矿物，也观测火星大气层并收集温度、水蒸气等的数据。在美国《科学》杂志评选出的 2004 年度 10 项科学突破中，"勇气号"和"机遇号"火星车证实，火星表面曾经存在过水，这被评为 2004 年世界科技领域的重大突破。"勇气号"火星车在火星的哥伦比亚山地区发现了针铁矿，这种物质的发现可以证明火星上有水，"机遇号"火星车发现的黄钾铁矾是能够证明当时火星上有水的最有力证据。

欧洲空间局的"火星快车"使用所携带的次表层探测雷达 / 高度计查找火星的地下水。频率越低，穿透性越强。为了探测火星表面以下深至 5 千米范围内是否有水，该仪器工作频率很低，天线长达 40 米。该仪器最终发现了在火星南极高原的冰盖下 1.5 千米深处存在直径为 20 千米的湖泊，这项发现表明火星表层深处可能存在更多稳定的液态水，即火星拥有适合微生物等生命体生存的条件。

2021 年 12 月 15 日，欧洲空间局发布公告称，通过其"微量气体轨道器"发现，火星水手号峡谷中心区域的地下存在大量的水，这些水可能以冰或者含水矿物的形态存在。据称，这片含水地带的面积相当于整个荷兰。研究人员表示，此前大多是

欧洲空间局第一个火星探测器"火星快车"
在轨飞行示意图

在火星极地发现的水，以冰的形式存在，而这次能在赤道附近地表一米以下发现富含水的"绿洲"，要归功于"微量气体轨道器"上的"高分辨率超热中子探测器"。通过进行中子通量测绘，更多之前未被探测到的存在水的区域可能显现出来。

链接： 至今的探测表明，火星全球浅层土壤普遍存在 2% ~ 3% 的水分，火星表面在夏季甚至会出现液态卤水流动，南北两大极冠地区蕴藏着超过地球格陵兰岛的水冰含量，火星地下可能蕴藏着巨大的液态水湖。火星上存在地下卤水，存在具有一定含水量的冻土，只是因为温度低，所以火星表面看不到水流，多数以水冰的形式存在。

7 中继任务

进入 21 世纪以来，"火星奥德赛"一直是美国国家航空航天局用来与在火星表面着陆的探测器联络的主要中继站，并且将继续用来与"好奇号"和"毅力号"火星车、"洞察号"火星着陆器通信。此前，美国国家航空航天局的"勇气号"和"机遇号"火星车 85% 的影像和其他资讯就是通过"火星奥德赛"的中继传回地球的。

"火星奥德赛"还协助研究人员分析火星车可能登陆的地点，并为 2008 年 5 月登陆火星的"凤凰号"火星探测器执行相同的任务。2006 年 3 月，"火星勘测轨道器"抵达火星时，在进行气阻减速来建立理想轨道及运行姿势的几个月时间内，"火星奥德赛"也协助监测火星大气的状况。

在 2008 年 9 月 30 日，"火星奥德赛"改变了它的轨道，以让其红外线的热散发成像系统有更好的灵敏度来扫描火星的矿物，但是新的轨道也使得 γ 射线光谱仪可能因为过热而无法使用。

在 2012 年 8 月之前，美国国家航空航天局已经四度核准了为期两年的延伸计划，以观察火星极地的冰、云、尘暴年复一年的差异，以及更精确地描绘火星矿物的分布。第五次核准的延伸计划（至 2014 年 7 月），被认为是为了促成"好奇号"火星车在 2012 年 8 月的火星登陆。

在 2003 年 10 月 28 日，"火星奥德赛"被一个大型的太阳事件轰击了之后，它装载的火星辐射环境试验器停止了工作。工程师认为最有可能的原因是来自太阳的粒子猛烈地撞击了火星辐射环境试验器的主板，使其芯片失效。

在 2012 年 6 月，"火星奥德赛"的 3 个飞轮中有 1 个失效。然而，它配有 4 个飞轮，其中 1 个是备用的，可以应对这种可能情况的发生，备用的飞轮很快投入了使用。

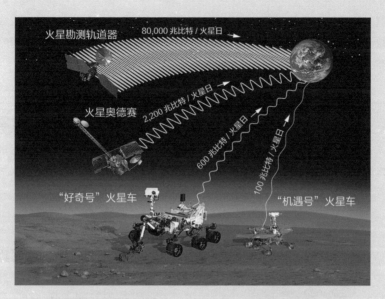

美国 2 个火星轨道器为火星车提供数据中继通信示意图

为什么欧洲空间局的"火星快车"探测器能探测到火星亚表面？为什么它只取得了部分成功？

2003 年的 6 月是一个令全球航天界、天文界乃至整个科技界及其爱好者兴奋不已的月份，因为在这个月里，欧洲空间局和美国国家航空航天局分别发射了各自的火星探测器。其实，这不是什么巧合，而是由于 2003 年 8 月 27 日火星与地球的相对距离最近（5000 多万千米，该距离每 5 万年才遇到一次），这意味着在 6 月份发射可使探测器的飞行路线最短，即探测器到达火星的时间最短，是火星探测器的最佳发射窗口，能节省非常可观的发射能量。所以，欧洲空间局和美国国家航空航天局纷纷在这个月里使出了各自的"看家本事"，其中欧洲空间局的"火星快车"探测器更是"敲锣打鼓头一回"。

1 有得有失

2003 年 6 月 2 日，欧洲空间局通过俄罗斯的联盟 -FG 运载火箭从拜科努尔发射场发射了它的第一个火星探测器——火星快车，率先拉开了新一轮火星探测的热潮。

欧洲空间局是继苏联、美国和日本之后世界第四个发射深空探测器的国家或组织。"火星快车"计划的最大特点是"节俭"、"合作"与"多能"。此次计划的成本在历次人类火星探测计划中是较少的，为 3.35 亿美元。

链接： "火星快车"探测器之所以没有搭乘欧洲空间局的"阿里安"系列火箭升空，主要就是因为使用"阿里安"系列火箭的费用要比使用"联盟"系列火箭高出许多。此外，探测器上安装的立体相机也是 1996 年俄德联合发射但是失败的"火星 -96"探测器上所用装置的改进型，因此联合发射的效费比较高。

完成试验的"火星快车"探测器

"火星快车"由 1 个方形轨道器和 1 个名叫"猎兔犬 2 号"的着陆器组成，其中轨道器设计寿命为 2 年，"猎兔犬 2 号"着陆器的设计寿命为 2 个月。它们在大约 6 个月后抵达火星轨道，主要任务是在火星上寻找生命的痕迹。飞行了 1 个多月时，"火星快车"曾为地球和月球拍了一张"全家福"，并完成了第一轮测试。然后，继续以大约 10 000 千米 / 时的速度向火星进军，并于 2003 年 12 月 25 日进入环火星轨道。

"火星快车"尺寸为 1.5 米 ×1.8 米 ×1.4 米，发射质量为 1223 千克，其中推进剂质量为 427 千克，有效载荷质量为 116 千克，"猎兔犬 2 号"着陆器的质量为 71 千克。探测器侧面安装有高增益天线及科学仪器。

"火星快车"于 2003 年 12 月 25 日进入环火星轨道，并于 2004 年 1 月 28 日成功进入测绘轨道。2003 年 12 月 19 日，"猎兔犬 2 号"脱离"火星快车"，进入火星大气开始登陆之旅，但最终失联。除此之外，"火星快车"的轨道器上装载的所有科学仪器均工作正常，并在美国"火星科学实验室"、"洞察号"火星着陆器、"火星 -2020"探测器等着陆火星期间提供信息中继服务，目前仍在超期服役。

"火星快车"的推进分系统采用双组元推进剂，2 个推进剂贮箱，每个容积为 270 升。它有 1 个 400 牛推力主发动机和 8 个 10 牛推进器。其电源分系统采用对称分布的双太阳能电池翼，翼展为 12 米，总面积为 11.42 平方米。太阳能电池翼在火星轨道上的总功率为 650 瓦，在日食期间采用 3 个 22.5 安时的锂离子电池组供电。

"火星快车"的主要科学目标是获得火星表面分辨率为10米的图像、以2米的分辨率对选定区域进行拍照、绘制分辨率为100米的矿物成分图；测绘大气成分，并确定火星全球大气环流情况；确定火星表面几千米深度内的表层构造；确定火星大气对火星表面的影响；探测火星大气与太阳风的相互作用。

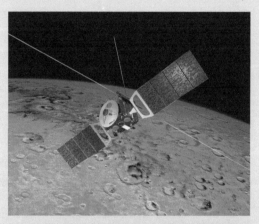

"火星快车"的轨道器上装有很长的低频天线

2 神眼多多

比家用冰箱稍大的"火星快车"轨道器，环绕火星运行1圈需要6.7小时，其任务是勘测火星地形、研究火星表面大气及矿物成分，并用雷达探测火星的水资源存量。

它携带了7种仪器，其中高能中子分析仪用来检测太阳风对火星大气的侵蚀与擦损；高分辨率彩色立体相机用来提供比以往更详细、准确、色彩完整的火星表面图像和大气图像；次表层探测雷达/高度计用来查找火星的地下水；行星傅立叶光谱仪用来研究火星大气结构；可见光与红外矿物探测光谱仪用来探测火星表面的结构；紫外与红外大气光谱仪用来测定火星大气的臭氧和水蒸气，研究其电离层；火星无线电科学实验件用来研究火星大气的电离层和重力变化。

高能中子分析仪总重约8.9千克，由4台遥感器组成，其中1台是中性粒子成像仪，它用于探测与太阳风相互作用的高层大气中的高能中性原子及其运动，并形成图像。1台是中性粒子探测仪，可以提供单个原子的信息，能够探测具有0.1电子伏特～10电子伏特的氢原子和氧原子。另外2台遥感器分别是1台离子质量分析仪和1台电子光谱仪，前者用于测量来自任何方向离子的通量和质量，后者用来测量能量范围在1电

子伏特 ~ 20 000 电子伏特的电子通量，记录低于"火星快车"轨道高度空间内发生电离情况的有关信息，还可以提供在火星大气中特殊位置和特殊时间上的"快照"。

重 21.2 千克的高分辨率彩色立体相机用于获取整个火星表面的高分辨率、彩色和三维的图像。因环火星轨道高度不同，它有高分辨和超分辨两种成像分辨率，前者分辨率为 10 ~ 30 米，用于对火星表面和大气现象，如云覆盖和尘暴的测绘；后者分辨率为 2 米，用于对火星表面特别地区的成像。两种分辨率的成像可以同时进行，且是严格配准的，同时高分辨率彩色立体相机具有非常高的指向精度，使图像的定位精度可达千米级。在任务期间，高分辨率彩色立体相机用于完成对整个火星表面的高分辨率全彩色立体成像，以及对 1% 火星表面的超分辨率成像。它提供的遥感图像数据不但可以制成火星表面地形图，用于寻找可能曾经存在的"河流"和"海洋"遗迹，以

"火星快车"也发现火星上有水的遗迹

及为火星着陆器选择着陆地点，还可以结合其他观测手段用于对火星内部构造、气候及地质演变的研究。

次表层探测雷达 / 高度计总重约 12 千克，由天线和数据处理单元组成，是一部可以穿透火星地表的雷达。由于电磁波频率越低，穿透性越强，为了探测火星表面以下深至 5 千米范围内是否有水，该仪器的工作频率很低（1.3 兆赫兹 ~ 5.5 兆赫兹），天线长达 40 米。其工作原理与高度计相同，同时发射 2 个不同频率的无线电波，能通过对回波的分析得到反射界面的电特性，进而得到关于物质成分的信息（地下水和周围岩石的电特性有很大不同）。因为无线电波可在任何界面上反射，而不仅仅可以在水和岩石分界面上反射，所以它还可以揭示火星表面以下物质成分的更多信息，如可能探测到散布着冰的岩层、沙层等。

链接： 次表层探测雷达对地表以下的探测选在火星夜间进行，此时火星的电离层活动最弱。在火星白天，电离层活动很强，低频无线电波会被反射，次表层探测雷达 / 高度计可以通过对反射电磁波的测量获取电离层中电子密度的信息，从而定量得到由太阳风产生的带电粒子对高层大气的影响。

重约 31.4 千克的行星傅立叶光谱仪由干涉仪、控制单元、电源、指向装置 4 部分组成，用于探测火星大气的成分及其随时间和空间的变化、温度与压力廓线、全球环流图、尘埃在大气中的含量和运动规律及对火星天气的影响等。它通过在 1 个很宽的

波长范围（1.2～45微米）内，测量分子吸收太阳光的波长和分子辐射红外的波长，从而对分子进行识别，以获取所需信息。为了探明极低含量的分子，必须大大提高信噪比，从而提高测量精度，这需要对尽量多的测量数据进行平均，每条轨道记录约500～600次测量的数据。这样产生的数据量是相当大的，必须先在轨道器上进行快速傅立叶转换处理，以大大减小向地球传送信息的数据量。它还能制成火星大气环流图，记录大气中尘埃的光谱，从而揭示尘埃的成分。

可见光与红外矿物探测光谱仪重29千克，有2个通道，1个是可见光和近红外通道（0.5～1.0微米），另一个是短波红外通道（1.0～5.2微米）。其仪器均由光学镜头、探测器和光谱分析装置组成，主要是应用不同物质在不同波长上产生吸收和辐射现象的原理，通过测量和分析火星表面对太阳光的吸收和再辐射来测定火星表面的成分分布。

链接： 可见光与红外矿物探测光谱仪还通过表面冷状态下热红外辐射波长的测量获取物质成分的信息。由于从火星表面到该光谱仪的辐射必须通过火星大气，所以该光谱仪也能探测到某些大气成分，特别是尘埃和气溶胶的吸收波长，从而获取这些大气成分的信息。

紫外与红外大气光谱仪由2个遥感器组成，1个工作在紫外谱段（118～320纳米），另1个工作在红外谱段（1.0～1.7微米），它也是通过测量火星大气对太阳光的吸收波长来探测大气成分的。其中紫外遥感器可能通过星下点指向模式、恒星或太阳掩星模式、临边指向模式3种不同模式进行测量。

"火星快车"上的紫外与红外大气光谱仪

火星无线电科学实验件充分利用了"火星快车"与地球地面站之间传送数据和指令的无线电信号，对火星电离层、大气、地表、甚至内部进行了探测。由于该项科学试验不需要另外的专门仪器，被称为是"免费的"。

总而言之，这些仪器对火星全球进行了10米分辨率的摄影地质学测绘；对所选择的特别地区进行了2米分辨率的摄影测绘；以数百米至千米级的分辨率对火星全球表面进行了矿物学测绘；探测了火星大气环流特性和大气成分；探测了火星地表下数千米至永久冻土层的结构特性；对火星大气与地表及行星际介质间的相互作用进行研究；通过无线电科学试验对火星内部、大气和环境进行研究；开展火星表面"地球化学"

和外空生物学的研究。

链接： 科学家希望这些探测能够确定火星地下水的存在。通过收集火星过去和今天的环境信息，也将提高人类对那些影响地球环境因素的了解。例如，如果能够了解为什么火星上的水会消失，就可以更好地知道地球上的海洋是否也正面临着同样的命运。

3 为何失联

英国设计的"猎兔犬2号"着陆器原计划降落在火星赤道附近1个叫伊希迪斯的平坦的大型沉积盆地，这里有可能保存着生命的痕迹。其任务是确定着陆区域的地质、矿物含量和化学成分数据，研究天气和气候等。根据达尔文酝酿进化论时进行全球考察所乘帆船的名称命名的"猎兔犬2号"，是在"火星快车"的轨道器进入火星轨道的前5天与之分离，然后自由滑行进入火星大气层的。按照设计，与火星大气层摩擦产生的阻力可使它的速度降低，进而安全释放降落伞，最终像美国"火星探路者"那样借助气囊以弹跳方式着陆。

到达火星地面后，"猎兔犬2号"应该像花瓣一样打开，伸出4个类似唱片的太阳能电池板，为它提供180天工作所需的电能。英国布勒乐队的歌曲将作为成功降落的信号发回地球。它的约9米长的机械臂将负责探测周围的大气状况，"猎兔犬2号"上安装的大部分仪器设备集中在这个机械臂的末端并呈扇状展开。它可以轻轻地以1厘米/6秒的速度在火星表面爬行，利用大石块的轮廓来改变方向，挖掘地洞采集样品。"猎兔犬2号"与以往其他火星车和着陆器的不同之处在于，它能够直接检测出环境中是否有有机碳，从而验证生命物质的核心是否存在。

"猎兔犬2号"着陆器与"火星快车"的轨道器分离示意图

"猎兔犬2号"携带的科学仪器有气体分析包、环境传感器、立体相机、显微镜、X射线光谱仪、γ射线光谱仪、掘地器和岩芯取样器/研磨器等。其中的立体相机会用全景镜头和宽视场镜头来拍摄登陆地点的图像，从而为进一步的探测做出指引，负责寻找特色岩石；显微镜将会以很高的放大倍数，近距离地观测岩石和土壤，揭示岩石的纹理；X射线光谱仪和γ射线光谱仪负责确定岩石的成分……

🔗 _____

链接： 其中的岩芯取样器的设计理论来源于中国香港发明家兼牙医伍士铨的牙医抓钳工具，这是中国人参与设计的仪器首次接触地外行星土壤。它是一个多功能的太空轻巧用具，重370克，功耗只有2瓦，可用于磨、钻、挖和抓取土质样品。其设计融合了中国筷子的特性，使仪器可以更灵活地探取经钻磨的石块样品，因此获得了欧洲空间局的认可。

_____

"猎兔犬2号"着陆火星示意图

外形像一个蛤蜊，功能如一只小鼹鼠的"猎兔犬2号"，从设计方面讲，不仅能探测地表，甚至还可以钻探到火星地表1米深处，分析土壤的年龄、水分及矿物含量，分辨出180种盐分、矿物质、水和有机物质。此外，着陆器还可以记录火星大气温度、气压和风速等有关数据，探测其中是否含有甲烷这一生命新陈代谢必然产生的排泄物，并将收集到的信息送回地球。研究人员希望，这次火星探索能找到火星上存在水的确凿证据。

除了收集火星土壤，"猎兔犬2号"还计划搜索碳同位素和水分子，甚至尝试测算火星岩石的年龄。最吸引人的是，其上的气体分析包能闻嗅火星上的大气，探测火星生命的"呼吸"。研制"猎兔犬2号"的皮林格教授称："只要有生命在火星上吸收能量，它们就一定会排放出废气，事实上，'猎兔犬2号'连火星生命放的屁都能侦测到……只要它们释放出甲烷或其他气体到大气层，我们就会知道得一清二楚。"

"猎兔犬2号"收集到的信息计划通过在火星轨道上运行的卫星发送回地球。

但是，"猎兔犬2号"的所有美好设想都因为故障化为乌有。2003年12月，"猎兔犬 2 号"着陆器与"火星快车"的轨道器分离，进入火星大气层不久后失踪了。原本认为，最可能出现问题的是保护"猎兔犬 2 号"登陆的气囊、降落伞和着陆器自身的计算机系统。后来，美国使用"火星勘测轨道器"拍摄到"猎兔犬 2 号"，发现它成功着陆在火星表面，但是由于"猎兔犬 2 号"着陆后太阳能电池板没有完全展开，最终因没有电而与外界失联，可谓功亏一篑。

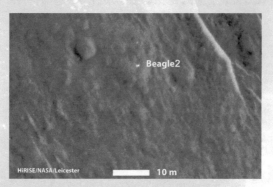

美国"火星勘测轨道器"拍摄到"猎兔犬 2 号"

世界最先进的火星轨道器到底有多牛？它的空间分辨率是多少？

经过近 7 个月的飞行，世界最先进、最大的人造火星卫星——"火星勘测轨道器"于 2006 年 3 月 10 日进入火星轨道。这个项目的总造价为 7.2 亿美元，是美国国家航空航天局在 21 世纪第一个 10 年内发射的最后一个火星轨道器。其任务目标为：探测火星气候状况，研究火星气候和季节变化的物理机制；确定火星地形分层特性，观测火星表面热流活动，搜寻水的证据；为以后的火星着陆任务寻找适合的着陆地点，同时为这些任务提供通信中继支持。

1 能文能武

"火星勘测轨道器"有一双名副其实的千里眼，其分辨率是此前火星轨道器的 6 倍，用于进一步研究已发现的可能有水的区域，并从火星荒芜的表面为此后发射的火星着陆器选择安全且有科学价值的着陆地点。例如，通过它测绘出的详细的火星地图，确定了分别于 2007 年和 2011 年发射的"凤凰号"火星探测器和"火星科学实验室"着陆器确定了安全的着陆地点。"火星勘测轨道器"收集的信息也可以帮助科学家们决定今后在哪里发射取样器，以将火星岩石和土壤的首批样品带回地球。

"火星勘测轨道器"的任务原计划分两个阶段完成：2006 年 11 月—2008 年 11 月，获取火星的科学信息，即主要勘测火星表面和地下的水资源，寻找存在生命的证据，并为未来的载人火星探测使命寻找合适的登陆点；2008 年 11 月—2010 年 12 月，为火星着陆器中继数据，将在火星表面工作的火星着陆器所获信息传回地球，因为为了减轻质量和节省能源，大多数火星着陆器并不配备大功率通信设备，所以难以向地球直接发送大量数据，而"火星勘测轨道器"可以为火星着陆器与地球之间提供每天 2 次、每次 5 分钟的宽带互联，并为这些火星着陆器提供导航定位和时间信号等支持。

不过，与美国"机遇号"等火星探测器一样，"火星勘测轨道器"也大大超过了自身的设计寿命，到 2022 年还在火星轨道上工作。

链接： 美国还用"火星勘测轨道器"寻找两个因故障失踪的火星探测器，即 1999 年 11 月在火星坠毁的"火星极地着陆器"（美国）和"猎兔犬 2 号"着陆器（英国）。此前，美国曾多次搜索"火星极地着陆器"，也发现了一些可能的目标，但都没有得到最终确认。使用"火星勘测轨道器"上的高分辨率成像科学实验仪也许能够寻找到坠毁的"火星极地着陆器"。它还拍到了包括中国"祝融号"火星车在内的其他几个成功着陆火星的探测器。

2006 年 3 月 23 日，"火星勘测轨道器"向地球发回从 2490 千米高空拍摄的第一批图像，分辨率为 2.5 米，它显示出火星表面的小坑洼和凹槽，这些地貌有可能是水的运动造成的

技高一筹

"火星勘测轨道器"是采用空气制动减速原理来缓慢进入火星工作轨道而设计的探测器。2005年8月12日，美国宇宙神5号火箭成功发射了"火星勘测轨道器"，将它加速到11千米/秒，从而提供给轨道器从地球到火星所需的所有能量。2006年3月10日，探测器进入大椭圆火星极轨道；2006年9月，探测器进入250千米/316千米的火星近圆轨道；2006年11月17日，探测器与当时在火星表面工作的"勇气号"火星车合作完成了轨道中继通信测试。

链接： 该探测器的结构采用钛、蜂窝铝等强度很高但质量很轻的材料，能承受发射时的5g加速度；它的所有系统都有备份，在设计上还采用了"单独容错"的方式，即当某个部件发生故障时系统仍能完成任务，所以可靠性非常高。

其发射质量为2180千克，其中轨道器干质量为1031千克。为了使"火星勘测轨道器"能够飞向火星，并执行一系列进入火星轨道的机动，它携带了1149千克的推进剂。

它采用三轴稳定模式，姿态信息由8个太阳敏感器（另有8个备份）、2个星跟踪器和2个惯性测量单元提供。其推进分系统共有20个推进器，其中6个170牛的单元肼发动机用于火星轨道进入，6个22牛的推进器用于航向修正机动，8个0.9牛的微推进器用于姿态控制。

通信分系统采用X频段和Ka频段，其中主通信采用直径3米的X频段高增益抛物面天线，最大传输速率为6兆比特/秒；另一个是Ka频段通信试验包，用于验证深空Ka频段的通信性能，采用2个低增益天线进行。此外，探测器还携带着UHF频段通信包，可为着陆器和火星车提供通信中继支持。

电源分系统采用功率1000瓦的太阳能电池翼（面积约19平方米）和2个50安时/32伏的镍氢蓄电池组。

热控制分系统采用表面涂层、多层隔热材料、辐射器、百叶窗和加热器等。

从"火星勘测轨道器"的平台到所搭载的有效载荷都是前所未有的顶级产品。例如，它的星载计算机采用了133兆赫兹的新一代PowerPC处理器，即主计算机是133兆赫兹、32比特的RAD750抗辐射计算机；固态存储器的容量达160吉比特；由4个转速为6000转/分钟的反作用飞轮控制姿态；探测器通过散热器、加热器、隔热毡和特殊涂料进行温控，并能防御微小流星的撞击；通信分系统由1个高增益天线、2个低增益天线、3台放大器和2台应答器等组成，大部分数据通过直径3米的高增益天线用 X 频段传回地球，波束较宽的低增益天线用于紧急情况时的通信。

"火星勘测轨道器"探测火星表面示意图

进入火星工作轨道后，"火星勘测轨道器"每天绕火星飞行 12 圈。其上的科学仪器的视角为 30°，幅宽为 5 千米，每 359 天勘测火星表面 1 遍。它的基本任务是进行火星全球性绘图、区域性测量和特殊点详查。美国每天都会用 2 个直径 34 米的深空网天线接收它所传回的大约 34 吉比特数据（相当于 6500 张光盘的容量）。

"火星勘测轨道器"有三大功能：一是它装备的相机可"看"清火星表面一张凳子大小的物体，精确探测火星的地形地貌，为人类未来登陆火星选择风险最小的地点；二是它装备的光谱仪、气候探测仪等设备能用来探测火星大气中沙尘和水的循环，同时进一步分析火星地表的矿物；三是它装备的数据通信设备是各种火星着陆器与地球通信联系的中继站，有助于构建"太空互联网"。

3 眼观六路

功能强大的"火星勘测轨道器"能眼观六路，是因为它搭载有 6 台十分先进的科学仪器，其中 4 种是新型科学仪器，2 台是从任务失败的"火星观察者"和"火星气候轨道器"所带的同类仪器改进而来的。

高分辨率成像科学实验仪的分辨率超过了以往任何火星探测器，用于辨别与水有关的地貌，辨别或表征最适合未来载人着陆和取样返回的地点。其分辨率随轨道器的轨道高度不同而不同。当"火星勘测轨道器"运行在 200 千米的轨道高度时分辨率可达到 0.3 米，轨道高度为 400 千米时分辨率为 0.6 米。高分辨率观测对研究分层物质、冲积沟、河道等很有利，对确定着陆场而言也非常重要。

研制中的高分辨率成像科学实验仪

背景成像仪的任务是为高分辨率成像科学实验仪、小型火星勘测成像光谱仪所得到的数据提供更宽范围背景图像。其分辨率虽然不高，在 400 千米的轨道高度时为 8 米，但是它的成像幅宽可达 40 千米，可在研究具体岩石或者小范围地区的高分辨率图像时，更好地显示出它们所处的环境背景。

火星颜色成像仪用于对火星进行全球成像，区分火星表面每天、每季节和每年之间的气候变化，详细研究火星大气层与表面在各种空间尺度和时间尺度方面的相互作用，检验表面特征和表面成分及火星气候演变的矿物学原理。

链接： 火星颜色成像仪曾装配在"火星气候轨道器"、"火星极地着陆器"和"火星观测者 –98"轨道器等其他火星探测器上，可惜这些探测器都因故障失落在太空。

小型火星勘测成像光谱仪是美国在火星探测任务中采用的第一个可见光红外光谱仪。它的任务是寻找含有水的矿物残余物和矿石，以及有可能残留着水的远古温泉、火山口、湖泊、池塘。该仪器能通过从火星表面反射的 560 种颜色来确定地表的矿物特征，揭示房子般大小的露出地面的岩层等沉积物的特征。

火星气候探测器用于探测火星大气的温度、大气中的水蒸气和尘埃，了解目前的天气和气候及将发生的潜在变化。

"火星勘测轨道器"上的浅地表雷达由意大利航天局研制，任务是在火星的浅地表下查找水的存在，确定岩石、土壤、水和冰的分布，最大探测深度可以达到 1 千米。与欧洲空间局"火星快车"上的雷达相比，该浅地表雷达有更高的空间分辨率。

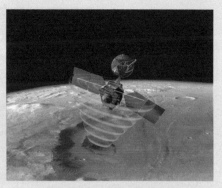

"火星勘测轨道器"浅地表雷达寻找火星
地下水示意图

除了装有以上 6 台科学仪器，"火星勘测轨道器"还装有为其他火星探测器提供通信中继和导航服务的电子通信导航组件、试验未来火星任务增强导航能力的光学导航相机、验证探测器能否使用更小的功耗实现更高性能的 Ka 频段通信试验组件共 3 套工程设备，以及利用无线电通信信号多普勒效应确定重力场的重力场研究组件、显示火星大气密度的大气结构研究加速度组件共计 2 套科学实验设备。

链接： 目前标准的深空通信采用 X 频段，其频率为 8 吉赫兹～12 吉赫兹，而载人航天多采用频率为 2 吉赫兹～4 吉赫兹的 S 频段。X 频段具有传输速率高、信号衰减小和负载数据多等优点，远距离测控通信效果更好，并可用更小的设备、更低的功率传输更多的数据，比日益变得拥挤的 S 频段测控资源更为丰富。未来深空探测将增加 Ka 频段。Ka 频段的频率比 X 频段高 4 倍，能够实现更高的传输速率。

这次火星探测任务中应用了一些最新技术，如火星气候探测器、光学导航相机和 Ka 频段通信试验组件等。"火星勘测轨道器"的首要使命是探索火星上水源的历史和分布情况，解答火星上是否诞生过生命、现在是否还存在生命、生命诞生或消失的原因等问题。此外，它探测到的火星水资源分布信息将为未来登陆火星的航天员提供帮助。

4 收获满满

根据"火星勘测轨道器"获得的数据，美国科学家绘制了火星北半球低纬度区域的尼利槽沟平原成分图，这是火星目前暴露出地表的最大的一片富含碳酸盐矿物的区域。

2006 年以来，该火星探测器对火星的表面和大气进行了详细的勘测，为火星不同时期地形的变化提供了三维立体的影像，颠覆了人们对火星的认知。

"火星勘测轨道器"为火星着陆器勘察可能的着陆地点

2018 年年初，"火星勘测轨道器"在火星中纬度地区发现了大量纯净的地下水冰。根据探测的数据，美国研究人员确认火星表面曾经飘起过"雪花"。与地球上的雪花不同的是，火星上的"雪花"是由二氧化碳形成的"干冰雪花"，这是太阳系内独一无二的天气现象。能使二氧化碳形成"雪花"，也意味着火星的局部温度低至 -125℃。但是这些"雪花"没有机会落到火星表面，还在空中时就蒸发到薄薄的火星大气层中了。

链接："火星勘测轨道器"曾拍摄了"好奇号"火星车、"洞察号"火星着陆器等一些在火星表面着陆的探测器，从而对这些着陆器、火星车的着陆情况进行了进一步确认。尤其是它拍摄到了着陆失败的"猎兔犬 2 号"着陆器，揭开了该着陆器失联之谜。"猎兔犬 2 号"着陆器失联的原因是着陆后太阳能电池板没有完全展开，最终因没有电而与地球失联。它也拍摄到了 2021 年在火星着陆的中国"祝融号"火星车，甚至捕捉到了正处于降落伞减速阶段的美国"毅力号"火星车。

"火星勘测轨道器"探测火星大气层示意图

"凤凰号"火星探测器为什么要在火星极地着陆？它在火星极地工作了多长时间？

在经历了 $6.8×10^8$ 千米航行之后，2008 年 5 月 25 日，美国"凤凰号"火星探测器终于在火星北极成功着陆。2007 年 8 月 4 日升空的"凤凰号"是世界上第一个在火星北极地区着陆的探测器。这次火星探测任务持续了约 3 个月，"凤凰号"通过伸展机械手在火星挖掘土壤，了解了当地环境是否适合生物生存。

1 成本较低

凤凰的本意是经过涅槃重生的"不死鸟"，"凤凰号"的命名寓意它是失败的"火星极地着陆器"和取消发射的"火星勘测着陆器"的复活，也就是说它要完成这 2 个空间探测器的未尽使命。事实上，"凤凰号"本身就是用这 2 个空间探测器的备用零件和设备打造的一个"混血儿"。

"凤凰号"是美国国家航空航天局"侦察类计划"的首个探测器，任务目标是在火星表面进行为期 90 天的探测任务，并利用机械臂挖掘着陆地点周围土壤、岩石和水冰等样品进行现场分析，判断样品是否含有机物或其他生物痕迹。

链接："侦察类计划"是低成本、小规模的火星探测项目。这类项目采取任务承包模式，即首席专家负责制，由首席专家提出项目方案并通过竞标方式获得美国国家航空航天局经费支持。2003 年 8 月，美国国家航空航天局选定了由美国国立亚利桑那大学提出的"凤凰"方案执行美国国家航空航天局"侦察类计划"的第一项任务，任务成本为 4.2 亿美元。

"凤凰号"是一个低成本、固定价格项目，它允许利用一些有风险的或者不太成熟的技术，以较低的成本在较短的时间内完成研制与发射，从而对以往的探测结果进行进一步的探测和验证。"凤凰号"上的雷达测高计就是基于 F-16 战斗机上的测高计设计的。

"凤凰号"是美国国家航空航天局寻找火星生命的又一次强力试验，也是对太阳系行星地下结构研究的一

太阳照在"凤凰号"火星着陆器上示意图

次大胆的尝试。

　　"凤凰号"是一个由 3 条"腿"支持的着陆器平台，没有搭载可以巡视探测的火星车。其中心为一个多面体仪器舱，舱的左右两侧各展开一面正八边形的太阳能电池翼。舱顶是一块仪器板，装有各种科学仪器的探头、通信天线及机械手。

"凤凰号"在火星北极着陆后自拍
的一条支撑腿

2 着陆地点

　　"凤凰号"是美国第六个在火星着陆的探测器。其登陆位置在火星的冰冻北极地区。之所以在火星北半球高纬度地区登陆，是因为那里可能有一部分水冰。着陆地点位于没有大石块的平坦谷地，以避免"凤凰号"着陆时撞到石块上影响其安全或太阳能电池翼的工作。太阳能电池翼对于着陆器的电能供给是至关重要的。由于无线电信号从地球到火星单程需要大约 15 分钟，因此地面控制中心是无法在"凤凰号"下降过程中指令其躲避障碍物的。

　　"凤凰号"之所以于 5 月份着陆火星北极地区，是因为那里的土壤在冬季过后刚刚暴露在太阳光之下，且地表和大气之间开始相互作用，这对了解火星气候的历史是非常重要的。另外，在夏季，这里没有日落，所以凤凰号能有最长的日照时间，这有利于太阳能电池翼供电，太阳光可以使蓄电池保持在温暖的状态，这对探测器而言也是重要的。火星极区富含冰的土壤可能是保存微生物生命的唯一地方，在这个区域取样可以深入了解火星的可居住性。

　　链接：选择着陆地点的要素是既可以安全着陆，又具有科学探测价值，其中安全是第一位的，如果不安全，其他方面将不予考虑。"凤凰号"原计划的着陆地点因被"火星勘测轨道器"发现布满巨石而被取消，着陆地点最终选定在火星极区（北极）的伯里利斯平原（从地球纬度来说，相当于加拿大北部）。

　　2008 年 5 月 25 日，"凤凰号"到达火星附近，以 21 000 千米 / 时的速度从距离火星表面 125 千米处进入火星大气层，随后在火星北半球高纬度的"绿谷"区域着陆。

　　"凤凰号"在火星表面工作到 2008 年 10 月，超出设计寿命 68 天，向地球发回25 000 多张图像，这些图像是人类首次利用原子显微镜拍摄的原子级图像。探测器通过挖掘、烘烤和分析火星表面样品，证实了火星表面之下有水冰存在。2008 年 11 月 10

日，美国国家航空航天局宣布"凤凰号"探测器任务结束。

3 不用气囊

"凤凰号"向火星表面降落过程示
意图，在快到火星表面时要抛掉大
底，以便露出减速推进器

自美国在 20 世纪 70 年代发射的"海盗"系列探
测器采用减速推进器（即缓冲发动机）在火星着陆以
来，"火星探路者"、"勇气号"和"机遇号"火星
车都使用了气囊弹跳方式着陆火星，"凤凰号"则再
次采用减速推进器的制动方式在火星北极地区着陆，
这是为什么呢？这是因为"凤凰号"质量太大了，达
到了 350 千克（"勇气号"约为 180 千克），使用小
气囊难以保证软着陆的安全，使用大气囊则会减少用
于探测的有效载荷的质量。

链接： 1999 年 12 月初发射的"火星极地着陆器"采用减速推进器着陆火星，但在着
陆时失败了，其主要原因是当时获得的火星地形信息有误，导致"火星极地着陆器"
的减速推进器提前关闭，最后直接撞上了火星而四分五裂。

"凤凰号"装有 12 台发动机，它们能以不同长度的脉冲快速点火工作 40 秒，使"凤
凰号"在火星表面软着陆。"凤凰号"底部的传感器探测到着陆器触地后，减速推进器马
上关闭。着陆后，"凤凰号"在原地等候了 15 分钟，等待掀起的尘埃落定后用几分钟
时间展开太阳能电池翼（如果未展开，缺少电力支持的"凤凰号"最多只能存活 31 个
小时），然后把其健康状况发送给在此区域上空飞过的"火星勘测轨道器"或"火星奥德
赛"。2 小时后它传回第一批图像。2008 年 5 月 27 日，地球收到了"凤凰号"记录的
第一份火星天气报告。

在距离火星表面 125 千米时，"凤凰号"进入稀薄的火星大气层，大气的摩擦力
使其减速。在距离火星表面 13 千米时，降落伞展开，该伞能在 175 秒内使"凤凰号"
的速度从 1609 千米 / 时减至 201 千米 / 时。在距离火星表面 965 米时与降落伞分离。在
距离火星表面 570 米时减速推进器点火 40 秒，使着陆器减速。在距离火星表面 12 米
（速度为 2.44 米 / 秒时），着陆器以恒定速度下落。当传感器探测到着陆器接触火星
表面时减速推进器关闭。

"凤凰号"利用减速推进器减速并伸开它的3条腿，以便软着陆

4 全副武装

"凤凰号"探测器发射质量约为664千克，由巡航级、进入下降着陆系统、着陆器三个部分组成。巡航级质量为82千克，其推进系统包括1个22牛单元肼推进器和8个4.4牛单元肼推进器。巡航期间通过中增益X频段天线与地球直接通信。进入下降着陆系统总质量为172千克，由气动外壳热防护罩、后盖、降落伞及其他设备组成。

着陆器质量约350千克，是一个由3条腿支持的着陆平台，两侧各展开一个八边形太阳能电池阵，总面积为2.9平方米，展开后跨度约5.5米。在巡航飞行阶段，着陆器"收拢"在钝锥状的气动外壳内。着陆器的下降制动采用9个脉冲发动机和3个非脉冲微调发动机。着陆器电源系统包括太阳能电池阵和16安时的镍氢蓄电池组。在火星表面，着陆器通过UHF通信系统与"火星奥德赛"通信。该UHF通信系统与美国的"火星奥德赛"、"火星勘测轨道器"及欧洲空间局的"火星快车"的相应系统兼容。

5 主要使命

"凤凰号"主要执行三大任务：采集土壤样品进行分析，寻找水从而探索火星生命，监控火星天气状况。

"凤凰号"探测器是1个固定式着陆器，主要包括：2个圆形太阳能电池阵、7台科学探测仪器、3个支撑脚和降落伞、着陆雷达、减速推进器等。大部分仪器设备是从以前的美国"火星极地着陆器"上的同型设备和"火星勘测着陆器"上的老仪器改进而来的，只有一个叫气象仪的仪器是由加拿大新研制的，以研究火星气象，这是加拿大首次对火星探测计划做出的重要贡献。

"凤凰号"在火星北极地区着陆后利用机械手深挖火星冰层，取出土壤样品用于进一步的分析，以确定火星表面之下的土壤环境是否能够成为微生物生命的良好栖息地。

"凤凰号"拍摄的自身太阳能电池阵和机械手挖掘火星土壤的情景

该机械手可伸长 2.35 米，有上下、左右、前后、旋转 4 个自由度，末端装有锯齿形刀片和波纹状尖锥，能在坚硬的极区冻土表面挖掘 0.5 ～ 1 米的深坑，还能为装在机械臂上的相机调整指向，并引导测量热与电传导性的探测器插入土中。

其上的光学显微镜可以拍摄 40 微米 ×40 微米的极微小面积，分辨率达到亚微米级，用来检验火星土壤颗粒，以确定它们的起源和矿物学性质。

机械臂相机装在机械手腕关节处，用于拍摄机械手采集的土壤样品的高分辨率图像，包括铲勺中的土壤样品、火星表面挖出的坑槽中的土壤堆积物及坑槽壁上的土壤。这些图像将用来分析土壤颗粒的类型和大小。

表面立体成像仪是"凤凰号"的眼睛，这种双镜头全景相机能拍摄着陆地点附近的高清晰度地质图像，还可观测和分析距离火星地面高度为 20 千米的大气层情况，获得火星云层的形成和移动的数据。

"凤凰号"上的热及析出气体分析仪用于分析火星冰和土壤样品。

火星下降成像仪在"凤凰号"下落到火星北极的过程中起关键作用，用于在"凤凰号"下降过程中拍摄火星表面，勘查着陆地点附近的地质情况。

火星下降成像仪

链接： 科学家一般认为，融化的冰水、有机物质和稳定热源是生命存在的三要素，但是寻找生命存在的证据并不是一件轻松的事情。为了避免"凤凰号"无意之中将地球上的有机物带到火星，专家对"凤凰号"进行了无菌条件下的干热处理和精确清洗，使其表面微生物数量降至最低。另外，为了防污染，它的机械手还被封存于特殊材料之中。

称作气象站的探测设备是用激光器对大气中的水和尘埃进行评定，监测火星春、夏两季的天气，记录火星北极每天的天气状况。

6 火星图书

"凤凰号"还在火星上建立了一个"图书馆"——一张直径仅为 7.5 厘米的袖珍DVD 光盘，名为"火星幻想"。它由美国行星协会制作，其中以音频和文字信息的形式摘选了最具代表性的名人语录或作品，包括著名科学家、哲学家、科幻小说家等对

"凤凰号"表面立体成像仪拍摄的彩色图像。这张图像是由表面立体成像仪面向西北拍摄的，它上面显示出着陆器附近的多边形地形一直延伸到地平线

火星的"梦想"，人类对火星探测的远景规划，几百年来人类关于火星的文学艺术作品等，共收录 84 份文字作品、63 个其他有关火星的艺术品、3 份广播录音和 25 万多个人名。

著名科学家卡尔·萨根在 1996 年去世前，专门为"凤凰号"录制了自己的一段话，说给未来的火星"居民"听："我很高兴你在那儿，我希望我能和你在一起。"萨根名著《宇宙》中的一段摘录也被刻入了光盘中。科幻小说家雷·布雷德伯里的《火星纪事》、科幻大师艾萨克·阿西莫夫的《在火星宇宙站》和《火星方式》等书也都有经典内容被录入光盘。

据悉，这张光盘由二氧化硅玻璃材质制成，被固定在着陆器顶部平台上，可使它至少能在火星上存在 500 年，它的标签上写着："航天员注意：请把我带走"。美联社曾经报道说，如果"凤凰号"能够成功登陆，"火星幻想"将成为火星上的第一个"书库"。

火星无人直升机与普通无人直升机有何不同？美国最新的火星车采用了什么先进技术？

2020 年 7 月 30 日，美国发射了"火星-2020"探测器。它由巡航级、下降级、减速器和"毅力号"火星车等共同组成，最后只有"毅力号"火星车降落在火星表面。

1 四大任务

"毅力号"火星车于 2021 年 2 月 18 日在火星杰泽罗陨石坑口着陆，据悉那里在 35 亿年前存在湖泊，可能是一个寻找生命迹象的好地方。"毅力号"至少要在那里工作 1 个火星年，收集火星的第一批样品并保存起来，并且支持未来的任务将这些样品送回地球，为载人登陆火星铺平道路。该项目耗资24亿美元。

"毅力号"有四大任务：一是研究火星的地质特征，收集岩心和"土壤"样品并将其存储起来；二是确定火星上是否曾经存在生命，在那些曾经宜居的环境中寻找过去可能存在的微生物生命迹象；三是研究火星气候状况，寻找过去可能存在微生物生命的古代宜居环境的证据；四是测试火星大气中的氧气产生机制及各种大气参数数据，为此后的火星载人登陆做准备。

测试"毅力号"火星车

"毅力号"火星车是在"好奇号"火星车的基础上改进而成的。底盘大体不变，与1辆普通汽车大小相近，长3米，宽2.7米，高2.2米，质量为1025千克，比"好奇号"重126千克，并仍采用空中吊车（受控升力式的进入、下降和着陆系统）方式着陆和核动力电源，系统设计及硬件借鉴程度达到近85%，以便降低费用和风险，节约时间。

2 着陆方式

在探测火星之前，携带"毅力号"火星车的"火星-2020"探测器首先要像其他火星着陆器一样先过着陆这一关。它需要经历"恐怖7分钟"，即在这7分钟内，将时速由约2.09万千米减为0。这要完成一系列动作，包括打开降落伞减速、启动减速推进器等，准确无误地执行数百条程序，只要其中一条程序出现差错，携带"毅力号"的"火星-2020"探测器就有可能坠毁在火星地表。

与携带"好奇号"的"火星科学实验室"一样，携带"毅力号"的"火星-2020"探测器也是以受控升力式的方式进入火星大气的，以提高着陆精度。它使用了当时世界上最大并且最坚固的超声速降落伞来降速。

另外，由于"毅力号"的质量比"好奇号"还大，更无法利用安全气囊打开后产生的缓冲力来确保安全着陆，所以它也使用了空中吊车着陆方式在火星上软着陆。

链接："毅力号"火星车在飞往火星和在火星表面着陆的过程中离不开"火星-2020"探测器。"火星-2020"探测器由巡航级、进入、下降和着陆系统及"毅力号"火星车组成。在飞往火星途中，其巡航级进行了5～6次轨道纠正。到达火星上空时，就进入了所谓的"进入、下降和着陆"阶段，这个阶段大约持续7分钟。

"毅力号"与"好奇号"一样通过降落伞和"空中吊车"系统在火星表面着陆

"火星-2020"探测器在距火星表面125千米高时以5.8千米/秒的速度进入火星大气层。在距离火星表面10千米时打开直径19.7米的降落伞，将速度从时速2.1万千米减为2.7千米。当距离火星表面20米时，其上的多个减速推进器点火，使飞行器像直升机一样悬停在空中，并立即通过绳索将"毅力号"放到预定着陆区表面。当接触传感器探明"毅力号"已经在火星表面着陆时，飞行器及绳索与"毅力号"分离，然后飞到别处着陆。

另外，"毅力号"与"好奇号"一样，仍然采用了"多任务放射性同位素电热发生器"，即核电源，因而大大提升了"毅力号"的行程和使用寿命，能避免太阳能电池阵被火星尘土覆盖而影响发电效率。

3 别开生面

"毅力号"火星车也采用了多项新技术，比如，使用地形相对导航装置使火星车在进入火星大气层时可以避开危险的地形；使用距离触发器提高打开降落伞的时间精度；机械臂有较大改进，"手"更大，装有采集钻头、仪器和相机，其中用于对火星岩石和土壤样品取芯的钻机，能挑选岩石样品，并把这些样品收集和存储在火星表面的金属管内，存放于预定地点，以便之后的火星车找到并将其带回地球进行更深入的实验分析，这是人类首次采用这一模式；火星车内有一个专门装样品和钻头等物品的内部寄存地；车轮设计有较大的改进，性能和安全性有明显提高，能行驶5~20千米。

"毅力号"装有一个麦克风，以便科学家能够在激光击中目标时听到产生的爆破声。根据岩石材料特性的不同，这种声音将会有细微的不同。其着陆系统也装有麦克风，用于记录"毅力号"在进入、下降和着陆阶段中的音效，使工程师可以分析整个着陆过程的气流信息，并听到正在工作的机器的任何声音，从而能比"好奇号"更为精确地着陆在预定区域内。它记录到的音频也将

"毅力号"火星车在火星表面工作示意图

直接添加到火星车相机拍摄的全彩视频当中，使观众能够在有史以来第一次观看火星着陆画面的同时收听到声音。

链接："毅力号"还有其他改进之处，比如，使用了新一代的人工智能，使其超级相机能够非常精确地定位到很小的岩石结构。该相机还能够利用太阳反射的可见光和红外光来发现特定种类的矿物结构。此外，加入了一个新的绿色激光器，利用拉曼光谱学原理，这一激光束将激发材料表面的化学键来确定其分子组成。

4 七台仪器

"毅力号"将主要通过研究地形来寻找古代生命存在过的印记。由于它的科学目标与"好奇号"有很大的不同，因此装了七台新的科学仪器。

（1）能够识别食盐粒大小的物质的X射线岩石化学行星载荷。它可提供比以往更详细的化学元素检测和分析能力，绘制火星表面材料的精细元素组成图。

（2）能够记录尘埃光学性质和大气参数及获取大气气溶胶性质的火星环境动力分析仪。它可测量尘埃大小和形状、风速和风向、温度和湿度及大气压力。

（3）可观察火星地表以下的火星次表面雷达成像实验仪。它用于绘制地下深达10米的岩石、水、冰空间分布图，可生成厘米级分辨率的地下地质结构图。

"毅力号"火星车传回的首张火星全景图

（4）拉曼冷光光谱仪。它是首台在火星表面使用的紫外拉曼光谱仪，可对火星表面显微精细成像，并用紫外线激光将矿物学和有机化合物绘制成图。

（5）超级相机用于远距离成像及矿物学机理和化学成分分析。它装在桅杆顶端，集相机、激光和光谱仪为一体，用于研究火星表面岩石的化学成分和矿物结构，甚至是寻找微生物化石。它能够通过人工智能技术来寻找值得分析的目标。其中的激光探测设备发射的红外激光束能够使 7 米之内的岩石和土壤汽化，然后相机和光谱仪可以分析产生的蒸气，以了解其化学成分。

（6）具有全景和立体成像功能的桅杆变焦相机。它用于鉴定火星表面的矿物学机理和协助火星车工作。

（7）验证将火星大气中的二氧化碳转变为氧气的技术的火星氧元素原位资源利用实验仪。它对今后载人登陆火星很有意义。

5 四大绝活

"毅力号"火星车有四大绝活。

一是收集最有价值的内部岩石（30 块）和土壤（风化层）的样品，然后放置在火星表面上，未来将发射探测器将样品带回地球。

二是装有 23 台相机（"好奇号"有 17 台相机），它们能够实现一系列的复杂功能，其中的多谱段成像仪将为科学家提供更多高分辨率、色彩鲜明的 3D 图像，这对探测火星地质特征和潜在样品非常有利。

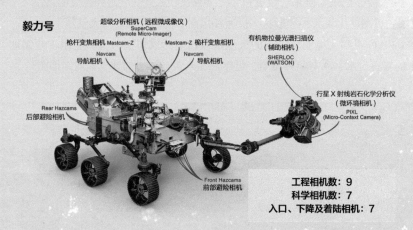

这张图显示了"毅力号"火星车上的 23 台相机，其中很多是"好奇号"上相机的升级版本，还有一些是新增的

三是携带了火星氧元素原位资源利用实验仪，通过电化学分解法将占火星大气 96% 的二氧化碳分解成一氧化碳和氧气，这对于探索火星的航天员来说至关重要。未来的载人火星之旅需要大量氧，其中一部分是供航天员呼吸的氧气，其余的大部分是液态氧，作为返程的助燃剂。如果是一个四人小组，就需要 25 吨的氧。从地球运送这

么多氧要花费数十亿美元，而且运送方式极为复杂，因此，美国计划就地取材，直接利用现场资源。

2021年4月20日，火星氧元素原位资源利用实验仪首次成功从火星大气中制取了5.37克氧气。随着任务的推进，它还尝试了在不同大气压下，一天中不同时间，甚至尘暴发生时开展制氧实验。如果方案可行，未来美国可能计划发射一台大小为现有实验仪200倍的制氧仪。就位制取的氧不但可供未来宇航员维生使用，还可作为火箭燃料用于支持样品返回任务等。

四是携带一架每天可工作3分钟、飞行1千米的小型无人驾驶共轴双旋翼直升机"机智号"，它有两组螺旋翼，每组有两个特制的碳纤维叶片，以每分钟2400转的速度反向旋转，可前往火星车难以到达的地区或生物敏感地区进行区域勘探。

6 创造奇迹

"机智号"于2021年4月19日进行了首次飞行。它的设计初衷是进行多达5次的试验测试飞行，通过一个简短的上下移动来证明在火星上有动力的可控飞行是可能的。接下来的4次试验飞行扩展了直升机的飞行范围，飞行时间越来越长，操纵也越来越复杂，这进一步帮助喷气推进实验室的工程师更好地了解了它的性能。

目前，1.8千克的"机智号"实际的飞行记录远远超过了最初计划。例如，"机智号"在2021年12月5日的第一7次飞行中，达到了一个团队从未想过可以实现的空中里程碑，即它的总飞行时间超过了30分钟。除了累积30分48秒的飞行时间，这架开创性的直升机累计飞行了3592米，最高飞行高度高达12米，最快飞行速度高达5米/秒。

与以前一样，为了激发青少年的探索精神，美国国家航空航天局于2019年8月28日启动了"火星—2020"探测器的命名大赛，邀请美国K12教育阶段的学生提交一个名字并附上短文，截至2019年11月1日，共收到超过28 000份提名。"毅力号"是从最后进入决赛的9个提名中脱颖而出的。为美国火星车起名的马瑟在他提交的作品中写道：如果想要下一代火星车代表我们种族（人类）的特质，那么我们不要错过最重要的一点——毅力。

"毅力号"火星车与"机智号"直升机

7 重大发现

在行驶 2.83 千米后，"毅力号"火星车有重大发现，用 X 射线岩石化学行星载荷对一块去掉外表的"Brac"岩石进行 X 射线成像和化学成分分析，发现了被辉石晶体包围的橄榄石晶体，辉石晶体和橄榄石晶体都来自火山熔岩流，这意味着杰泽罗陨石坑底部并不是沉积岩，而是火山熔岩。

"毅力号"的重大发现揭示了火星最神秘的地质结构，原来杰泽罗陨石坑底部不是沉积岩，而是火山熔岩，这跟研究人员计算出来的结果大相径庭，就连任务科学家也感到很意外，称这是出乎意料的新发现。这说明了就算杰泽罗陨石坑在形成火星湖泊后，杰泽罗陨石坑中的火山还进行了多次喷发，于是杰泽罗陨石坑底部铺了一层厚厚的火山熔岩，这意味着火星在一千万年前还进行着火山喷发。

"毅力号"钻取和封存的第二个火星样品，使得"毅力号"在一周内完成了两次样品采集

"毅力号"还在岩石中监测到有机分子，这是火热熔岩多次与水相互作用而产生的物质。有机分子的存在并不一定说明火星有生命出现过，但是在生机勃勃的地球上，绝大多数的有机分子都是由生命制造出来的。如果说杰泽罗陨石坑曾经是生命的天堂，那么三角洲的淤泥层就一定可以找到与生命迹象相关的有机分子，甚至是找到生命化石。

根据"毅力号"行驶计划，"毅力号"还将抵达三角洲沉积区，对三角洲下方的淤泥层展开调查，或许真的能够找到生命化石，揭示火星生命之谜。现在，"毅力号"还在杰泽罗陨石坑内不断行驶，相信还会有更大的发现，是生命化石，还是活生生的生命呢？非常期待。

我国"天问一号"火星探测器取得了哪些世界第一？它的任务目标有多少项？

2020 年 7 月 23 日，我国成功发射了首个火星探测器"天问一号"。这是中国行星探测工程的首次任务，可深化我国对火星乃至太阳系的科学认知，推进比较行星学等重大问题研究。"天问一号"由环绕器、着陆巡视器（进入舱和"祝融号"火星车）组成，总质量约 5 吨（含燃料）。

1 一举三得

"天问一号"于 2021 年 2 月 10 日成功进入火星环绕轨道。2021 年 5 月 15 日，其着陆巡视器成功在火星北半球的乌托邦平原着陆。5 月 22 日，作为巡视器的"祝融号"火星车安全驶离着陆平台，到达火星表面，开始巡视探测。这标志着我国通过一次发射实现了对火星的环绕、着陆和巡视三项任务，这在世界火星探测史上是前所未有的。

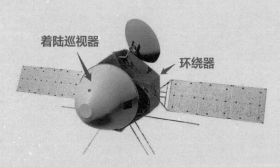

着陆巡视器　环绕器

中国"天问一号"火星探测器结构示意图

这样的探火方式，起点高、效益高，但挑战大。现在，"天问一号"已获得成功，从而使我国深空探测能力和水平实现了跨越式发展，成为世界第三个在火星着陆的国家，世界第二个在火星巡视的国家。从科学上讲，它可对火星的地形地貌、地质结构、空间环境、土壤和水冰分布等进行最全面的研究，这有利于建立起我国对火星全面而基础的认识。

这次火星探测任务是我国行星探测工程的首次任务，于 2016 年 1 月 11 日正式立项，2020 年 4 月 24 日被正式命名为"天问一号"。

链接: 现在，"天问一号"正同时开展对火星的环绕探测和巡视探测，即用"天问一号"的环绕器对火星开展全球性、综合性的环绕探测，用"天问一号"的巡视器，也就是"祝融号"火星车对有科研价值的局部地区开展高精度、高分辨率的详细调查。

2 两大目标

空间探测任务一般都有两大目标，即工程目标和科学目标，它们相辅相成，缺一不可。实现工程目标是实现科学目标的前提，而实现科学目标是任务完成的标志。

"天问一号"的工程目标是：突破火星制动捕获、进入/下降/着陆、长期自主管理、远距离测控通信、火星表面巡视等，实现火星环绕探测和巡视探测，获取火星探测科学数据，实现我国在深空探测领域的技术跨越。

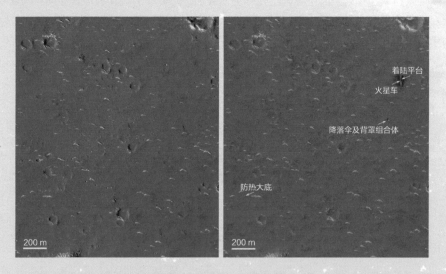

"天问一号"着陆区域高分影像图（左图为着陆前，右图为着陆后）

"天问一号"的科学目标有五个。

一是研究火星形貌与地质构造特征。探测火星全球地形地貌特征，获取典型地区的高精度形貌数据，开展火星地质构造成因和演化研究，绘制火星形态和地质结构图。

二是调查火星表面土壤特征与水冰分布。探测火星土壤种类、风化沉积特征和全球分布，搜寻水冰信息，开展火星土壤剖面分层结构研究。

三是分析火星表面物质组成。识别火星表面岩石类型，探查火星表面次生矿物，开展表面矿物组成分析。

四是测量火星大气电离层及表面气候与环境特征。探测火星空间环境及火星表面气温、气压、风场，开展火星电离层结构和表面天气季节性变化规律研究。

五是探索火星物理场（电磁场、重力场）与内部结构，探测火星磁场特性。开展火星早期地质演化历史及火星内部质量分布和重力场研究。

3 普查利器

重 3.6 吨左右（燃料质量占总质量的大部分）的"天问一号"的环绕器，设计寿命为 1 个火星年（687 个地球日），采用"外部六面柱体 + 中心承力锥筒"构型，能满足 5 个飞行阶段和 11 种飞行模式的设备布局需求。

它主要完成地火转移、火星制动捕获和轨道调整等任务，为火星车提供 3 个月的中继支持服务，通过携带的科学载荷对火星开展约 1 个火星年的科学探测，实现对火星全球普查和局部详查。

该环绕器具备三大功能：飞行器、通信器和探测器。为此，它需要克服飞行时间长，面临环境差，控制要求高，空间动作繁杂四大困难；涉及五个飞行阶段：地火转移、火星捕获、离轨着陆、中继通信、科学探测。

"天问一号"火星探测器进行热试验。
下面的六面柱体是环绕器，上面是着陆巡视器
（进入舱和"祝融号"火星车）

地火转移段： 探测器在完成几次中途修正和一次深空机动修正飞行，飞过超过 4 亿千米的路径后，逐渐飞近火星。

火星捕获段： 发射约 200 天后，探测器被火星捕获，此时距离地球近 1.93 亿千米，通信时延约 11 分钟。

离轨着陆段： 进入捕获轨道后，探测器将调整至停泊轨道，将择机降轨释放着陆巡视器，分离了着陆巡视器后环绕器再抬轨回到停泊轨道。

中继通信段： 环绕器将再次进入中继轨道，为地球与着陆器提供为期 3 个月的中继通信服务，为它们搭建起沟通的桥梁。

科学探测段： 中继任务结束后，环绕器将再次进行降轨进入科学探测轨道，对火星轨道空间、火星表面开展科学探测。

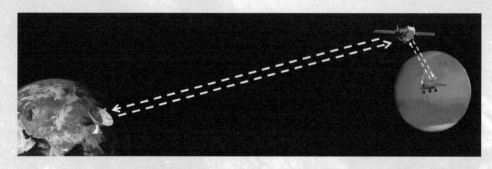

环绕器还用于为"祝融号"火星车提供中继通信

环绕器的主要科学任务是：拍摄中国首张火星全图；探测火星土壤类型分布和结构，探测火星表面和地下水冰；探测火星地形地貌特征及其变化；调查和分析火星表面物质成分；分析火星大气电离层并探测行星际环境。为此，环绕器携带了七台科学仪器。

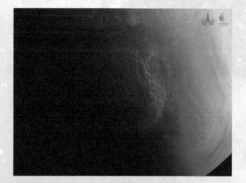

2021年3月4日，国家航天局发布"天问一号"的轨道器上的中分辨率相机拍摄的火星彩色图像

（1）中分辨率相机，用于获取火星全球遥感影像图。

（2）高分辨率相机，用于对着陆区和高科学价值区域成像。

（3）次表面雷达，用于开展火星表面、次表面结构、两极地区冰层探测。

（4）矿物光谱分析仪，用于探测火星表面的矿物种类、含量和空间分布情况。

（5）磁强计，用于探测火星空间磁场环境。

（6）离子与中性粒子分析仪，用于对太阳风及火星空间离子和中性粒子的能量、通量和成分进行测量。

（7）能量粒子分析仪，用于获取火星空间环境中能量粒子的能谱通量和元素成分数据。

4 蓝色彩蝶

很像蓝色彩蝶的中国首辆火星车"祝融号"重约240千克，用于在着陆区开展巡视探测，设计工作寿命为3个火星月（92个地球日）。

火星车行驶至着陆平台南向约 10 米处，释放安装在车底部的分离相机，之后火星车退至着陆平台旁边。分离相机拍摄了火星车移动过程和火星车与着陆平台的合影。图像通过无线信号传送到火星车，再由火星车通过环绕器中继传回地球

"祝融号"火星车的主要科学任务是：探测火星巡视区表面元素、矿物和岩石类型；探测火星巡视区土壤结构并探查水冰；探测火星巡视区大气物理特征与表面环境，探测火星巡视区形貌和地质构造。为此，"祝融号"火星车携带了六台科学仪器。

（1）导航/地形相机，用于为火星车提供导航和定位，获取着陆区及巡视区高分辨率三维图像。

（2）多光谱相机，用于探测火星表面物质类型分布，获取巡视区可见光波段、近红外波段的图像。

（3）次表面雷达，用于探测巡视区次表面地质结构。

（4）表面成分探测仪，用于获取紫外至近红外谱段的高分辨率的光谱特征信息。

（5）表面磁场探测仪，用于探测巡视区局部磁场。

（6）气象测量仪，用于探测巡视区环境气温等气象环境。

"祝融号"火星车可以与火星上空运行的环绕器进行天地联合探测，实现对火星大气、电离层、磁场的全面探测。

5 惊险着陆

"天问一号"探测任务飞行过程包括发射、地火转移、火星捕获、火星停泊、离轨着陆、科学探测六个阶段，其中着陆巡视器的离轨着陆是最难的。这是因为火星距离地球十分遥远，测控信号十分微弱，且延时达 10 分钟以上，所以必须提前给着陆巡视器注入数据，使它完全自主精确地闯过气动减速、降落减速、制动减速、着陆减速等一系列难关，任何步骤都不能有失误。其难度被形容为相当于从巴黎打一个高尔夫球，正好落到东京的某个洞里；其着陆过程也被称为"恐怖的 7 ~ 9 分钟"。

链接：安全着陆是火星探测任务最艰巨的挑战。为此，2019 年 11 月 14 日，我国在位于河北怀来的亚洲最大的地外天体着陆综合试验场，成功模拟了着陆器在火星重力环境下（火星重力约为地球的 1/3）悬停、避障、缓速下降的过程，对其设计正确性进行了综合验证，也为火星探测任务的如期实施奠定了坚实的基础。

我国着陆巡视器的离轨着陆过程具体上分为七个阶段。

（1）降轨。首先，"天问一号"在 2021 年 5 月 15 日凌晨 1 时许降轨机动，机动至火星进入轨道。

（2）分离。4 时许，着陆巡视器与环绕器分离。两器分离约 30 分钟后，环绕器进行升轨，返回停泊轨道，再提升轨道至中继轨道（近火点 265 千米、远火点 15 000 千米、倾角 87.7°），为着陆巡视器提供中继通信。环绕器升轨的同时，实时拍摄监测着陆巡视器的下降过程。历经约 3 小时飞行后，着陆巡视器在距离火星表面约 125 千米处高空机动进入火星大气层，这时调整姿态，防热大底朝前，沿着进入火星大气层的轨道滑行，瞄准进入火星大气层的一个窄窄的进入走廊。着陆巡视器与火星大气层形成的这一夹角非常关键，角度太大会导致着陆巡视器与大气摩擦系数过高而可能烧坏，角度太小又实现不了进入火星大气层的目标。

（3）气动减速。此后，着陆巡视器进入气动减速阶段，这是最主要的减速阶段。进入火星大气层时，着陆巡视器的速度可达每秒 4.8 千米，相当于子弹出膛速度的 6 倍。进入火星大气层后，要进行升力体制导和展开配平翼，通过防热大底和火星大气的不断摩擦来减速。经过 5 分钟的减速之后，着陆巡视器的速度下降到每秒 460 米。我国首次采用了基于配平翼的弹道－升力式进入方案，降低火星大气参数不确定性带来的着陆风险，提高探测器的适应能力。在气动减速阶段展开配平翼，目的是减少探测器的晃动，给后续打开降落伞创造更好的条件。

（4）伞系减速。在着陆巡视器距离火星表面 11 千米左右时，打开携带的超声速降落伞，使着陆巡视器的速度下降到每秒 100 米以下。着陆巡视器降落时首次采用了超声速的锯齿形盘缝带伞，即一顶主降落伞、一次性充气展开减速的方案。

"天问一号"着陆巡视器打开降落伞

（5）动力减速。当着陆巡视器的速度降

至 100 米 / 秒时，降落伞基本完成使命。此后将大底和背罩抛掉，露出着陆平台和火星车。平台上的 7500 牛变推力降落发动机开始点火工作，进一步降低着陆巡视器的下降速度。它用 80 秒时间将速度降低到 3.6 米 / 秒，同时保持姿态稳定，对地雷达随之开机，并展开着陆缓冲机构的四条着陆腿。

"天问一号"着陆巡视器着陆示意图

（6）悬停避障与缓速下降。在距离火星高度 100 米的时候，借助降落发动机进行悬停，同时对火星表面进行成像，然后挑选相对平坦的区域进行降落。

（7）着陆缓冲。在最后的落火瞬间，垂直速度小于 3.6 米 / 秒，水平速度小于 0.9 米 / 秒，利用四条着陆腿里的缓冲吸能材料，将着陆时的冲击力缓冲掉，确保着陆巡视器平稳着陆在火星表面。着陆巡视器于 2021 年 5 月 15 日 7:18 登陆火星。着陆后，"祝融号"火星车将依次开展对着陆地点全局成像、自检、驶离着陆平台并开展巡视探测。

链接： 在整个着陆火星的过程中，由于地火距离非常遥远，使得地火通信延时单程超过 20 分钟（由于地球和火星之间的距离在不断变化，地火通信延时并不固定）。在此过程中着陆巡视器和地面"指挥部"处于"失联"状态。它要在 9 分钟时间内自主完成 10 多个关键动作，每个动作都是一气呵成，不容得有半点的差错，整个过程环环相扣，步步惊心。

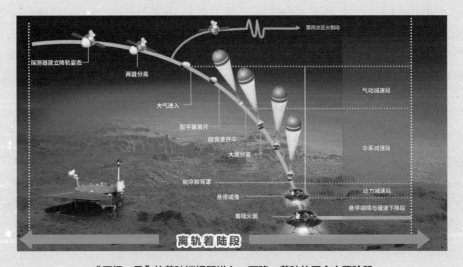

"天问一号"的着陆巡视器进入、下降、着陆的四个主要阶段

简言之，天问一号的着陆巡视器的离轨着陆过程大体上可以分以下四个主要阶段。

首先是气动减速段，靠火星大气的阻力，用约 290 秒的时间把速度从 4.8 千米 / 秒降低到 460 米 / 秒。气动减速段是最主要的减速阶段。

然后是伞系减速段，着陆巡视器打开降落伞，用约 90 秒的时间把速度由 460 米 / 秒降低到 95 米 / 秒。在这 1 分多钟的时间里，要关注火星大气中风的速度和方向，风太大会影响着陆地点的精度，甚至影响着陆安全。

其次是动力减速段，着陆巡视器要把大底和背罩抛掉，露出着陆平台和火星车。着陆平台上的大推力发动机开始工作，进一步减速，用 80 秒的时间把速度降低到 3.6 米 / 秒。

最后是悬停避障与缓速下降段，在高度降为 100 米的时候速度基本上降到 0，进行悬停避障，观察地面，寻找最安全的着陆地点，最后通过四条着陆腿的缓冲作用在火星表面软着陆。

6 如何越冬

截至 2022 年 5 月 5 日，"天问一号"的环绕器在轨运行 651 天（约 638 个火星日），距离地球 2.4 亿千米，"祝融号"火星车在火星表面工作约 354 天（347 个火星日），累计行驶 1921 米，运行正常。

环火期间，环绕器携带的七台载荷全部开机，持续开展火星全球遥感探测。"祝融号"于 2021 年 8 月 15 日完成了既定 90 个火星日的巡视探测任务后，继续开展拓展巡视探测任务。

2022 年 5 月，"祝融号"所在区域已进入冬季。在火星冬季，北半球区域太阳光照高度角下降、光照时长缩短。根据测量，火星车当地正午最高温度已降至 −20℃，夜间环境温度低至 −100℃ 以下。此外，由于存在沙尘天气，会使光照强度进一步减弱，影响火星车太阳能电池翼的发电能力。为此，项目团队采取转动太阳能电池翼调整光照角度、减少每天工作项目和时长等措施，实现能源平衡。

链接： 2021 年"祝融号"刚着陆时，火星运行至远日点附近，太阳直射点在北半球，那时候北半球刚进入夏季、南半球则进入冬季。着陆火星近 1 年（约半个火星年）后，火星运行在近日点附近，太阳直射点在南半球，也就是在 2022 年 5 月，"祝融号"所在的北半球正在进入冬季、南半球正在进入夏季。

2022 年 6 月、7 月，太阳直射点还将继续向火星南部移动，大约在 7 月中下旬到达火星南回归线附近，届时火星北半球将进入一年中最冷的时节。为了安全度过火星寒冬、尘暴等极端天气，"祝融号"火星车设计了自主休眠等工作模式，在能源降低到一定程度后会自动进入休眠模式，等到环境条件逐渐转好，再恢复正常工作模式。

"祝融号"火星车导航地形相机拍摄的火星表面撞击坑附近分布的石块影像

7 测控通信

由于火星距离地球十分遥远，而传输信号的强度与距离的平方成反比，所以必须使用天线直径很大的地面深空测控网。天线的直径和探测距离成正比，增大天线口径可以提升探测距离。

我国首次火星探测任务测控系统由北京航天飞行控制中心、运载火箭测控系统、中继卫星系统、近地航天测控网、深空测控网、甚长基线干涉测量（VLBI）测轨分系统和国际联网站组成。其中深空测控网包括佳木斯 66 米直径天线测控站和喀什 35 米直径天线测控站，在南美洲的阿根廷，也建设有一个 35 米直径天线测控站等。

另外，我国于 2020 年 10 月在天津武清新建了一个主反射面直径 70 米高性能接收天线。该天线总质量约 2700 吨，高 72 米，面积相当于 9 个篮球场大小，为轮轨式全可动卡塞格伦天线，工作频段为 S 频段、X 频段和 Ku 频段，主要用于完成中国首次火星探测工程任务，也为后续小行星、彗星等深空探测奠定了基础。

中国 70 米直径的地面站天线

"祝融号"火星车上采用了哪些黑科技？它看上去像个什么动物？

"祝融号"火星车是我国第一辆火星车。为了更好地完成巡视探测任务，它采用了不少与众不同的"黑科技"，性能十分先进。

1 主动悬架

虽然"祝融号"火星车与我国"玉兔号"月球车一样，有 6 个车轮，每小时行驶速度为 200 米，但是火星地形复杂，既有松软的沙地，又有密集分布的石块，为了提高火星车的通过能力，设计师们在主、副摇臂悬架的基础上进行了设计创新，增加了夹角调整装置和离合器，使火星悬架从月球车被动悬架变为主动悬架，即悬架不是随地形被动改变，而是主动改变。

悬架由两侧主副摇臂悬架及差动机构组成，主、副摇臂相互铰接，铰接点处加装离合器，必要时可以锁死主副摇臂。两侧悬架通过差动轴相连，差动轴与车体相连，差动轴内部设计夹角调整机构，可以控制主摇臂的长短臂绕差动轴转动。另外，6 个车轮均可独立转向，车轮采用实体胎面轮。

"祝融号"是世界第一辆采用主动悬架技术的火星车。这样它在遇到复杂地形时可以把整车底盘提高，即面对车轮遇到的一些障碍，通过车体抬升、下沉、再抬升、再下沉，蠕动行进脱困。它的好处是可使火星车有更强的通过性和脱困能力，大大提升了越过障碍地形的能力，在松软沙地环境下也不用担心整车沉陷。

主动悬架简图

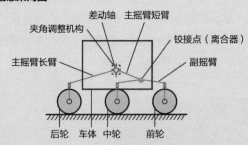

车体升降

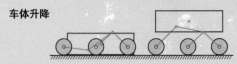

尺蠖运动，蠕动行进

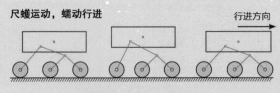

"祝融号"火星车主动悬架设计

链接: 发射"天问一号"的时候还有一个很重要的因素，火星车必须腹部着地，降低身段，原因是落火之前进入舱有严格的包络限制，火星车在到达火星之后才能站直身腰，这个需求也可以通过主动悬架实现。车轮出现问题时，主动悬架还可以把故障车轮抬起，继续前进。

我国目前已经掌握了与火星车相关的关键技术，并在移动技术、热控制技术、智能与自主技术等方面形成了特色。

2 蟹行移动

由于"祝融号"火星车的 6 个车轮都可以独立转向、独立行进控制，所以它可以像螃蟹一样横着走。在进入一个障碍很多的区域时，它不需要转身，能够节省原地转弯需要的转弯半径的空间，它可以向任意方向行走。对于松软土壤，它可以斜着爬坡，类似于人爬坡走"之"字路线，加之车辙的优良规划，它的爬坡能力会得到很大的提升。这样一个新型的移动系统更适合火星复杂的地形，此外，这个火星车可以进行抬轮操作，拓宽了可用的探测场景。

通常，因为火星表面土壤松软，所以火星车很难爬上大于 20° 的坡，但是，如果采用螃蟹一样的蟹行爬坡方式，将两道车辙变成六道车辙，后面的车轮经过的是新的土壤表面，而不是前面车轮通过后结构关系已经被破坏的土壤表面，就可以轻松地爬 20° 的坡了。主动悬架对于越过障碍地形而言很有好处，在松软沙地环境下最大的风险是整车沉陷，主动悬架可以通过尺蠖运动的方式迅速脱困。

另外，火星车上的车轮并不是在平整的路面上移动的，它主要同类似于地球戈壁的火星表面的石块、土壤接触，而且火星表面的石块非常坚硬。之前的火星车在火星表面行进时发生过许多困难，首先是车体出现一些沉陷，从车辙的痕迹看出有很明显的滑移，显示出沉陷度很大。还有的情况是车体在行进过程中被坚硬的石块割破车轮。为了解决车轮容易破损的问题，我国采用了新型的铝基碳化硅材料，所以即使车的所有质量集中在车轮的某个

"祝融号"火星车在火星表面实景

点，它的承压强度仍然可以满足要求，不会出现破损。设计师们相信"祝融号"在路面很复杂、有很尖锐的火星石块的情况下，也有很好的移动性能。

"祝融号"火星车的步态可以分为：普通步态、蟹行步态、车体升降、车体质心移动、蠕动步态、抬轮。其中普通步态与被动主副摇臂悬架功能基本适配，为火星车平常使用的步态；蟹行步态使火星车在车体航向不变的情况下实现任意方向直线运动，用于灵活避障及大角度爬坡等使用场景。其余均为主动步态，在特殊场合下使用，包括：落火后车体抬升、车轮沉陷后蠕动脱困、车体着地的抬轮脱困、故障轮抬离地面等应用场景。总之，"祝融号"火星车的悬架功能更加强大，也更加复杂。

链接： "祝融号"在地外行星探测领域率先应用了主动悬架，每个车轮都可以进行抬轮操作，在此基础上进行尺蠖运动、蟹行移动、车体提升与下降，机动灵活性远远超过了此前任何一辆火星车，如果遭遇柔软沙地地形，可以直接通过尺蠖运动脱困。它具备直线行驶、原地转向、越障、爬坡、曲率行驶、蟹形移动、尺蠖运动、抬轮等行驶功能，其机动性能居于世界领先水平。

3 开源节流

火星的自转周期同地球基本一致，平均为 24 小时 37 分钟 22 秒，到夜晚的时候气温到达 0℃ 以下，不同纬度、不同季节的夜晚气温不同，有些时候能低至 -100℃ 以下。所以，火星车在夜晚的能量获得、热量保温成了问题。

"祝融号"火星车主要依靠太阳能电池翼发出的电能工作。白天，其太阳能电池翼产生的电能的一部分用于设备工作，另一部分储存在蓄电池中。到了夜晚，火星车会利用储存的电能继续工作。其实这还不够，因为光能转换成电能的效率只有 30%，再以化学能的形式存储到蓄电池中，需要的时候再转为电能，这个过程也会有一部分损失，效率只能达到 30% 到 35%。

为此，"祝融号"火星车的设计师们想出了新办法，在火星车顶部装备一种像双筒望远镜一样的设备，即集热窗，它可以直接吸收太阳能，

"祝融号"火星车导航相机拍摄的火星车尾部。图中可见圆形的集热窗，火星车太阳能电池翼、天线展开正常到位；火星表面纹理清晰，地貌信息丰富

利用一种叫作正十一烷的物质储存能量。火星白天温度升高时，这种物质吸热融化，到了晚上温度下降时，这种物质在凝固的过程中释放热能。能量的转换方式变成了"光能－热能－相变能－热能"，效率可以达到 80% 以上。

"祝融号"火星车还能根据火星表面环境状况和太阳光充足情况，采用不同的工作模式。例如，太阳光最充足的午后，可以采用正常工作模式，并存储一些电能；太阳光不充足时，或有尘暴时，可使一些工作设备待机；太阳光很弱时，或进入夜晚后，可进入安全模式。

在保温方面，"祝融号"火星车采用了一种新型隔热保温材料——高性能纳米气凝胶，来应对火星上"极热"和"极寒"两种严酷环境，并且凭借其超轻特性极大地减轻了火星车的负担，让它跑得更快、跑得更远。纳米气凝胶的密度可以做到比空气还小，是世界上最轻的固体；导热系数仅为静止空气的一半，是导热系数最低的固体。其中，超低密度纳米气凝胶隔热板用于阻隔火星表面低至 $-120℃$ 的极寒环境，也能阻隔着陆发动机产生的高达 $1200℃$ 的高温热流，密度仅为常规气凝胶材料的 1/10。耐高温纳米气凝胶隔热组件用于阻隔着陆发动机产生的高达 $1200℃$ 的高温热流，保护着陆平台的正常功能。

链接： 火星和地球分别运行到太阳的两侧，也就是探测器距离地球最远的时候，受太阳的影响，火星车和环绕器都将与地球失去联系大约一个月的时间。这段时间需要火星车自己管理自己，不再给它安排探测任务，每天的主要工作就是充电、休息，一直等到日凌过去再开展新的探测任务。

4 像蓝彩蝶

由于远离太阳，火星表面的太阳光强度只有地球的 40%，太阳能只有月球表面或者地球大气层外光强的 20%，所以火星车需要更大、更高效的太阳能电池翼。因此，火星车的太阳能电池翼的设计十分关键。

为此，设计师们考虑了多种方案，其中最先想到的方式就是把火星车的太阳能电池翼进行折展。具体来说就是把一侧的太阳能电池翼展开之后再进行第二次展开，这样可以增大太阳能电池翼的面积，技术也相对成熟。

其不足之处是太阳能电池翼沿车身方向太长，向前展开时容易遮挡视线，车从着陆平台下降或做爬坡、越障时，后部的太阳能电池翼很容易跟地面发生擦碰。为了解决这个问题，设计师们提了多种方案，但是都有明显的缺点。

蝙蝠翅膀方案。它是把两侧太阳能电池翼垂直收拢于火星车的侧面，然后经过两次展开，一次是从垂直翻转到水平，然后再水平展开。这个方案太复杂，可靠性不高。补救办法就是：将太阳能电池翼收拢在火星车的顶部可以减少翻折，面积也可以进一步扩大。但是，对于这个方案，多层太阳能电池翼之间的间隙保持问题不容易解决，展开过程可能会把太阳能电池片碰碎。

太阳毯方案。该方案是取消太阳能电池翼，把太阳能电池片粘贴在聚酰亚胺薄膜上，变成柔性太阳能电池翼。其最大的优势是质量轻，但是技术不成熟，还需要解决很多问题，实现起来困难很大。

折扇方案。它将太阳能电池翼像扇子一样展开，以提高空间利用率。但是展开之后每片太阳能电池翼都不规则，而太阳能电池片是有一定的尺寸要求的，这就导致布片效率很低，虽然太阳能电池翼的面积很大，但是真正有效的、能放上去的电池片又很少。

四展方案。这个方案就是把各种方案的优点集成起来。太阳能电池翼上下两层收拢在火星车的顶板上，分两次展开。最上层通过一次性展开装置向侧后方展开，可以解决后展容易触地的问题，展开之后锁定不动。第二层利用机构向两侧展开，可以根据太阳的方向调节这两个太阳能电池翼的角度，对日定向。收拢状态下，太阳能电池翼可以简单可靠地压紧在车体上；展开后的状态可以实现足够大的太阳能电池片布片面积。

最后，四展方案得到一致认可。火星车的太阳能电池片是深蓝色的，四片太阳能电池翼展开之后非常像一只蓝色蝴蝶，可谓破茧成蝶。

"祝融号"火星车的太阳能电池翼与众不同

链接： 在火星上，全球性的尘暴时有发生，一旦出现尘暴，不仅暗无天日，影响火星车上的太阳能电池翼工作，沙尘容易覆盖火星车上的太阳能电池翼，美国有两辆火星车就是由于这个原因而报废的。"祝融号"火星车有两大绝招：一是对太阳能电池翼表面做了一些特殊处理，使沙尘的附着力变得很低，不太容易出现沙尘的积累；二是通过太阳能电池翼的运动抖落浮在表面的沙尘。

5 自主功能

由于地球与火星车的通信延时很长，所以火星车必须具备很强的自主功能。具体包括能量平衡分析、太阳能电池翼指向调节、低功耗模式、系统休眠、电源系统数学模型等的自主能源管理，航向调整与遮阳、侧倾角调整、工作模式调整等的自主热控制管理，码速率自适应、定向天线对地指向控制、定向天线对环绕器的指向控制等的自主通信管理，等等。

在方案阶段任务分析的过程中，设计师们对我国首辆火星车自主功能的实现进行了重点研究。从多个维度梳理火星车自主功能需求，确定了打造火星移动智能体的目标。

在工作程序方面，设计师们把火星车经常使用的指令序列集成为工作模板，按照程序运行模板，模板之间依条件自动切换，提高对火星车操控的效率。例如，为火星车驶下着陆平台设计了分离工作模板，为火星表面工作设计了以一个火星日为周期的正常工作模板、最小工作模式模板、休眠模板等多个模板，根据系统能源状况自主切换。

在复杂环境及其效应方面，要把火星车设计成能应对火星表面自然环境出现极端恶化的情况。例如，出现尘暴时，火星车获得的电能减少，不足以维持正常工作模式的需要，可以采取部分工作设备待机，降低工作目标，甚至进入保生存为第一要务的安全模式；在火星车移动过程中，滑移率需要维持在合理的范围内，如果出现车轮在运动而车体基本不动的情况，说明出现了大滑移，这时应避免继续向目标位置前进，以免发生沉陷。

"祝融号"着陆地点全景图是火星车尚未驶离着陆平台时，由火星车桅杆上的导航地形相机，进行360°环拍，经过校正和镶嵌拼接而成的。图像显示，着陆地点附近地势平坦，远处可见火星地平线，石块丰度和尺寸与预期一致，表明着陆地点自主选择和悬停避障实施效果良好

"祝融号"火星车能够根据火星表面环境状况和太阳光充足情况，自主采用不同的工作模式。此外，它还具备自主休眠唤醒功能，条件有两个：一是太阳光越来越强，

大气变得澄静、透明，火星车太阳能电池翼的发电量可以维持正常工作；二是火星车关键设备的温度符合工作的要求。

在故障预案方面，凡是必须立即处理的故障，在火星车上均制定了应对策略，自主实现了故障诊断、故障处置等功能。比如当设备出现故障后切换到备份设备；把不合理测量结果剔除。在遇到特别复杂的故障时，火星车能够确保系统立即进入安全模式，再将数据传输至地面，寻求进一步的支持。

火星车自主功能实现方案框架采用分层递进式结构，自上而下分为智能规划层、导航控制层、驱动层三个层次。这三个层次的火星车自主功能框架共同构成火星车移动智能体。

链接： 智能规划层主要是综合能源、热控制、数据管理、通信、科学探测等方面的需求，通过任务规划给出火星车的目标点序列、行为序列和工作模式。导航控制层是根据任务规划结果，进行环境感知、建模、姿态、位置确定及路径规划，给出各执行机构的控制策略。驱动层是根据导航控制层给出的控制策略，通过控制器和驱动器，转化为相应指令，控制执行机构完成各项动作。

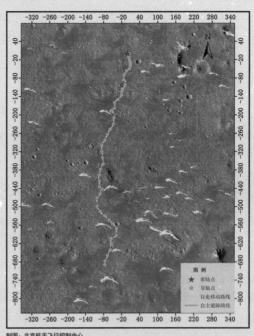

制图：北京航天飞行控制中心

"祝融号"行驶路线

我国火星探测器在哪里着陆？如何选择火星着陆地点？

至今，全球已先后有约 11 个火星探测器在火星表面着陆，进行了原位探测或巡视探测，包括苏联"火星 3 号"探测器、美国"海盗 1 号"和"海盗 2 号"着陆器、"火星探路者"探测器、"勇气号"火星车、"机遇号"火星车、"凤凰号"着陆器、"好奇号"火星车、"洞察号"着陆器、"毅力号"火星车、中国"祝融号"火星车。它们分别着陆在火星表面的不同地点。那么，航天专家是如何为这些探测器选择火星着陆地点的呢？

1 选址指南

火星探测器在着陆火星之前，首先要确定着陆地点，因为火星虽然比地球小，但是要在约 1.4 亿平方千米的火星表面为火星探测器选择一个合适的着陆地点，并不是一件容易的事情，它必须满足两个最基本的条件。

一是在工程上可实施。例如，着陆地点要相对开阔平坦，那里的地形不应该过于崎岖不平，探测器着陆时不会受到损坏。着陆安全是第一位的，如果不安全，其他方面将不予考虑。另外，在着陆地点，光照要比较充足，探测器还要能与地球进行测控通信等。

二是在科研上有价值，是研究人员十分感兴趣的地方。例如，着陆地点的地质构造、物质元素比较丰富，其他国家还没有探测过。总之，选择火星着陆地点需要航天工程师与行星科学家相互配合共同完成。

"祝融号"拍摄的火星沙丘

在选择火星着陆地点前，一般首先要通过火星轨道器拍摄大量的火星表面图像，通过综合分析，初步选出符合工程要求的几个预选地点。然后根据科学的要求反复研究和比较分析，最终选出符合探测任务要求的着陆地点。

链接： 为了确保在工程上可以实施，需要考虑多种因素。例如，在探测器登陆火星的过程中，99%以上的减速是利用了火星大气对探测器产生的阻力，但是，因为火星大气太稀薄，只有地球大气的1%，所以为了使空间探测器能够更好地利用火星大气的阻力来减速，着陆地点的海拔越低越好，这样可以延长减速时间，使探测器着陆更加安全。

另外，由于火星北半球地形相对平坦，南半球陨石坑及山脉和峡谷比较多，因此火星探测器大都在火星北半球或火星赤道附近着陆。选择岩石较为稀少的地方做着陆地点，不仅着陆时安全，而且火星车在进行巡视探测时受到的阻碍也比较少。

"天问一号"的着陆巡视器借助降落伞减速示意图

目前的大多数火星探测器采用太阳能电池供电。为此，火星探测器一般着陆在纬度小于30°的火星低纬度地区，因为这一区域太阳光比较充足，昼夜温差也比较小，有利于火星探测器的工作。我国火星探测器的着陆区在火星北纬5°~30°的乌托邦平原。

在满足工程要求，确保探测器能够安全着陆火星的前提下，要在多个预选地点中进行选择，以满足科学要求，获得更好的科研价值。美国国家航空航天局通常要用数年的时间，召集上百名行星科学领域一线的研究者进行多次研讨会，才能最终确定具有重大科学意义的着陆地点。

在选择着陆地点时，要综合地貌和矿物学特征，以便事半功倍。但是这事说起来容易做起来难。尽管科学家加倍地努力，但是也许在着陆的时候才会发现先前的预计可能完全是错误的。

到目前为止，科学家们在识别火星上的安全着陆地点方面保持着完美的纪录。但是，在寻找地质学上有科学意义的着陆地点方面却又是另一回事。例如，2004年，人们在火星轨道器上的摄谱仪发回的数据中发现了一个"矿物信号"，因此"机遇号"火星车着陆在了梅里迪安尼平原的平坦开阔地上，在那里发现了古代盐湖的遗迹。但是"机遇号"的孪生兄弟"勇气号"着陆在了被许多科学家认为是古代河床的地点，结果却发现那里是一片熔岩曾经流过的地方。

为了避免之后发射的美国"火星科学实验室"着陆火星后出现"误判"科学意义

的情况，美国国家航空航天局成立了一个专门的委员会，它包括了 120 多位科学家，准备用 3 年时间来挑选一个既安全又能够获得丰硕科学回报的着陆地点。科学家们提出了 35 个可供选择的着陆地点，但是对于这 35 个候选地点的看法尚未达成一致。用 3 年时间把 35 个候选地点缩小到 1 个，就时间而言并没有看起来的那么漫长。

火星着陆地点

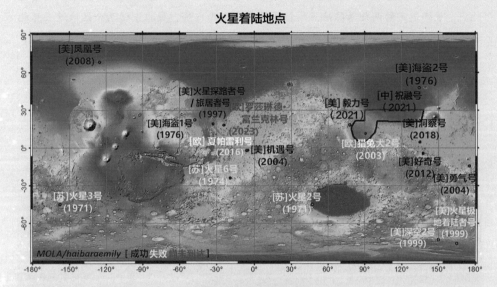

各国火星探测器的着陆地点

2 典型案例

　　在最早的火星探测器着陆计划中，科学家们在选择着陆地点时基本靠运气。他们从"海盗 1 号""海盗 2 号"的火星轨道器发回的模糊图像中挑选了两个着陆地点。当时对可能撞坏着陆器底部的不可见岩石的数量和大小的预测及对着陆地点可能使着陆器翻倒的坡度的估计，从各个方面来讲都是很粗糙的。

　　到美国实施"火星探路者"计划的时候，由于有比以前多得多的观测资料，使得着陆地点的挑选成了一个更加理性的过程。载有世界第一辆火星车"旅居者号"的美国"火星探路者"着陆器着陆在火星阿瑞斯谷内，因为这里是火星上一块相当平坦的区域，而且它的"海拔"高度相对较低。另外，这里距离赤道较近，太阳光比较充足。从科学上来说，阿瑞斯谷是一场特大洪水形成的外流盆地，有很多大大小小、各种形状的卵石和岩石，表面类型丰富。科学家们正是利用地平线上的小山和其他地物特征来判断探测器的着陆位置的。

🔗 _____

链接： 美国在为第二代火星车"勇气号"和"机遇号"选择着陆地点时，为了实现寻找火星上是否有水的科学目标，美国 100 多名专家用了几个月的时间研究了"火星全球勘探者"和"火星奥德赛"探测器拍摄的图像，筛选着陆地点，总共研究分析了 155 个着陆地点，最终选定的两处着陆地点均位于巨大环形山内部，据推测这两个区域过去可能都有水。

_____

"勇气号"着陆在古谢夫环形山，因为科学家认为这里平坦的地形适合"软着陆"。但更深层次的解释是，这里有可能是一个干涸的湖床，在这里更容易获得火星是否存在生命或存在过生命的证据。不过，这里终日尘暴弥漫，美国科学家声称，火星探测器的设计已经考虑到这种情况，足以抵御尘暴的袭击。

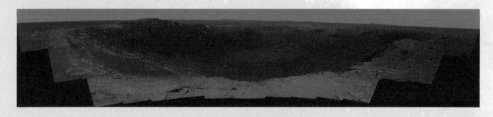

2010 年 12 月 15 日，美国"机遇号"火星车抵达了圣玛丽亚陨石坑

"机遇号"的着陆地点位于与古谢夫环形山几乎相背的梅里迪安尼平原，那里存在氧化铁矿物，而这些矿物通常在有液态水的环境下生成。在这里着陆，探测器可对赤铁矿或氧化铁（一种通常会在暖水环境中形成的矿石）进行试验。

这两辆火星车在各自负责地区寻找到了火星上曾经存在液态水和允许生命存在条件的地质学证据。它们彼此相距半个火星周长。

这两次探测对着陆地点安全性的考虑比较到位，但是对于科学性的考虑还不够全面。例如，机遇号发现了由水形成的赤铁矿，但是与许多专家预计的相反，这些赤铁矿并非形成于拥有生命的湖泊的底部，而是存在于含盐的高酸性地下水中。有时水会流到火星表面，但在过去的超过 30 亿年的绝大部分时间里，这一区域一直是含盐的沙丘。不过，绝大部分科学家依然认为机遇号的着陆地点的选择还是非常成功的。他们希望找到火星早期水的证据，他们做到了。

"凤凰号"是世界首个在火星北极着陆的探测器，因为那里可能有一部分水冰。刚开始，专家们曾为"凤凰号"选择了一个着陆地点。但是，此后"火星勘测轨道器"拍摄的图像显示，那里布满了石头，假如"凤凰号"着陆时撞到石头上，会影响其安全或太阳能电池翼的工作，所以该着陆地点被取消了。为此，专家们又对另外 5 个候选着陆区进行了详细分析，从中选择相对比较平坦，而且遍布着大量的网状裂纹的着陆地点。网状裂纹可能是冰雪消融作用的产物，"凤凰号"上的机械手能够深入这些裂缝中采集土壤样品。着陆地点最终选定在火星极区（北极）的伯里利斯平原，从地球纬度来说，它相当于加拿大北部。

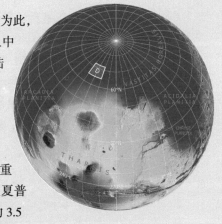

美国"凤凰号"在火星北极的着陆地点

美国在为"好奇号"火星车选择着陆地点时更注重科学价值，希望能发现水冰。"好奇号"最终在火星夏普山脉附近的盖尔陨石坑着陆。盖尔陨石坑形成于大约 3.5 亿至 3.8 亿年前，中心山丘的层状物含黏土和硫酸，着陆地点周围存在沉积物形成的冲积扇，这些物质和地貌的形成都与水有关。探测这个地方的科学目的，一个是研究火星上水的地质历史，以揭开火星气候变化之谜；另一个则是寻找在冰土地区可能存在适合人类居住地区的证据。

"洞察号"于 2018 年 11 月 26 日在火星北半球赤道附近的埃律西昂平原着陆。它位于火星北纬 3.0°、东经 154.7° 的地方，是一片平坦的熔岩平原，在着陆的安全、热控制、光照和测控通信等方面具有较为有利的条件和较强的工程可实现性。其海拔较低、地势平坦，这对着陆来讲是很安全的。

链接： 为"洞察号"着陆地点的选址花了 4 年时间，原因之一是由于"洞察号"主要研究火星内部的结构，因此需要选择"表皮"比较薄的地方。原因之二是"洞察号"是原位式探测器，因此着陆地点必须平坦。原因之三是为了钻开火星地表浅层并向下埋放探针，因此还要找个平坦松软的地方。原因之四是着陆地点要足够明亮和温暖，能够为探测器提供充分的太阳能。

3 近年信息

2021 年 2 月，"毅力号"火星车着陆在火星的杰泽罗撞击坑。因为"火星勘测轨道器"的探测信息表明，杰泽罗撞击坑位于古代火星河流流过的区域，那里有大量沉积物层，这些沉积物含有证明水进行化学变化的矿物及黏土和碳酸盐。科学家们根据数据推测，湖水干涸后，水将周围地区的黏土矿物带进了陨石坑。微生物生命可能在这些潮湿时期中的一个或多个时间段生活在这里，在湖床沉积物中可能发现它们的遗骸。这里是科学家们寻找生命迹象的理想地区，提供了研究长期存在于火星地表的物质的机会。

2021 年 5 月 15 日，我国"祝融号"火星车着陆在火星的乌托邦平原南端。此前，我国航天专家通过对工程与科学的充分论证，本着工程实现风险低、科学探测价值高的原则，将着陆区选在了火星最大的平原——乌托邦平原。据悉，"祝融号"火星车的首选着陆地点位于乌托邦平原南端，候选地点位于乌托邦平原东南部埃律西昂火山岩浆流地带。

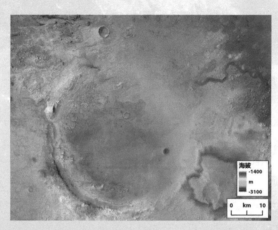

"毅力号"火星车着陆地区耶泽洛陨石坑曾是一个湖泊。耶泽洛陨石坑的右上方是一个峡谷，由泛滥的洪水侵蚀而成，左侧是古代河流侵蚀出的水湾遗迹。湖床的沉积物可能非常古老，可能存在科学家梦寐以求的火星样品

链接：乌托邦平原位于火星北纬 5° ～ 30° 的北半球，那里比较平坦，太阳光照射条件也比较好。另外，乌托邦平原很可能是火星远古海洋的所在地，在那里着陆有利于探索和研究火星上是否存在生命这一当前火星探测的热门问题。

最新的科学探测发现，在火星乌托邦平原地面以下 1 米到 10 米的浅表地层有大量地下水冰存在，储水量相当于地球面积最大的淡水湖——苏必利尔湖。火星地下有水，是否意味着火星存在生命或存在过生命？是否意味着火星是地球人的未来？这些问题都有待"祝融号"火星车在乌托邦平原这片神奇之地做进一步解答。

我国"祝融号"火星车着陆
在火星的乌托邦平原南端

　　另外，由于"祝融号"火星车采用太阳能电池供电，它所携带的用于导航和检测障碍的光敏感器也需要较好的光照条件。为此，"祝融号"火星车最终着陆在纬度小于30°的乌托邦平原，这里太阳光比较充足，昼夜温差也比较小，有利于"祝融号"火星车的工作。

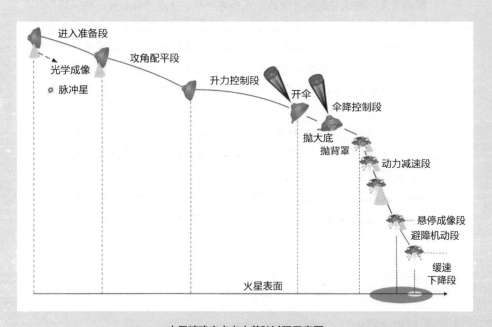

火星精确定点自主着陆过程示意图

　　简而言之，为火星着陆器选择合适的着陆地点非常不容易，很有可能关系到探测任务的成败。着陆过程也有很大的风险。着陆成功后还要克服许多困难，才能获得更多的科技成果。

链接：据国家航天局探月与航天工程中心2022年5月1日消息，我国"祝融号"火星车累计行驶1921米，火星表面工作342个火星日。目前火星即将进入冬季，火星一年相当于地球的两年，每个季节持续6个地球月左右。入冬后火星夜晚温度将降到-100℃以下，尘暴天气发生概率也会明显提升。设计团队在设计之初就对"祝融号"火星车在抗低温、抗尘暴、电力保障等多方面进行有针对性的设计，确保它在火星执行巡视探测任务过程中的安全。正在进行火星全球遥感探测的"天问一号"的环绕器也在按照计划执行探测任务，并重点关注陨石坑、火山、峡谷、干涸河床等典型地貌和地质单元，获取高分辨率影像。

怎样进行火星采样返回探测？目前都有什么相关计划？

探测火星的方式与探测月球的方式基本一样，也是"绕、着、巡、回"。环绕探测的主要任务是对火星进行普查；着陆探测和巡视探测的主要任务是对火星进行区域性详查；采样返回探测的主要任务是对火星进行区域性精查，因为它可把采集的样品带回地球实验室由科学家进行精细研究，从而有望确定火星上到底是否存在生命，同时更详尽地探究火星地质的组成、气候变化及大气与地面的相互作用。

至今，人类对月球的探测早就实现了"绕、着、巡、回"，但是对火星的探测只实现了"绕、着、巡"，还没有实现采样返回，主要原因还是火星距离遥远，环境特殊和引力较强等。

不过，现在，美国、欧洲空间局、俄罗斯、日本和中国等国家或组织计划在 2030 年左右对火星进行采样返回探测。其中有些国家或组织已经透露了具体的实施方案。

1 美欧合作

在火星探测领域处在领先位置的美国，将花 10 年时间采用分步实施的方式来完成火星采样返回，从而阐述火星与地球环境的相似性和可能存在生命等问题。

由于火星样品返回任务预计至少要花费 70 亿美元，而且技术十分复杂，所以美国正在和欧洲空间局合作，其中的返回地球轨道器由欧洲空间局空客防务与航天公司研制。该轨道器重 6.5 吨，太阳能电池翼翼展超过 35 米，这是因为它将采用能提升和降低绕火轨道并飞返地球的电推进系统，电量需求非常大。

链接：美欧火星样品返回任务的目标有 7 个：解释构成火星地质记录的主要地质过程和历史，强调水的作用；评估和解释火星的潜在生物学历史，包括分析返回的样品以寻找生命的证据；定量确定火星的演化时间表；约束火星挥发物的存量作为地质时间的函数，并确定这些挥发物作为地质系统与火星相互作用的方式；重建影响内部起源和演化的过程，包括地壳、地幔、核心和火星的演化；了解和量化未来人类探索和地球生物圈有关的潜在火星环境危害；评估原位资源的类型和分布，以支持未来潜在的火星探测。

美欧拟采用以下四个具体步骤完成火星样品返回任务。

一是采样。美国于 2020 年发射了携带"毅力号"火星车的"火星 -2020"探测器。2021 年 2 月，"毅力号"火星车在火星表面杰泽罗陨石坑着陆，因为这里有保存完好的远古河流三角洲的遗迹，该区域的岩石保存着关于火星漫长而多样的地质历史时期的信息。"毅力号"四处活动，将采集最多 36 份最有科研价值的样品，每个样品将包含 20 克岩石和粗砂，存储于约手电筒大小的管内。这些样品管将存放在火星表面和火星车上。

收集样品的美国"毅力号"火星车示意图

二是存样。欧洲空间局计划于 2026 年 7 月发射一个着陆器，这个着陆器将于 2028 年 8 月到达火星，在每年的这个时候，尘暴是最少的。它将携带一辆欧洲空间局开发的火星车，火星车将从着陆器中驶出，寻找几年前散落的样品管，并将其带回着陆器。火星车将依靠太阳能电池供电，因此，在太阳光日益减弱的冬季到来之前，它只有 6 个月时间完成任务。为此，它每天需要前进 200 米，并能自动导航。"毅力号"火星车也可能会把某些样品管直接送过去。样品管将被装入一个容器。新的火星车将充分利用原计划 2022 年 9 月升空的欧洲空间局第一辆火星车"罗莎琳德·富兰克林号"的工作成果（受俄乌军事冲突影响，发射计划可能继续推迟），但质量只有"罗莎琳德·富兰克林号"的大约一半，并能快速移动。

三是交接。在 2028 年实施一次在火星表面的发射，即用一枚称作"火星上升飞行器"的小型火箭从火星表面发射，将装有样品管的容器送入 300 千米高的环火轨道，与先期抵达火星轨道的欧洲空间局返回地球轨道器对接，完成样品交接。

美国火星采样返回示意图

　　四是返回。2031 年，火星样品将由欧洲空间局的返回地球轨道器带回地球，在即将到达地球轨道时释放携带样品容器的返回舱，后者携带约 600 克火星样品再入地球大气层并硬着陆于美国犹他州的沙漠或干涸的湖床。之后将置于一个隔离设施中，使其不受地球微生物等的沾染。该任务的最后阶段将在 2032 年春季完成。

返回地球轨道器示意图

　　为了完成上述火星样品返回任务，人类需要突破样品采集封装、火表起飞上升、火星轨道交会捕获、样品转移收纳、非传统地火霍曼转移飞行、灭菌与行星保护等关键技术。

链接： 尽管这项任务（工程）耗资巨大，且难度很高，但是科学家们认为这项任务是至关重要的，因为科学家们能够在比火星探测器上的任何仪器都高级得多的实验室内对火星样品进行研究，找出火星过往存在生命的确凿证据。

2 锲而不舍

　　俄罗斯曾于 2011 年 11 月 9 日使用天顶 2 号 SB 火箭发射了"火卫 1 - 土壤"（也叫"福布斯 - 土壤"）探测器。虽然它在升空后由于探测器主发动机出现故障没能进入地火转移轨道而最终坠入大气层，但是其准备将火卫1上的土壤样品带回地球的方案还是有一定借鉴价值的。

其设想如下："火卫1-土壤"到达火星轨道后，先用数月时间在火卫1寻找着陆地点，然后在火卫1表面着陆，采集土壤样品，最后把100克的土壤样品送回地球。

链接："火卫1-土壤"由巡航飞行器（主推进系统）、制动装置、着陆器（包括返回飞行器和返回舱）、框架（包括适配器与分离系统）、可脱落燃料箱等组成。着陆器在火卫1着陆后将采集土壤样品，放入返回舱中，然后通过返回飞行器送回地球，着陆器自身仍留在火卫1表面，并利用150千克的国际探测设备进行科学观测。

"火卫1-土壤"探测火星任务原计划也分为四步。

第一步是发射"火卫1-土壤"探测器。原计划于2011年11月发射，2012年9月经过多次轨道纠正后进入火星轨道。

第二步是进入"火卫1-土壤"与火卫1的交会轨道。通过3次制动脉冲点火，使"火卫1-土壤"进入火卫1轨道平面上半径约为9900千米（比火卫1轨道高500千米）的圆轨道，从而每4天以200千米的距离接近火卫1一次。原计划于2013年1月由中间轨道进入观测轨道。2013年2月，由观测轨道进入准同步轨道。

第三步是探测器着陆火卫1。原计划于2013年2月离开准同步轨道，在恒定面向火星一面的赤道区域着陆。这一步最关键。由于火卫1是一个形状不规则的天体，其引力场很小，人类对其研究还不充分，所以在"火卫1-土壤"着陆在火卫1表面时要启动小推力发动机，以保证探测器着陆后压紧火卫1表面和增加稳定性。然后用仪器对火卫1土壤初步分析并取样。其土壤取样设备能够获取体积100立方厘米的柱形土壤表层样品和约1厘米直径的几个小石块。它们放在着陆器的返回转移密封舱。完成这些操作后，返回飞行器就准备从火卫1表面起飞。

第四步是探测器返回地球。返回地球的发射窗口原定于2013年9月。通过发送指令启动"火卫1-土壤"的分离系统（机械推杆），使返回飞行器携带返回转移密封舱与着陆器以1米/秒的相对速度分离。返回飞行器进入安全距离之后启动推进装置，从而进入高度比火卫1轨道高度略低的火星轨道。接着，转移到火星-地球行星际轨道，飞行10.5~11.5个月，装有样品的返回舱原计划于2014年8月降落到地球表面，其速度也将从进入大气层时的11.8千米/秒下降到35米/秒。

俄罗斯曾计划在2024年再次发射经过改进的"火卫1-土壤"探测器，但目前尚不知能否继续实施。

3 中日加入

日本计划在 2024 年 9 月发射第二个火星探测器——火星卫星探测计划。它将在 2025 年 8 月抵达火星，开展对火星大气和火星的两颗卫星的探测活动，并于 2029 年 7 月降落到火卫 1 表面，开展采集沙石样品和地形调查等工作。随后探测器返回地球，为人类研究火星提供重要证据，研究人员将详细研究火星卫星的成分，推测火星的形成历史。法国和美国将为日本火星探测器提供一部分先进仪器，法国还将围绕与火星卫星相遇的飞行动力难题与日本开展合作。

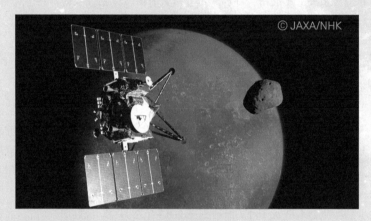

日本计划于 2024 年执行新的火星卫星探测任务

此次将进一步改进小行星探测器"隼鸟 2 号"验证过的采样返回技术，将安装在机械手顶端的圆筒状装置打入地下，每次收集 10 克以上的样品。该项目还将配备美国和欧洲空间局的分析装置。在全球竞相推进的火星生命探索领域，日本希望能够领先中国和美国取得成果。

计算机模拟显示，火卫 1 的表面存在着无数在火星表面随机发生的小型陨石撞击事件中溅射出来的火星物质。对于将火卫 1 为目标的日本火星卫星探索任务（采样返回）来说，火卫 1 与火星非常近，这意味着火星溅射的物质可以到达火卫 1，火星生命的痕迹和生物标记可能被带到火卫 1 而不会被摧毁。

其主要目标是在从一个小天体取回的样品中获取太阳系的原始物质。如果火卫 1 是火星引力捕获的 D 型小行星（观测数据表明，月球表面类似于 D 型小行星），那么预计该任务将收集太阳系的原始物质如有机物，而这些物质被认为在 D 型小行星上广泛存在。

链接： 不管火卫1的起源如何，火星表面的物质都曾在火卫1表面沉积下来，这是在前面提到的大量小陨石撞击火星表面后被溅射出来的。由于"火星卫星探测计划"计划于2029年返回地球，预示它携带火星样品返回地球的时间将比美国和欧洲空间局要早。也就是说，日本的目标是通过"火星卫星探测计划"获得世界上第一个各种火星表面物质的样品，这些物质可能包含火星生命和生物标记的痕迹及与火星卫星火卫1起源有关的物质。

根据规划，我国拟于2028年实施火星取样返回任务，计划将至少500克样品带回地球，对火星陨石和返回样品进行分析，研究制约火星有机质的成因、水岩作用、幔源挥发分含量等关键科学问题。这是我国深空探测重大科技项目的重要组成部分，可以实现对火星从全球普查到局部详查、着陆就位分析，再到样品实验室分析的递进。

4 面临挑战

美欧火星样品返回任务是一个多任务计划，目的在于取回"毅力号"火星车收集的火星岩芯样品。该计划现在仍处于概念设计和技术开发阶段，涉及多个航天器、多次发射和数十个相关机构。

相比于让火星车在火星表面直接分析样品，在地球上对样品进行分析的好处是，科学家们可以使用多种先进的实验室技术，这些技术往往因为载体体积过大、结构过程复杂而无法被送上火星。在地球的实验室中，他们可以以更快的速度进行分析，破解更多火星上是否曾经存在生命的相关信息。

在将火星样品带回地球之前，科学家和工程师们必须克服多个挑战，其中之一就是保护地球免受火星有害物质侵害。

让样品保持化学上的原始状态，以便后续能在地球上进行缜密的研究，同时，还需要对样品的储存容器进行高度消毒，确保没有任何有害物质侵害地球：这让火星样品返回任务成为真正意义上前无古人的任务。

链接： 数十亿年前，这颗红色星球可能曾经舒适而惬意，无数生灵在温暖湿润的环境中茁壮成长。然而，来自火星轨道器、着陆器和火星车数十年的数据显示，人类带回含有活火星生物样品的可能性几乎为零。相反，科学家们希望能够找到化石化的有机物质，或其他古代微生物生命的迹象。

———

　　尽管将生物从火星带回地球的风险很低，但是出于谨慎考虑，美国还是采取了重要的措施来确保火星样品在整个旅程中处于可靠的密封状态。在整个杰泽罗陨石坑收集岩芯并将它们放入主要由以钛（世界上最坚固的金属之一）为材料制成的样品管后，"毅力号"会将样品管紧紧密封，防止样品颗粒的意外流失，即使是其中最小的样品颗粒。然后，这些样品管将被储存在火星车的腹部，直到美国决定好将它们放置于火星表面的时间和位置。

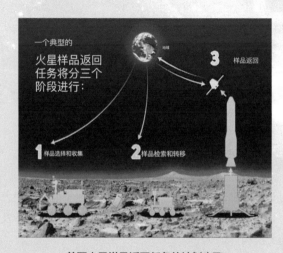

美国火星样品返回任务的计划步骤

　　美国工程师的主要任务之一是弄清楚如何做到在对样品管进行密封和消毒的同时，又不会消除样品管内岩芯中的重要化学特征。目前，工程师团队正在测试多种技术，其中一种名为硬钎焊，它的基本操作是将一种金属合金熔化成液体，可以在足够高的温度下密封样品管，从而对可能留在接缝中的所有火星尘埃进行消毒。

　　目前最大的技术挑战之一就是将这些珍贵的火星样品保持在它们在火星上可能经历的最高温度之下，也就是大约30℃以下。加热升温必须局限在需要硬钎焊的地方，限制热量流向样品。此外，工程师可以使用一种材料将样品隔绝起来，这种材料会吸收热量然后以非常缓慢的速度释放，或者，还可以通过安装导体来引导热量远离样品。

　　这些技术对火星样品返回任务来说至关重要，对未来的木卫2或土卫2的样品返回任务来说也是如此。

其他
探测篇

"旅行者1号"飞出太阳系了吗？"旅行者2号"探测了几颗行星？

2013年9月13日，美国国家航空航天局在官网宣布：美国"旅行者1号"正式成为第一个进入星际空间的人造物体。"旅行者"项目首席科学家斯通说："旅行者1号已经离开太阳风层，在宇宙海洋各恒星间遨游。"这个飞行了36年的空间探测器当时距离太阳大约190万亿千米。其实，科学数据显示，"旅行者1号"已于1年前进入了星际空间。虽然它仍受太

"旅行者1号"遨游宇宙示意图

阳引力等影响，但是美国权威专家认为进入星际空间是历史性飞跃，其意义堪比麦哲伦实现人类第一次环球航行或阿姆斯特朗实现人类首次登月。

1 边界之争

太阳系的边界一直存在争议，目前人类还没有完全达成共识。最早，不少天文学家认为应以冥王星轨道为界，即越过冥王星轨道就出了太阳系，它距太阳约40天文单位（1天文单位为太阳与地球的平均距离，约1.5亿千米）。另外有人提出以柯伊伯彗星带为界，它距太阳约50～1000天文单位。还有人认为，以空间探测器探测到的激波边界为界。另一种观点是以太阳层顶为界（太阳层顶是太阳圈与星际空间之间的边界，太阳风在此与星际物质达到平衡），它距太阳约100～160天文单位。还有人提出以依奥尔特云为界，它距太阳约10万天文单位。理论计算表明，太阳系的引力范围为15万～23万天文单位，若以这个为太阳系的边界，那太阳系就大了去了。

链接： 太阳风在星际介质内吹出的气泡被称为太阳圈，在这气泡的外面就是太阳风再也推不动的星际介质，这个边界通常称为太阳层顶，并且被认为是太阳系的外层边界。

这些观点可谓仁者见仁，智者见智，但简而言之，主要按照以下几种方式确定太

阳系边界：一是以距太阳最远的行星或矮行星的轨道为界；二是按太阳风所能到达的距离为界；三是按奥尔特云所处的位置为界；四是按太阳引力所能影响到的范围为界。其中奥尔特云是一个假设包围着太阳系的球体云团，布满着不少不活跃的彗星。

美国国家航空航天局的网站上虽然没有"旅行者1号"飞出太阳系的字样，但又称"旅行者1号"是第一个进入星际空间的人造物体，所谓的星际空间即恒星系与恒星系之间的空间，所以大多数人认为这就是飞出太阳系的意思，只是没有进入另一个恒星系。它达到了美国国家航空航天局有关飞出太阳系的最新标准。

近年来，美国国家航空航天局提出，确定空间探测器是在太阳系之内还是太阳系之外，主要应看它所在的区域占主导地位的粒子源自哪里。因为最新的空间探测成果表明，太阳系界面是延伸式和不规则的，原因是太阳粒子和太阳系外的宇宙粒子是互相影响的。所以美国国家航空航天局提出用三项新指标来衡量空间探测器是否飞出太阳系：一是空间探测器周围来自太阳的带电粒子数量是否急剧下降；二是来自太阳系外的宇宙射线是否陡然增加；三是所处空间的磁场方向是否突然改变，后改为所处空间的等离子体密度是否大大增加。

2013年3月，美国两所大学发表论文称，"旅行者1号"已经成为首个脱离太阳系的人造物体，但这一结论随即被美国国家航空航天局专家们批评为"草率、不实"。因为当时"旅行者1号"传回的数据表明，它虽然已探测到了飞出太阳系的三项关键指标中的两项，即来自太阳的带电粒子数量只有以前的1%，来自太阳系外的宇宙射线比以前增加了2倍，但是"旅行者1号"上的磁力计未发现磁场方向的偏转。

不过，"旅行者1号"当时传回的数据表明，它确实已抵达一个新的区域，这里已经有了太阳系外的"味道"。这片全新区域被科学家比作"磁场高速公路"，即太阳系内外的过渡区，在"磁场高速公路"内，带电粒子会急速地四处乱窜，沿着"磁场高速公路"快速进进出出。

"旅行者1号"探索"磁场高速公路"
区域示意图

2 意外收获

因为没有获得"旅行者1号"飞出太阳系的第三条证据，所以人们对它是否飞出太阳系一直争论不休，正当有关专家感到"山重水复疑无路"之时，2013年突然"柳暗花明又一村"，太阳活动高峰给了他们意外支持。

2012年3月，太阳突然发生了一次物质喷发，这些物质经过13个月时间并于2013年4月9日到达"旅行者1号"当时所处的位置，并使其周围的等离子体发生了振荡，频率达到 3.1 千赫兹，该频率意味着该处的等离子体密度比在太阳系传统范围内大 80 倍（比"旅行者 2 号"同一时间在太阳圈内探测到的等离子体密度大 40 倍），接近了天文学家预测的星际空间的等离子体密度，据此，"旅行者"项目团队改变了此前判断空间探测器是否飞出太阳系的第三条标准，由所处空间的磁场方向突然改变改为等离子体密度大大增加。因而专家认为，"旅行者 1 号"现在已经通过太阳层顶，进入了星际空间，并被等离子体包围。

科学家通过探测"旅行者 1 号"周围等离子体振荡的大小可计算电子密度，从而推定"旅行者 1 号"的位置。2012 年 10 月 23 日—11 月 27 日，"旅行者 1 号"所处区域电子密度为 0.06 个／立方厘米。2013 年 4 月 9 日—5 月 22 日，它所处区域电子密度为 0.08 个／立方厘米。现有理论认为，星际空间电子密度在 0.05 个／立方厘米～0.22 个／立方厘米之间。按"旅行者 1 号"每年飞行约 3.5 天文单位的速度计算，结合 2012 年 10 月至 11 月间获得的数据，科学家最终一致认定，"旅行者 1 号"在 2012 年 8 月 25 日前后跨出了太阳系，那一天也恰好是"旅行者 1 号"所处空间出现太阳粒子基本消失和银河宇宙射线数量明显上升的日期，当时它距离太阳大约 121 天文单位。随着"旅行者"系列探测器在星际空间位置的"愈发深入"，其周围的电子密度也在不断上升。

链接： 星际空间等离子体密度的多少是判别"旅行者 1 号"是否飞出太阳圈的主要标志。等离子体广泛存在于宇宙空间中，是带电粒子最稠密和运动最缓慢的形态。因为太阳风从太阳表面向四面八方流出，如果"旅行者 1 号"突破了太阳圈，那其周围的等离子体就会发生改变。现在，"旅行者 1 号"已经穿透了太阳层顶，也就是太阳等离子体和星际等离子体之间一直假设存在的那道边界。

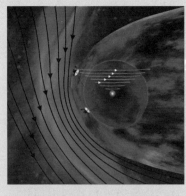

"旅行者 1 号"进入太阳系的磁场（白线）和星际磁场（黑色线）的交界区示意图

此前，由于"旅行者 1 号"不能对等离子体进行直接的观测，因此科学家想通过测量磁场变化的方法来间接测量等离子体的变化。然而，"旅行者 1 号"周围的磁场方向并没有发生变化，幸运的科学家借助太阳风暴探测了"旅行者 1 号"周围的星际空间等离子体。不过，因为目前"旅行者 1 号"所在区域的磁场方向没有按照预期改变，所以一些学者对它是否飞出太阳系仍存争议，但是一位马里兰大学的电子和应用物理学研究员认为，粒子数据"更靠谱"，磁场变化幅度可能不如科研人员想象中的那么大。不过，为了谨慎起见，"旅行者"项目团队对外的正式说法是："旅行者1号"已进入新的宇宙区域。

现在，虽然"旅行者1号"仍能探测到部分太阳磁场和带电粒子效应，因此无法确定"旅行者1号"什么时候才能到达完全没有太阳影响的星际空间。但是一般认为，"旅行者1号"已经摆脱了太阳系的主要影响，进入临近太阳系外一片崭新的过渡区域，因此可以认为它已飞出了太阳系。这样做既有科学依据，也是对人类的巨大鼓舞和激励。它也揭示了太阳系的大小，即太阳系的边界距太阳约122天文单位，这大致相当于冥王星与太阳距离的3倍。"旅行者1号"与太阳的距离比"旅行者2号"与太阳的距离远大约 3.5×10^9 千米。另外，"旅行者1号"的飞行方向更向北，而"旅行者2号"的飞行方向更向南，几年之后，"旅行者2号"也飞出了太阳系。

3 地球之音

"旅行者1号"是1977年9月5日升空的。在此前的1977年8月20日，与其基本一样的"旅行者2号"率先上天。这2个"旅行者"探测器的最初目标都是探测木星、土星、天王星和海王星。它们的飞行轨道设计利用了这几颗地外行星当时处于非平常（每177年出现1次）的排列特点，可以采取行星借力飞行的方式从木星飞向土星，然后飞向天王星和海王星，从而实现1个探测器飞越4颗地外行星的任务目标。

但是由于飞行轨道不同，速度较快的"旅行者1号"后来居上，于1979年3月飞到木星附近，1979年11月飞到土星附近，拍摄了土卫1~土卫6的图像。后来，又因为"旅行者1号"新增加了重点探测可能有生命的土卫6的任务，需要绕飞土卫6，而探测土卫6有特定的轨道要求，因此在完成土卫6探测之后，"旅行者1号"没有按原定计划飞往天王星和海王星进行探测，而是直奔太阳系边缘，超过了"先驱者10号"飞离地球的距离，成为距离地球最远的人造物体。

"旅行者2号"还是按照原定计划进行探测，是目前唯一完成"四星联游"的空间探测器。1979年4月，"旅行者2号"到达木星附近，拍摄了包括木卫2~木卫5在内的木星系的多幅图像；1979年7月，探测器飞离木星，1981年8月飞到土星附近；1986年1月，探测器飞到天王星附近，发现了天王星的10颗新卫星；1989年8月，探测器到达距离海王星表面4500千米的云层上空，发现了海王星的5颗新卫星和4个新光环，并探测到海王星是太阳系中最冷的行星。此后，探测器飞向外太阳系，现在也飞出了太阳风的边界。

"旅行者1号"和"旅行者2号"的大部分科学探测仪器装在右侧的短悬臂上

两个"旅行者"探测器的质量均为 822 千克，其构型和携带的有效载荷基本相同，主平台为高 0.47 米的十面体，平台顶部装有直径 3.6 米的高增益抛物面天线。大部分科学仪器安装在从平台伸出 2.5 米的支杆上，与该支杆相反方向的 13 米支杆上安装有磁强计。2 副 10 米的鞭状天线从平台侧面伸出，用于等离子波实验和射电天文实验。

探测器装有 3 台互联的星上计算机，均采用部件级冗余设计，以确保探测器可靠连续地工作。探测器与地球的通信通过高增益抛物面天线进行，低增益天线作为备份。高增益抛物面天线提供 X 频段双向通信（数据率为 7.2 千比特 / 秒）和 S 频段下行遥测（数据率为 40 比特 / 秒）。"旅行者"系列探测器是世界上首个采用 X 频段作为主遥测链路的空间探测器系列。

"旅行者 1 号""旅行者 2 号"探测器各自携带了 10 种有效载荷，包括成像系统、紫外光谱仪、红外光谱仪、行星射电天文学实验、照相偏振测量仪、磁强计、等离子微粒实验、低能量带电粒子实验、等离子波实验、宇宙射线望远镜，用于探测宇宙射线、行星磁场、行星大气成分等。

链接："旅行者 1 号""旅行者 2 号"都携带了一张名为"地球之音"的 30.5 厘米镀金铜制唱片。唱片的一面录制了世界 60 种不同语言的问候语、35 种自然界声响和 27 首古今世界名曲；另一面录制了 115 张反映地球人类文明的图像，其中包括中国长城和中国家宴的图像。

为"旅行者 1 号"安装"地球之音"唱片

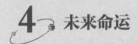 未来命运

两个"旅行者"探测器飞出太阳系后的主要任务是测量宇宙光束粒子，探测太阳

风和其他恒星风之间的作用，其下一个里程碑也许是飞抵太阳之外的另一颗恒星，不过，实现这一目标大约需要 4 万年。此外，它们还带着将地球人的信息——"地球之音"传递给外星人的任务。未来摆在"旅行者"系列探测器面前的问题主要有两个。

一是电力的问题。为了节约电力，"旅行者 1 号"在探测了土星及其卫星后陆续关闭了一些有效载荷，2020 年关闭了磁场和粒子探测设备，只留下紫外线探测设备继续工作，直到 2025 年核电源耗尽。在 2025 年以后，地球将收不到"旅行者 1 号"发回的科学数据，但其工程数据还将在之后几年中继续传回，它会继续以 17 千米 / 秒以上的第三宇宙速度向着银河系的中心前进。

链接：两个"旅行者"探测器各装有 3 台放射性同位素热电发生器（核电源）作为电源，每台核电源质量为 39 千克。发射时，可提供 30 伏、470 瓦的电能。系统的总能量输出将随着同位素放射源的消耗而缓慢减少；发射 19 年后，系统的功率输出降为 335 瓦。目前，放射性同位素热电发生器每年产生的功率很小，因此科学家需要确定哪种设备是传回太阳圈和星际空间关键数据的优先设备，并将其他设备逐一关闭。

二是信号的接收问题。因为信号的强度与距离的平方成反比，距离越远信号越弱。"旅行者 1 号"和"旅行者 2 号"可以飞得无限远，但是如果地球接收不到信号，那一切都没有意义。目前"旅行者 1 号"发回的数据要用 20 多个小时才能传回地球。

"旅行者 1 号"正在以每年 3.5 天文单位的速度远离太阳系，方向是与黄道平面成 35° 夹角向北，即向着蛇夫座的方向飞去，到公元 40272 年（大约 3.8 万年后），"旅行者 1 号"将到达距离小熊座一颗模糊恒星 1.7 光年的地方。

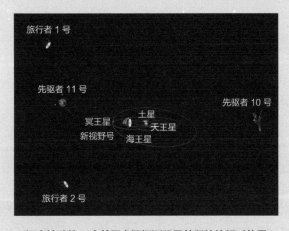

远离地球的 5 个美国空间探测器目前所处的相对位置

截至 2022 年年初，"旅行者 1 号"已飞行了 232.9 亿千米，并且还在与地球保持通信。目前，"旅行者 1 号"上还有 4 台设备能够正常运行，但是由于距离遥远，探测数据以光速传回地球，仍然需要 21.5 小时的时间。其飞行速度为 16.9 千米 / 秒，按此速度继续飞行，将需要 1.8 万年才能够飞出 1 光年的距离。未来，"旅行者 1 号"将在浩瀚的星际空间中穿行，不会近距离造访其他恒星系统。

由于"旅行者 1 号"的速度远远低于第四宇宙速度（550 千米 / 秒），因此它无法飞出银河系，而是会像太阳和其他恒星那样，一直绕着银心飞行，绕行一圈的时间估计需要上亿年。

"旅行者 2 号"现正以每年 3.1 天文单位的速度飞行，方向是与黄道平面成 48° 夹角向南，向射手座和孔雀座的方向飞去。在大约 4 万年后，"旅行者 2 号"将到达距离一颗名为 Ross 248 的恒星 1.7 光年的位置，这颗小型恒星位于仙女座。

水星上有水吗？为什么人类发射的水星探测器很少？世界第一个专用水星探测器叫什么？它是怎样探测水星的？

2018 年 10 月 20 日，欧洲空间局阿里安 5 号运载火箭成功发射了由欧洲空间局和日本联合研制的"贝皮·科伦布"水星探测器。这是进入 21 世纪以来，继美国"信使号"之后全球第二次发射专用水星探测器，质量为 4.4 吨，预计将在 2025 年年底到达水星，展开为期一年的水星探测活动，最终完成人类对这颗行星迄今为止最广泛和最详尽的研究，有望获得重大发现，改写教科书。

---

1 水星概貌

因为水星是距离太阳最近的行星，因此探测水星能更好地了解一些有关太阳系的进化和历史演变的基本问题。

有人说，水星名不副实，因为它是太阳系中距离太阳最近的行星，温度很高，所以上面根本没有水。但是也有人认为，在水星朝向太阳的一面，其表层温度可达 400℃及以上，在这种环境下基本上不太有可能有冰存在；而在水星极地永远照不到太阳光的阴暗陨石坑深处，则很可能有结冰的水沉积物存在。

水星直径大约为 4800 千米，约为地球直径的 40%，水星质量大约是地球质量的 1/20。其密度在太阳系中仅次于地球。水星表面布满坑洞，一天比一年长，昼夜温差很大。

水星运行轨道是呈椭圆形的。它靠近太阳时，距离太阳约 4600 万千米；远离太阳时，距离太阳约 7000 万千米；其与太阳的平均距离为 5791 万千米。因此，水星在轨道上公转的速度有快有慢，在距太阳近时，公转速度可达到 56 千米/秒；在距太阳远时，公转速度降为 37 千米/秒。

水星

由于水星距离太阳最近，被太阳耀眼的光芒所笼罩，因此人们在地球上很难看清它的身影。当水星运行到太阳和地球之间时，只有它的背面被照亮，因此从地球上看不到水星的身影。如果想从地球上看到水星，只有在水星与太阳的角距最大时，才能在地球上看到它的一部分，最多只能看到它的"半边脸"。

在太阳系的八大行星中，水星获得了几个"最"的记录：距离太阳最近、轨道速度最快、一"年"时间最短、表面温差最大、卫星最少、一"天"时间最长。

链接： 总之，水星没有空气，也没有卫星。其上的温差很大（昼夜两面温差近 600℃），运行速度快，没有什么惊人的奇观，更没有任何生物的痕迹。但是水星这种既像月球又像地球的特征，使得它成了宇宙中物质多样性的生动证明，也是研究太阳系形成和起源的宝贵资料。

2 水手 10 号

水星作为太阳系最深处的行星，其轨道与太阳的平均距离只有 5791 万千米，太热，因此靠近它十分困难。美国"水手 10 号"探测器是世界第一个探测水星的空间探测器。

1973 年 11 月 3 日发射的美国"水手 10 号"探测器是通过掠过的方式来探测水星的。它在 1974 年 2 月探测了金星之后借助金星的引力改变轨道，进入一条以 176 天为周期绕太阳飞行的椭圆轨道。这条轨道的近日点正好与水星绕太阳飞行的椭圆轨道的远日点相会，从而使"水手 10 号"可以每隔两个水星年就与水星周期性相会一次，即每隔约 6 个地球月能与水星靠近两次，直到用于姿态控制的气体耗尽。

"水手 10 号"对金星和水星进行了双星观测，它也是世界上第一个双星探测器。该探测器质量为 0.5 吨，基本结构是镁合金做成的八面棱柱体，直径 1.5 米，内部分 8 个隔舱，粒子探测器、红外辐射计、紫外光度计和两部高性能相机等主要科学仪器都装在这里。棱柱外面有 4 个太阳能电池翼，能提供 500～800 瓦电力供科学仪器工作。四周

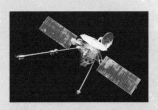

美国"水手10号"探测器

装的百叶窗用于自动控制温度。姿态控制使用气体喷管。

"水手10号"于1974年3月29日、9月21日和1975年3月16日曾三次在日心椭圆轨道上和水星相会。它们第一次相会发生在距水星表面431千米处，当时"水手10号"及时拍摄了第一批水星图像，表明水星是一个布满大小环形山、外貌很像月球的世界。第二次相会发生在距水星表面48 000千米处，第三次相会发生在距水星表面320千米处。

"水手10号"共发回5000多幅水星全景、近景和特写图像。从图像中能分辨出水星表面直径只有一两千米的环形山的结构细节。这些图像使人们首次在很近的距离上看清了这颗行星的真实面貌。

链接： 受推进系统和热控制系统等技术因素的制约，当时还不知道如何利用有限的推进能力把探测器送入环水星轨道，以及怎样抵抗来自太阳的高热，所以，"水手10号"探测器没有进入水星轨道。因此，它每次飞掠水星时仅能观测到水星的一侧，只能绘制水星表面45%的面积，而且分辨率只有1.6千米。

此后，由于水星还有许多未解之谜，必须发射专用水星探测器对水星进行长时间、近距离观测才能逐渐破解这些未解之谜。于是，美国研制、发射了世界第一个专用水星探测器——信使号。

3 人类信使

2004年8月3日，美国"信使号"水星探测器升空。它采用了先进的防热措施，装有7台用于完成6项科学目标的探测仪器，于2011年3月17日进入环水星轨道，成为世界第一个进入水星轨道的空间探测器，开始对水星进行为期1年的科学考察。这是自"水手10号"探测水星起30年来人类探测器首次对水星进行全面的环绕探测。

"信使号"此行有6项科学目标：水星有何种磁场特征？为什么水星的密度那样高？水星具有何种地质形成过程？水星核具有怎样的构成和形态？水星两极的异常物质是什么？水星表面有哪些不稳定物质对其外大气层的形成起了重要作用？

1年后，"信使号"超期服役。最终，它于2015年4月30日以螺旋硬着陆的方式受控撞向水星表面，在水星表面形成一个陨石坑。自2011年以来，信使号拍摄了25万多张水星图像，为科学家勘测与研究水星提供了大量资料。

耗资 4.46 亿美元的"信使号"发射质量为 1100 千克，其中主体结构和科学仪器约 500 千克，燃料为 600 千克。

水星上看太阳的亮度是地球上看太阳的亮度的十余倍，其表面温度可达到 450℃，所以设计"信使号"的关键是如何应对水星的高温环境。

依靠遮阳罩降温的"信使号"

为了少带燃料，节约成本，"信使号"没有直奔水星，而是借助地球、金星和水星的引力，飞行了 79 亿千米（环绕太阳 15 圈）后才进入水星轨道。

为了抵御来自太阳的高温，"信使号"装有先进的大型遮阳罩。它是由耐高温陶瓷材料制成的，很像一个盾牌。当"信使号"接近太阳时，遮阳罩的温度可达到 371℃，然而在遮阳罩的遮挡下，"信使号"的温度仅保持在 20℃ 常温水平。"信使号"上多数的电子设备都在背阳的一面，并放置在接近室温的空间内。

链接："信使号"还有许多引人注目的特点。例如，其太阳能电池翼由数千个小"镜子"组成，其中 2/3 的"镜子"用于反射水星附近的强烈太阳光，剩下的"镜子"用于将光能转化成电能。其内部有许多和电子仪器相连的排热管，一直通到探测器外表。它的星体结构主要由石墨环氧材料制成。这种复合材料结构不仅质量较小，而且具有足以耐受发射环境的强度。

4 成果显著

"信使号"携带了 7 台探测仪器，以绘制水星表面的详细资料、获取水星地壳成分，勘测其磁场属性和稀薄大气层。对水星表面构成的研究有助于揭示水星密度大于太阳系中其他行星的原因。

其上的磁力计用于测量水星的磁场，并搜索水星地壳被磁化的岩石范围；γ 射线与中子光谱仪用于探测水星表面不同元素的相对丰度和从未受到过太阳光直射的水星两极区域是否有冰存在；X 射线光谱仪用于测定水星地壳物质中各种元素的丰度；水星大气与表面成分光谱仪用于测定大气气体的丰度和探测水星

"信使号"进入水星轨道后拍摄的首张图像（2011 年 3 月 29 日），由先期开机的水星双重成像系统采用广角模式拍摄的水星南极

表面上的矿物质；高能粒子与等离子体光谱仪用于测量水星磁层中带电粒子（电子和各种离子）的成分、分布及能量；水星双重成像系统用于测绘地貌，跟踪表面光谱的变化；水星激光高度计用于精确测量"信使号"与水星表面的距离。

"信使号"向地球传回了25万多张水星图像，获取了水星表面地质地貌、磁场、稀薄大气等的海量数据，从而极大地增进了人类对水星的全面理解。

链接： "信使号"完成了对水星全貌的测绘，这有助于深刻地了解水星地壳的演化和形成，证实了水星存在活跃的稀薄大气，大气中富含氢、氦、氧、钙、硫、钠、钾、水蒸气和一些被认为在空间环境中不易保存的挥发性元素。

5 欧日联探

2018年10月20日发射的"贝皮·科伦布"水星探测器，是以欧洲空间局为主与日本联合研制的，这是人类近年来为数不多的水星探测计划之一，还是美国之外第一个水星探测计划。它包括两个探测器，是世界首次通过由两个不同任务探测器组成的编队来探测水星，任务复杂程度可想而知。

"贝皮·科伦布"由欧洲空间局的"水星行星轨道器"（主探测器）、日本的"水星磁层轨道器"（次探测器）和欧洲空间局的"水星转移模块"三部分组成，所以实际上这次计划等于发射了两个水星探测器。它们在发射和巡航阶段是一个探测器组合体。在进入水星轨道后分离，分别对水星的星体和环境进行探测，包括探测水星内部结构和水星磁层与太阳风的相互作用。这些研究将会大大刷新人类对水星的认知，有可能揭示水星的成因及它距离太阳如此近的原因。

"贝皮·科伦布"探测器组合体的结构。顶部为日本的"水星磁层轨道器"，第二个是遮阳罩，第三个是欧洲空间局"水星行星轨道器"，底部是欧洲空间局"水星转移模块"

欧洲空间局的"水星行星轨道器"是组合体的主探测器，执行协调管理任务。它采用三轴稳定模式，进入水星轨道后的主要任务是观测水星表面地形，精密测量水星上的矿物质，搞清其化学成分；测量水星重力场等；对水星进行测绘，研究水星表面和内部成分；详细研究水星磁场环境、行星与太阳风交互及大气外层的化学组成。它装有 11 台科学探测仪器，侧重对水星地形和物质构成的探测。

其上的水星 γ 射线与中子光谱仪用于探测水星表面和次表层的化学成分及两极永久阴影地区挥发沉积物分布；逃逸层探测紫外光谱仪用于探测水星大气逃逸层的构成与动力；激光高度计用于测绘水星地表与地质特征；意大利弹力加速计用于探测水星内部结构并验证爱因斯坦广义相对论；水星磁强计用于对水星磁场进行详细测绘，并研究其与太阳风之间的相互作用；水星轨道器无线电科学试验仪用于探测水星重力场、水星核大小与物理状态；中性和电离粒子分析器用于研究水星表层、逃逸层、磁层与太阳风之间气态的相互作用；集成观测系统光谱仪与成像仪用于探测水星地形、火山活动、全球构造、地表年龄与构成及其地质；水星成像 X 射线光谱仪将以高分辨率绘制水星表面原子构成图，是世界首个探测另一个行星体的 X 射线成像仪；水星热红外光谱仪将以高分辨率光谱探测水星地表矿物构成；太阳密度 X 射线光谱仪将以高分辨率和宽视场探测太阳 X 射线和粒子。

日本的"水星磁层轨道器"采用自旋稳定模式，主要任务是观测水星固有磁场、磁层、大气和地形等，关注水星的地表组成和变化过程。它将从多角度对水星表层和内部的磁场与磁层开展综合观测；通过对水星表层和内部进行详查来确认水星本身是一种具有特异结构的星体，通过对其深入观测、研究和分析会对人类解开距离太阳最近的水星的形成之谜发挥重要作用。

"水星磁层轨道器"装有 5 台科学仪器，用于探明水星上固有磁场的成因；找出水星上的磁层与地球上的磁层有哪些不同，并掌握其特异性；掌握水星表面所生成稀薄大气及其消散的原理；对位于太阳附近行星间的空间进行观测。

其上的水星等离子体粒子实验仪用于研究水星磁层的低能粒子与高能粒子密度、速度、温度；研究水星磁层结构与动力的水星等离子体波仪用于观测水星磁圈，确定其电子密度和温度，研究水星磁层；水星钠大气光谱成像仪用于探测水星本身稀薄的钠大气的分布及其变化情况，研究水星逃逸层钠离子丰度、分布与动力；水星尘监测仪用于研究水星轨道上的行星尘分布；水星磁强计用于探测水星的起源、磁圈、内部太阳圈的磁场分布，详细了解水星磁层及其与行星磁场和太阳风的相互作用。

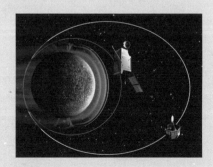

"贝皮·科伦布"水星探测器探测水星示意图。内圈是欧洲空间局研制的"水星行星轨道器"，外圈是日本研制的"水星磁层轨道器"

链接： 这两个水星探测器将一起揭示太阳风交互作用对水星环境和地表的影响。此外，还将对这个过程进行多时空位点探测，这种探测方式只有使用两个及以上的航天器才能实现，且它们的轨道必须满足能够在多时空位点探测方面互相补充的要求，最终完成人类迄今为止对水星最广泛和最详尽的研究。

金星与地球的距离比火星与地球还近，为什么科学家更青睐火星探测任务？人类早期发射过哪些金星探测器？

金星是太阳系八大行星中距离地球最近的行星，与地球的平均距离大约为4050万千米，所以人类对太阳系行星的探测首先是从金星开始的。到2022年，人类已向金星发射了32个空间探测器，其中23个成功，9个失败，加上各种路过的探测器总数已超过40个，但是比发射的火星探测器数量少。

1 难识真容

金星在地球内侧的轨道上运行，处于水星和地球之间。另外，除了太阳和月球，金星还是人的肉眼能够看到的最为明亮的天体，自古以来中国人通常将它称作"太白金星"。那么，为什么人们青睐火星探测，而不重视金星探测呢？这主要是因为金星总被浓厚的云层包围着，即使发射空间探测器也极不容易看清它的真实面目。另外，金星与地球很不一样，未来几乎不可能成为人类的新家园。

由于金星的体积和质量与地球非常类似，直径是地球的95%，质量约为地球的80%，因此人们曾一直把它看作地球的孪生星球。然而，金星在许多方面与地球迥然不同：它的公转周期约225天，但自转为逆向，且速度很慢，自转周期为243天，比它绕太阳公转的周期还长约18天，也就是说金星上的一天比一年还长，在金星上看到的太阳是西升东落的。人们常用"除非太阳从西边出来"来讽喻根本无法实现的奢望，但是在金星上这却是天经地义的。金

美国"麦哲伦号"探测器于1991年拍摄的金星图像

星与太阳的距离是地球与太阳的距离的约 7/10，其上的太阳辐射比地球上的强约 2 倍。

另外，金星的温室效应比地球强烈上万倍，它上面的大气实在太厚，且绝大多数是二氧化碳，还含有少量的氮气，大气压也是地球的 92 倍。此外，金星的大气中还有一层 20 ～ 30 千米厚的浓硫酸云，这些气体将 60% 的太阳辐射反射到宇宙空间，真正到达金星表面的太阳辐射是很少的，金星的高温全部是这些温室气体造成的。天文学家估计，如果没有温室效应，金星会降温 400℃。

金星和地球一样有雷电和降雨现象，不过金星上的雨是浓硫酸雨，腐蚀着金星的大地。正是因为金星强烈的温室效应，即使它背对太阳的一面也会有 380℃ 的高温，整个金星也没有四季之分。

链接： 在浓密的大气之下，金星是一个表面温度高达 465℃ ~ 485℃ 的世界，比距离太阳最近的水星还要热；同时，金星上有无数火山在不断地喷发，加剧了金星大气的对流，形成了一年到头的狂风，风力比地球上的台风还要猛烈 6 倍。对于这样的高温和充满狂风的世界，空间探测器很难接近并进行考察。

2 探测简史

正是因为金星与众不同，因此人类一直想进一步探询它的奥秘。人类对金星进行探测的空间飞行器主要有以下系列。

苏联"金星 4 号"探测器是首个进入地外行星大气层的人造物体

- 苏联"金星"系列，1963—1984 年发射，其中有一些探测器在金星表面实现了软着陆。
- 美国"水手"系列，1962—1973 年发射，探测金星及其周围空间。
- 美国"先驱者－金星"系列，1978 年发射，对金星进行了综合探测。
- 美国"麦哲伦号"探测器，1989 年发射，绕金星观测飞行了 243 天。
- 美国"伽利略号"探测器，1989 年发射，1990 年飞越金星。
- 欧洲空间局"金星快车"探测器，2005 年发射，2006 年进入金星轨道工作。
- 日本"拂晓号"探测器，2010 年发射，2015 年进入金星轨道工作。

受金星地表附近的极端条件影响，这些金星探测器中的大部分都无法将全部信息送回地球，也不能在那里长期工作，但是它们仍然对金星大气进行了化学分析，也对金星部分地表进行了化学分析。

这些金星探测器使科学家们看到了金星的大体面目。例如，认知了金星的奇特大气。金星大气可以分为上层、云层、下层三个层次。距金星表面 100 ~ 500 千米为上层稀薄大气，它在太阳风、宇宙射线等的作用下被电离而形成电离层。

人类现在已经了解了金星的地质地貌。金星表面乱石纵横，面积的 2/3 是丘陵高地，1/4 是洼地，1/10 是山区，很像地球大陆。表面物质几乎全是硅、铝、铁、镁、钙、钛、钾、锰等的氧化物，表层下埋藏着钾、铀、钍等元素。金星有过与地球规模相仿的海洋，但已全部蒸发。由于高温和无水，金星上没有生命。

链接： 人类通过金星探测器还掌握了金星的温室效应。人们通常把透射太阳光的密闭空间形成内部相对温度较高的环境称作温室效应，金星上浓密的大气层使其表面空间出现了这种现象。金星表面温度极高，即使夜间下降得也不多，成了太阳系中最热的行星。根源在于其表面压力约 90 个地球大气压的以二氧化碳为主要成分的金星大气，二氧化碳气体白天可使太阳光通过，照射到金星表面，晚间又阻隔金星表面红外线的向外辐射，使金星表面无法对外进行热交换，最终使金星成为一个大温室。

3 探金先锋

从 1961 年 2 月 12 日到 1983 年 6 月 7 日，苏联先后发射了 16 个"金星"系列探测器，在人类金星探测领域立下了汗马功劳。其主要任务是探测金星和金星周围空间，为人类认识金星做出了重要贡献。苏联"金星"系列探测器实现了人类行星探测史上的多个"首次"，包括首次发射人造物体进入地球之外的行星的大气层（金星 4 号），首次在地球之外的行星表面软着陆（金星 7 号），首次从地球之外的行星表面返回图像（金星 9 号），首次测绘金星的高分辨率图像（金星 15 号）等。

苏联"金星 7 号"在轨飞行示意图

其中，金星 1 号 ~ 8 号较小，质量在 643 千克与 1184 千克之间；金星 9 号 ~ 16 号较大，质量在 4363 千克与 5300 千克之间。它们的用途也不一样，有 2 个飞过金星，4 个硬着陆于金星表面，另外 10 个在金星表面实现了软着陆。在 20 多年的时间中，它们探测了金星大气的温度、密度和成分，考察了金星表面和岩层，拍摄了大量金星图像并发回地球，取得了许多重要的科学数据。

"金星"系列探测器包括绕金星轨道运行的轨道舱和着陆舱（现在一般叫作轨道器和着陆器）两部分。其着陆舱在向金星表面降落期间探测金星大气的压力、温度、密度、风速、照度、云层结构和化学成分，着陆后直接测量金星表面的各种参数，并考察金星表层土壤，在着陆地点钻探金星岩层，完成岩样的化学分析。其轨道舱除了使用数据遥测系统向地球发回各种测量数据，还用电视摄像机系统拍摄了金星表面的图像，并发回地球。

链接： "金星"系列探测器带有定向系统、轨道修正发动机、远程无线电通信和轨道测量系统及太阳能电池阵电源系统。除了金星1号和2号，其他探测器都有着陆系统。"金星"系列探测器首先被送入地球停泊轨道，然后点燃末级火箭，进入飞向金星的轨道。

1961年2月12日发射的"金星1号"是世界第一个飞向金星的探测器。这个探测器重643千克，1961年5月19日—20日在距金星9.6万千米处飞过，进入太阳轨道后通信中断，没有探测结果。

金星2号和3号分别于1965年11月12日和11月16日发射，首次完成双星飞行，其中"金星2号"质量约963千克，于1966年2月27日在距金星2.4万千米处飞过，但是出现通信故障，与地面失去联系，最终进入日心轨道。"金星3号"质量约960千克，其着陆舱1966年3月1日在金星表面硬着陆，偏离预计着陆地点约450千米。这是人类航天史上首次实现的空间探测器到达另一行星的航行。着陆舱在金星表面硬着陆后，通信遥测信号全部中断，与地球失去联系。

1967年6月12日发射的"金星4号"于同年10月18日到达金星附近，并向金星释放了一个着陆舱，它在穿过大气层期间测量了大气温度、压力和化学成分，第一次向地球发回探测数据，并且探明金星不具有明显的磁场，也不存在辐射带，从而成为世界首个测量地球之外的行星的探测器。

金星5号和6号相继于1969年1月5日和1月10日发射，并于同年5月16日和5月17日落在金星的背阳面。它们在降落过程中测量了金星的环境参数，并分别与地球保持了53分钟和51分钟的通信联系，直至探测器电池电量耗尽。

1970年8月17日发射的"金星7号"质量为1180千克，它于同年12月15日进入金星大气层，其着陆舱实现了人造物体第一次在金星表面软着陆，并成为世界首个从金星表面向地球传输数据的探测器。它发回的数据表明，金星表面的大气压强约为地球的90倍，温度高达470℃。

苏联"金星7号"着陆舱
降落金星示意图

质量为 1180 千克的"金星 8 号"是于 1972 年 3 月 27 日升空的。其着陆舱于同年 7 月 22 日在金星的向阳面软着陆，探测了金星表层土壤，测量了岩石的铀、钾、钍的含量，还对金星表面的太阳光强度和金星云层进行了测量。

1975 年 6 月 8 日和 6 月 14 日，苏联先后发射了 4650 千克的"金星 9 号"和 4600 千克的"金星 10 号"。它们的着陆舱在同年 10 月 22 日和 10 月 25 日先后在金星表面软着陆，工作时间分别为 53 分钟和 65 分钟。它们的轨道舱分别进入不同的金星轨道，成为绕金星飞行的第一批人造金星卫星，并作为无线电中继站在金星轨道上运行，将着陆舱的测量结果和金星图像转发给地球。它们探测了金星大气结构和特性，首次发回了电视摄像机拍摄的金星表面图像，图像中能够清晰地看到 100 米远的景物，着陆地点四周布满了直径 10 米不等的石块。

质量均为 4940 千克的金星 11 号和 12 号分别于 1978 年 9 月 9 日和 9 月 14 日发射。它们的着陆舱分别于同年 12 月 21 日和 12 月 25 日在金星表面软着陆，分别工作了 95 分钟和 110 分钟，测量了金星大气的稀有成分、金星云的气溶胶结构，研究了金星大气电过程及太阳和银河系的 γ 射线爆发。

1981 年 10 月 30 日和 11 月 4 日先后入轨的金星 13 号和 14 号，于 1982 年 3 月 1 日和 3 月 5 日在金星表面软着陆。它们的质量均为 760 千克左右，它们的着陆舱工作时间分别为 127 分钟

苏联"金星 9 号"是人类首个从地球之外的行星表面返回图像的探测器

和 57 分钟。着陆舱携带的自动钻探装置钻探了金星岩层，获得了土样和岩样并进行了现场分析，向地球发回了金星表面的彩色全景图像。

链接：质量均为 4000 千克的金星 15 号和 16 号是最后发射的 2 个"金星"系列探测器。它们分别于 1983 年 6 月 2 日和 6 月 7 日发射，同年 10 月 10 日和 10 月 14 日成为金星的人造卫星，每 24 小时环绕金星 1 周，探测了金星表面和大气层的情况。探测器上的雷达成像设备在金星轨道上对金星表面进行了扫描观测，成功绘制了北纬 30° 以北约 25% 的金星表面地形图。

"金星15号"首次拍摄了金星的高分辨率图像

4 全能"水手"

"水手"系列探测器是美国发射的早期行星和行星际探测器系列，主要任务是探测金星和火星及其周围空间。1962年7月22日—1973年11月3日共发射10个探测器，其中3个飞向金星，2个成功；6个飞向火星，4个成功；1个（水星10号）对金星和水星进行了双星观测，成为世界上第一个双星观测器。

"水手"系列探测器质量约500千克，基本结构是镁合金做成的八面棱柱体，直径1.5米，内部分为8个隔舱，主要科学仪器都装在这里。棱柱外面有4个太阳能电池翼，能提供500～800瓦电力供科学仪器工作。四周装的百叶窗用于自动控制温度。使用气体喷管控制姿态。

美国在1962年8月27日发射的"水手2号"探测器于同年12月14日从距金星34 762千米处飞过，在飞越金星的42分钟内，实现了人类首次测量金星大气温度，拍摄到了金星的图像，然后进入日心轨道。它是世界第一个成功探测金星的探测器，也是世界首个成功运行的行星际探测器。

1964年11月28日升空的"水手4号"对火星做了近距离考察，探测到火星的大气密度不足地球的1%。

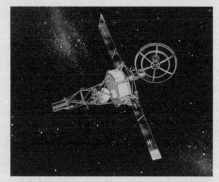

美国在1962年8月27日发射的"水手2号"是世界第一个成功探测金星的探测器

1967 年 6 月 14 日，"水手 5 号"由宇宙神 - 阿金纳 -D 运载火箭发射。同年 10 月 19 日，它在距离金星 4000 千米处飞过，拍摄并发回 4000 多幅金星图像；1967 年 12 月 4 日，"水手 5 号"与地球失去联系。

1969 年 2 月 24 日和 3 月 27 日发射的水手 6 号和 7 号，在距离火星约 3400 千米和 3200 千米处飞过，探测了火星的大气成分和结构。

1971 年 5 月 30 日发射的"水手 9 号"，于 1972 年 1 月 3 日成为第一颗绕火星轨道运行的人造火星卫星。

1973 年 11 月 3 日通过宇宙神运载火箭发射的"水手 10 号"于 1974 年 2 月 5 日在距金星 5760 千米处飞过，拍摄了 4100 多幅金星图像，并借助金星引力场飞向了水星。"水手 10 号"执行了水星飞越和金星飞越任务，是世界首个一次探测 2 颗行星的探测器，也是首个利用行星借力方式变轨的航天器，主要任务目标是探测水星大气、表面及其物理特性。

另外，还有一些水星探测器和太阳探测器在路过金星时对金星进行了探测。

"麦哲伦号"是如何获得第一张完整金星地图的？美国还发射过什么金星探测器？未来有哪些计划？

以著名的 16 世纪葡萄牙探险家麦哲伦命名的美国"麦哲伦号"金星探测器，于 1989 年 5 月 4 日由"亚特兰蒂斯号"航天飞机送入地球低轨道，然后利用 1 枚固体火箭飞向金星轨道，用来深入了解这一神秘星球。

"麦哲伦号"金星探测器获得了世界第一张完整的金星地图，还发现金星上有时会发生特大风暴，有过火山活动，表面温度高达 280℃～ 540℃。金星没有卫星，没有水，磁场强度很小，大气成分主要是二氧化碳，不适于生命物质存活。

1 火眼金睛

重约 3.5 吨的"麦哲伦号"金星探测器是第一个使用航天飞机发射的行星际探测器，也是美国国家航空航天局的低成本空间探测器。它利用了美国国家航空航天局"海盗""旅行者""水手""伽利略""天空实验室"等项目余下的飞行部件。该项目总成本约 5.51 亿美元，其中探测器研制费用 2.87 亿，雷达系统研制费用 1.2 亿，发射费用 0.49 亿，科学操作和数据分析费用 0.95 亿。

"麦哲伦号"金星探测器由公用舱、高度计天线、低增益天线、高增益天线、前设备舱、星扫描器、推进舱、火箭发动机舱、热控制百叶窗太阳能电池翼驱动装置、太阳能电池翼等组成。其干质量为 1035 千克，推进剂质量为 2414 千克，总长为 6.4 米，太阳能电池翼翼展为 9.2 米。

美国使用航天飞机释放"麦哲伦号"金星探测器

"麦哲伦号"金星探测器采用三轴稳定模式，推进系统由 24 个单元肼推进器组成，其中 8 个 444.8 牛大推力推进器用于航向修正、金星轨道进入及任务期间的轨道调整；4 个 22.2 牛推进器和 12 个 0.88 牛推进器用于姿态控制和动量轮卸载等。

链接： "麦哲伦号"金星探测器的电源系统包括双太阳能电池翼和 2 个 30 安时的镉镍电池组。在任务初期，太阳能电池翼功率为 1200 瓦。通信系统采用 S 频段和 X 频段，包括直径 3.7 米的高增益碟形天线和中增益天线，其中 S 频段上行数据率为 1.2 千比特 / 秒，X 频段下行数据率为 268.8 千比特 / 秒。

"麦哲伦号"金星探测器的科学目标是获得金星近全球高分辨率雷达图像、获得金星近全球重力场数据、了解金星地理结构和密度分布。为此，它装载了合成孔径雷达、重力测量装置及无线电掩星实验装置等有效载荷。

其中，合成孔径雷达功率为 325 瓦，脉冲重复频率为 4400 赫兹 ~ 5800 赫兹，扫描宽度为 25 千米，高度分辨率为 30 米。这也是"麦哲伦号"金星探测器的最大特点，它能透过厚实的云层测绘出金星表面小如一个足球场的物体图像，清晰度能胜过此前所获金星图像的 10 倍，拍摄了非常详细的金星地表地形图像。

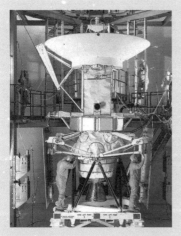

总装中的"麦哲伦号"金星探测器

与过去这类任务不同的是，"麦哲伦号"在行星际航行途中没有执行其他科学探测任务。经过 460 多天的太空飞行，它于 1990 年 8 月 10 日利用空气制动技术进入距金星表面最远点 8500 千米、最近点 310 千米的椭圆轨道，每 3 小时 18 分钟绕金星 1 圈。它在近拱点附近低高度飞行时，用雷达测绘金星表面，然后探测器朝向地球，将记录下的数据发回地球。

功成名就

1990年8月16日，"麦哲伦号"首先使用合成孔径雷达对金星表面进行了试验性测绘，发回第一张金星图像。该图像显示金星表面面积为40千米×80千米的熔岩平原存在着震动断层、火山锥和由火山熔岩构成的平地。

"麦哲伦号"于1990年9月15日首次获得世界第一张完整的金星地图。研究人员从中发现了金星上有巨大的熔岩流、数以千计的裂缝和火山口，以及高耸的山岭、巨大的峡谷、陨石坑、沙丘和活火山等。

"麦哲伦号"利用合成孔径雷达拍摄了金星98%以上区域的图像，首次获得了金星近全球高分辨率地图，分辨率达120米，分辨率优于此前的探测器拍摄的金星图像。

"麦哲伦号"探测金星示意图

根据探测器发回的图像，研究人员发现至少有85%的金星表面被火山熔岩流覆盖，金星表面温度达到475℃，大气压强达到92个地球大气压。

根据1991年7月23日"麦哲伦号"拍摄的雷达图像，研究人员发现金星曾发生大滑坡现象，滑坡长7.5千米，宽2.9千米，这表明金星仍存在地质活动。另外，研究人员还从图像上发现了1条6700千米长的沟壑，这是目前在太阳系星球中发现的最长的地质断层。"麦哲伦号"还对金星95%的地区进行了高分辨率的重力测量。整个拍摄和测量过程历时4年，取得了丰硕的科学成果。

链接： "麦哲伦号"上有2台发射机，1992年1月1台失效，另外1台受到热干扰，向地球发回金星图像的能力受到影响，因此，到1992年7月15日，地面控制中心关闭了这台发射机，目的是确保当"麦哲伦号"于1992年9月飞过金星南半球时仍能继续工作。

1992年9月14日，"麦哲伦号"降低轨道，距金星最近点缩短到274千米，开始进行为期8个月的重力探测，精确测量金星重力在不同区域的变化，以便探索金星内部的情况。

1993年5月25日—8月3日，"麦哲伦号"又改变了飞行轨道，对金星重力进行最详细的探测。在此期间，它进入金星的内环轨道，距金星最远点为535千米，最近点为180千米，绕金星1圈的时间是1小时35分，同时拍摄了更清晰的金星图像。

1994 年 10 月 12 日，因为"麦哲伦号"上的太阳能电池翼输出电压过低，无线电装置无法维持正常工作，所以工程师只能使它进入金星稠密大气层，以试验一种新颖的空气制动技术，并获取金星稠密大气的数据。该探测器在进入金星大气后烧毁，这是人类第一次利用一个行星际探测器进行这种破坏性试验。

"麦哲伦号"拍摄的金星南半球
艾斯特拉区域

从"麦哲伦号"进入金星轨道时起，它在那里工作了 4 年 2 个月零 2 天，共绕金星飞行了 15 018 圈，对 99% 的金星地貌进行了测绘，发回的数据超过了此前其他金星探测器发回数据的总和。

3 "先驱者 – 金星"

除了"水手"系列探测器和"麦哲伦号"金星探测器，美国还发射了"先驱者 – 金星"系列探测器。

1978 年 5 月 20 日和 8 月 8 日，美国使用宇宙神运载火箭先后发射了先驱者 – 金星 1 号和 2 号探测器，用于对金星大气和表面进行综合探测。

"先驱者 – 金星 1 号"轨道器是美国第一颗人造金星卫星，设计寿命为 8 个月，实际工作了 14 年。其质量为 517 千克，主结构为直径 2.5 米的扁圆柱体，采用体装式太阳能电池阵。它采用自旋稳定模式，自旋轴垂直于黄道面。高增益天线采用机械消旋模式以维持地球指向，支持与地球之间的 X 频段和 S 频段双向通信。

链接： "先驱者 – 金星 1 号"轨道器装有红外辐射计、中性粒子质谱仪、离子质谱仪、云层照相偏振测量仪、电子温度测量仪、带电粒子阻滞势能分析仪、气体和等离子环境实验、电场探测仪、γ 射线暴探测仪、磁强计、表面雷达测绘仪、太阳风等离子分析仪、大气拖曳实验、内部密度分布实验、射电科学实验、天体力学实验、太阳风掩流实验、无线电掩星实验共 18 种有效载荷。

1978 年 12 月 4 日，"先驱者 – 金星 1 号"轨道器进入金星椭圆轨道。在轨工作期间，探测器上的雷达拍摄了金星背面图像，绘制了金星表面北纬 73° ~ 南纬 63° 范围内分辨率为 75 千米的金星地图。1992 年 10 月 8 日，该探测器无法与地球通信，最终进入金星大气层而烧毁。

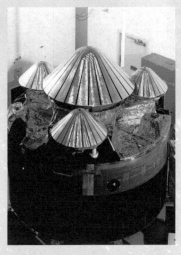

美国"先驱者－金星2号"探测器

"先驱者－金星2号"探测器是一个"多探测器"，由公用舱、1个大探测器和3个小探测器组成。其中的公用舱为直径2.5米的圆柱体结构，采用自旋稳定模式，自旋速率为15转/分钟，配置有离子质谱仪、中性粒子质谱仪、大气传播实验、大气紊流实验、长基线差分干涉测量实验5种有效载荷。

大探测器为45°钝锥体结构，直径1.5米，进入质量为316千克，装有碳酚醛热防护层气动外壳、制动导引伞、后罩和主降落伞，在距金星表面45千米处打开主降落伞，峰值过载280g。它装有气相色谱仪、中性粒子质谱仪、云层粒子质谱仪、测云计、太阳通量辐射计、红外辐射计共6种有效载荷。

3个小探测器构型相同，均为45°钝锥体结构，直径0.8米，进入质量94千克，装有碳酚醛热防护层气动外壳，未携带降落伞，峰值过载223g～458g。4个大、小探测器的科学仪器均采用银锌电池组供电。小探测器装有云层颗粒实验仪、大气结构实验仪、净通量实验仪共3种有效载荷。

1个大探测器和3个小探测器分别从4个方向降落在金星表面。这些探测器在进入金星大气过程中收集相关数据，发现金星云中含有大量二氧化碳和硫酸，含硫气体喷射到距离金星表面70千米处，具体过程如下。

1978年11月16日，"先驱者－金星2号"探测器在距金星表面约 1.1×10^6 千米处释放出1个大探测器。1978年11月20日，公用舱释放出3个小探测器。

1978年12月9日，大探测器以11.7千米/秒的速度进入金星大气层，在气囊和降落伞的共同作用下，经过1.5小时穿过金星大气层，以8.9米/秒的速度在金星表面着陆，但是在撞击金星表面的瞬间，探测器停止传输信号。

大探测器进入金星大气层后不久，3个小探测器也到达金星大气层，并在没有降落伞的情况下穿过金星大气层，最后以10米/秒的速度撞击金星表面，进入及下降过程持续约75分钟。

3个小探测器中有2个经受住了猛烈的撞击，其中1个小探测器在能量耗尽前在金星表面进行了67.5分钟的数据传输，另外1个小探测器在着陆2秒后与地球中断通信。

美国"先驱者－金星2号"探测器向金星
释放探测器示意图

4 准备重返

　　人类在金星探索领域已经取得了重大成果，按理说未来还将继续探索金星，然而在执行了"麦哲伦号"金星探测任务之后，人类便不再深入探测金星，转而将主要注意力投入到了火星上，金星渐渐被"冷落"。因为多次探测实践表明，金星的浓密大气使航天器难以拍到清晰的图像，金星的高温使得着陆器的工作时间有限，因此收获不够理想。

　　自从发射"麦哲伦号"金星探测器之后，美国至今还没有发射新的金星探测器。不过，近年来美国对金星重新产生了兴趣，一些美国科学家在《太空生物学》杂志发表的一项研究报告中称，金星的云层里可能存在着生命。此结论一出，顿时激起"千层浪"，一时间众说纷纭。为此，美国编制了多项金星探测计划，但目前不知道哪项能落实。

　　例如，美国格林研究中心设计了一种金星探测飞机，并自信地指出：这将是研究金星最有效的方法。在这项计划中，特别令人关注的是金星云层。因为其云层运动速度比金星自转速度快很多倍，这些云层经常出没在 50 ～ 75 千米高空。大量研究表明，金星大气层适合飞机飞行，所以可以用飞机直接探测金星。不过，由于金星云顶的风速达到大约95 米 / 秒，金星探测飞机需要克服金星上剧烈的风和腐蚀性大气层的影响，飞机的速度必须维持在风速或超过风速。

金星探测飞机示意图

链接： 与此同时，美国计划发射金星漫游车，但其能否在高压和高温的金星表面正常工作，仍是一个严峻考验，为此，美国航天工程师另辟蹊径。为了延长金星漫游车的工作时间，将它的复杂电子"脑"留在了金星探测飞机上，因为金星探测飞机所处高度的温度要比金星表面的温度低一些。此外，为了确保电子仪器和机械装置（如电机）在高温条件下正常工作，工程师将进行特殊研究，以便使金星探测飞机能够控制金星漫游车在金星表面的工作。

　　美国国家航空航天局还曾准备使用混合探测器探测金星。这种探测器由卫星和气球组成，它将能够应付金星环境恶劣的大气造成的各种独特问题。金星有二氧化碳组成的厚厚的大气，而且环绕金星轨道飞行的探测器很难透过硫酸云雾得到清晰的表面图像。金星的大气组成使该星球出现温室效应，所以金星表面温度很高，增加了探测

"达芬奇+"探测金星示意图

器在金星表面降落的困难。苏联虽然在1985年成功地使用气球将探测器材投放在火星表面，不过其工作持续时间很短。气球只能随风飘扬，不能控制着陆地点。而混合探测器是将现代气球和卫星结合，气球由悬挂在其下面的舵控制方向，它可像卫星一样漂浮数月来探测金星，但是探测距离要比卫星近得多，它还能投放探测器到金星表面。

2021年6月，美国启动了两个金星探测项目，分别命名为"达芬奇+"计划和"维塔斯"计划。"达芬奇+"金星探测器计划穿过稠密大气层，测量大气层到地表的化学成分，特别是惰性气体的同位素比值。"维塔斯"是金星轨道器，将通过合成孔径雷达绘制金星高分辨率表面图像，获得堪比地球的地貌数据来判断金星的地质历史和金星朝着与地球不同的方向演化的原因。这两个探测器计划在2028年发射。

欧洲空间局 "金星快车"获得了多少个第一？谁研制、发射了首颗金星气象卫星？

2005年11月9日，欧洲空间局使用俄罗斯联盟运载火箭把欧洲空间局首个金星探测器——"金星快车"送入太空，使人类搁置了十多年的金星探测计划再次启动。当时，金星探测处于低潮期，欧洲空间局"金星快车"的升空无疑推动人类对金星的研究迈入一个新阶段。

1 像"双胞胎"

欧洲空间局的"金星快车"项目于2001年提出，相关工作启动于欧洲空间局"火星快车"发射前的8个月。有人把"金星快车"和"火星快车"称为"双胞胎"，因为它们之间存在着相似性和继承性。

"金星快车"与"火星快车"采用相同的平台，目的是节约探测器的设计费用和时间，仅耗资 2.2 亿欧元。在结构设计和电子设备方面，"金星快车"也与"火星快车"类似，有的甚至直接采用"火星快车"和"罗塞塔"彗星探测器的备用硬件。它是名副其实的"快车"，因为此前还没有任何一个宇宙探测项目能够进展得如此之快，从提出最初构想到探测器准备发射总共只用了 4 年时间。

不过，"金星快车"与"火星快车"在运行环境和科学探测任务方面有很大的不同，所以"金星快车"在热控制、通信和电功率方面的设计做了明显的改变。

例如，由于金星距离太阳较近，因此，太阳对"金星快车"的辐射是对"火星快车"的 4 倍。为了消除强辐射的影响，"金星快车"上的空间等离子和高能原子分析仪 -4 的安装位置改变了；其热控制系统也进行了修改，以适应金星的内部轨道和更热的环境。

"金星快车"携带的科学仪器也是这样，它沿用了"罗塞塔"彗星探测器和"火星快车"探测器上的同型仪器，也针对金星探测的需要进行了改进和提高。"金星快车"没有使用"火星快车"上的着陆器（"猎兔犬 2 号"同型着陆器）和火星地下及电离层高级探测雷达。

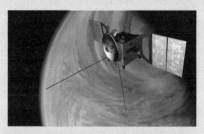

"金星快车"的使命是研究金星表面的空气动力学和化学成分，了解金星表面的大气特点；研究太阳风对金星表面空气的影响，了解行星的发展和演变；分析金星表面云层中能够吸收约一半太阳紫外辐射的未知成分，以及探测金星火山的活动状况等。

欧洲空间局"金星快车"在轨飞行示意图

链接： 进入金星轨道与进入火星轨道一样充满了危险，"金星快车"必须在适当时刻打开方向舵和发动机，以实现减速并让金星引力捕获，这一环节不能出现任何偏差，稍有不慎，要么会撞毁在金星上，要么会与金星"擦肩而过"。

2006 年 4 月 11 日，"金星快车"通过精确减速进入了金星椭圆轨道，每 24 小时围绕金星运行一圈，对金星进行探测。2007 年 9 月 19 日，探测器完成基本任务，开始执行扩展任务。

2 设计方案

"金星快车"探测器由阿斯特留姆公司研制，它继承了"火星快车"的设计，外形是 1.65 米 ×1.70 米 ×1.40 米的长方体结构，质量为 1244 千克，发射质量为 1270 千克，有效载荷质量约 104 千克。

其总体构型为核心结构加外围结构，星体被核心结构的隔板分割成 6 个隔舱，各有效载荷装置依其主要需求合理安置。

"金星快车"的推进系统与"火星快车"所用的双元推进剂系统相同，即 2 个推进剂贮箱安装在核心结构的中心部位，主发动机位于底板之下并指向 -Z 轴方向，而 8 台推进器则设在星体的 4 个底角处。为 8 台推进器加注了更多的推进剂（约 530 千克），推进剂为四氧化二氮和单甲基肼，供分四组安装的 8 台推进器和主推进器使用。

"金星快车"的温控系统采用了被动控制方案，尽量做到与"火星快车"一致。不过，考虑到金星是一颗内行星，且温度更高，工程师们还是进行了一些系统和设计上的改动。

"金星快车"与火箭上面级对接

该探测器侧壁上对称安装了 2 个太阳能电池翼，每个由 2 块太阳能电池板组成，总面积为 5.7 平方米，采用三结砷化镓电池。它们在地球附近可产生至少 800 瓦的功率，在金星轨道上的发电功率为 1100 瓦。在日食期间，可由 3 组 24 安时的锂离子电池供电。

它的通信系统由 1 台双频段转发器、1 台射频分配单元、2 台行波管放大器、1 台波导接口单元和 4 部天线组成。

链接： "金星快车"的姿态测量工作采用星跟踪器和陀螺仪进行。姿态与轨道控制系统的传感器包括 2 台星跟踪器、2 台惯性测量装置和 2 台太阳捕获敏感器。姿态与轨道控制系统采用由 4 个斜置反作用轮组成的反作用轮组合，能利用其中任意 3 个反作用轮来完成大部分基本飞行动作。其轨迹修正或轨道控制机动有 4 种模式。

3 科学仪器

"金星快车"装了 7 种科学仪器，对金星大气、等离子环境和表面进行了详细研究。任务目标是提高人类对金星大气的组成、循环和演变的了解。另外，探测器还会考察金星表面的特性和它与大气的相互作用，而且还会寻找火山活动的迹象。

空间等离子和高能原子分析仪 -4 继承了"火星快车"的空间等离子和高能原子分析仪 -3，用于确定等离子和中性气体的全球分布；获取没有受到干扰的太阳风的参数；从数量上描述等离子体对大气的撞击情况；研究太阳风和金星大气的相互作用；研究金星环境周围的等离子区域；研究大气的组成，并从数量上描述大气的流量。

金星大气特征研究分光计继承了"火星快车"的紫外和红外大气光谱仪，它通过太阳或恒星掩星技术测量大气光谱。除了主要测量大气的臭氧成分，它还能提供二氧化碳、臭氧和尘埃的垂直剖面图。

行星傅立叶分光计继承了"火星快车"的行星傅立叶分光计，利用红外傅立叶光谱学对大气进行垂直探测，目的是搜寻未知的大气成分；通过大气浮质的可见光特性，确定其大小、分布和化学成分；考察大气的辐射平衡和浮质对大气能量学的影响；研究大气的全球循环、中尺度动力学和电波现象；对低层大气的三维温度区进行全球、长期监控；对已经了解到的较少量的大气成分进行浓度和分布测量；研究金星表面到大气的交换过程。

金星无线电探测仪继承了"罗塞塔"彗星探测器的射电科学研究仪器，使用无线电子系统测量隐藏的中性和电离的大气，确定金星表面绝缘体的性能，观测金星重力的异常。

磁力计继承了"罗塞塔"彗星探测器的磁强计与等离子体监测仪，用于测量探测器周围的磁区。该仪器能连续不断地收集磁区及金星、等离子区的信息，以确定不同等离子区的边界；研究金星太阳风和大气层的相互作用；为其他仪器的测量提供数据；支持粒子和电波研究，如闪电和行星的离子截获处理；绘制高时间分辨率的磁性能图。

可见光-红外热成像仪分光计继承了"罗塞塔"的可见光-红外热成像仪分光计，能够对大气和云的所有层进行研究，测量金星表面温度和研究表面/大气相互作用现象。

"金星快车"的科学仪器布局

链接： 金星监测相机是新研制的仪器，其中一部分继承了"火星快车"的高分辨率立体相机/超分辨率信道，另一部分继承了"罗塞塔"的光学、分光与红外远距离成像系统。它使用宽角和多倍窄带宽滤波器，在紫外、可见光和近红外光谱范围内成像，以形成金星环的全球时空覆盖。

4 多个第一

"金星快车"详细研究了金星大气和云层，并且绘制了金星全球表面温度图，这十分有利于人类理解地球长期的气候演变进程。它创造了多个第一，第一次对金星大气和等离子环境进行全球研究；第一次实现在紫外到热红外的光谱范围内对金星进行连续观测；第一次应用太阳／恒星掩星技术对金星进行研究；第一次在近红外透明窗口对低层大气的合成物进行全球监测；第一次用 3D 离子分析仪、高能分辨率电子分光仪和高能中性原子成像仪对金星进行探测等。

在进入金星轨道后的第二天，即 2006 年 4 月 12 日，"金星快车"就拍摄并发回了首批金星图像，而且"出人意料地清晰""令人惊讶地详细"。该探测器拍摄的这些图像向人们展示了金星表面的详细结构和一些科学家们以前未曾预料到的细节。图像是探测器在经过金星下方时使用可见光－红外热成像仪分光计和金星监测相机拍摄的，当时"金星快车"距离金星表面 1.98×10^5 ～ 2.06×10^5 千米。

首批发回的图像拍摄的是金星的南极地区，显示了金星南极被浓厚的磺酸云覆盖。据悉，金星南极和北极的情况相似，硫酸云的厚度超过 20 千米，金星被这些厚硫酸云裹得严严实实。最令科学家们感兴趣的是图像中的金星南极地区上空竟然有一个黑色的旋涡状结构。

链接： 科学家很早就在金星的北极地区早就发现了一个巨大的旋涡，并对这颗具有温室效应的行星上的黑色旋涡非常感兴趣，而且猜测金星的南极也许也有旋涡特征。这个旋涡具有不同寻常的"双眼"特征，但是在南极地区却几乎没有发现这种现象。而"金星快车"首批发回的图像中的一张正好很清楚地显示了一个漩涡。任务科学家豪斯特·凯勒说："我们现在可以看到在南极也有一个像北极一样的旋涡。"

"金星快车"发回了大量有价值的数据，比如，金星可能有活火山、金星飓风旋涡会快速变形、金星和火星这 2 颗差异巨大的行星居然在以非常类似的方式与太阳风发生着相互作用、金星上很可能也存在类似移动的云、金星存在闪电现象、金星与地球可能是"双胞胎"等。

"金星快车"原定对金星进行为期 486 天的探测，但是由于其内部仪器工作状况良好，所以该金星探测器超期服役，直到 2014 年才寿终正寝。

"金星快车"的主要任务是以前所未有的精度研究金星大气

5 气象卫星

2010 年 5 月 21 日，日本使用 H-2A 运载火箭发射它的首个金星探测器——拂晓号，成为继苏联、美国、欧洲空间局之后，世界第四个发射金星探测器的国家或组织。

"拂晓号"载有能够在红外到紫外6种不同波长上进行拍摄的5台相机，它能够连续地对金星进行长期观测并摄像，获取金星云层以下可视大气的立体运动图像；分析金星大气的结构和运动。所以，它是人类第一颗行星间的气象卫星，能当一颗标准的金星气象卫星使用。它还安装了日本自主研发的世界首台陶瓷主发动机。

日本"拂晓号"金星探测器使用能够在6种不同波长上进行拍摄的5台相机观测金星

"拂晓号"的任务与欧洲空间局"金星快车"类似，主要研究金星上的气候，分析笼罩该星球的大气，包括了解金星云层以下可视大气循环的基本过程，以及分析云层的动态和雷鸣的放电机理；认识大气逸散的机理和超级循环的机理；测绘地面辐射率和探索活火山活动；掌握子午面循环的结构。不过，"拂晓号"是从物理角度研究金星的，而"金星快车"是从化学角度研究金星的。

"拂晓号"的短波红外相机1用于透过云层观测太阳散射光和金星表面的热辐射情况；短波红外相机2用于观测金星下层的热辐射情况；中波红外相机用于观测金星云层顶端的热辐射情况，即云顶高度；紫外相机用于透过金星云层观测太阳散射光情况，包括二氧化硫、未知的吸收物质等；雷鸣/大气光学相机用于观测雷鸣放电和发光，以及大气光学情况；超高稳定振荡器用于观测气温变化，以及硫酸蒸汽的高度分布。

链接： "拂晓号"原计划在 2010 年 12 月 7 日进入金星轨道。不过，因为燃料供应受阻，原定反向喷射 12 分钟的主发动机只工作了 2 ~ 3 分钟，所以"拂晓号"与金星擦肩而过。在历经 5 年波折后，"拂晓号"终于在 2015 年 12 月 7 日进入金星轨道，并且是目前人类唯一在金星轨道工作的探测器。

艺术家描绘的"拂晓号"通过 4 个小型姿态推进器进入金星轨道的图像

6 其他计划

2021 年 6 月，欧洲空间局宣布开始启动金星探测的"远景号"项目。该项目将发射一个金星轨道器，计划携带美国研制的合成孔径雷达，对金星表面进行高分辨率的测量。此外，该探测器还将配备一个探地雷达和多种光谱仪。"远景号"轨道器预计将于 2031—2032 年发射。

金星过去一直是苏联 / 俄罗斯行星科学家们最喜爱的目标，俄罗斯一直在规划"金星 -D"探测任务，此探测任务计划最早将于 2029 年发射。

2022 年 1 月，俄罗斯科学院航天研究所所长列夫·泽廖内表示，俄罗斯科学家准备在 2029 年至 2034 年之间对金星进行三次探索，最后一次将尝试从那里运回土壤，那将是人类史上首次进行这种尝试。他在莫斯科举行的活动上表示："我们不仅考虑进行一次'金星 -D'探测，而是完整的计划。最终将尝试进行科幻一般的探测，从金星运送土壤回来。"根据泽廖内的介绍，俄罗斯计划于 2029 年、2031 年和 2034 年分别进行三次探索。2029 年将向金星发射配备有轨道、着陆、展示和大气模块的"金星 -D"探测器，2031

俄罗斯"金星 -D"探测器示意图

年将进行第二次探索。俄罗斯科学家计划于 2034 年展开"探索 -3"项目，该项目将包括飞行和气球模块及着陆与返回设备。

印度空间研究组织计划于 2024 年年底发射"舒克拉雅"探测器前往金星，对金星展开为期四年的研究。

探测木星有什么重要意义？有哪些探测器探测过木星？

1609 年 12 月的一天，意大利科学家伽利略使用自己研制的天文望远镜发现了木星的 1 颗卫星，这也是人类首次发现地球之外有一个天体围绕另一个天体运行。之后，他又发现了 3 颗木星的卫星。这 4 颗卫星就是木卫 1、木卫 2、木卫 3、木卫 4。为了纪念他，大家又把它们称作"伽利略卫星"。400 多年之后，为了纪念这位伟大的科学家，美国以他的名字命名了世界上第一个大型木星探测器，并对木星进行了探测，它就是"伽利略"木星探测器。

1 意义深远

探测木星有什么意义呢？木星是太阳系八大行星中体积和质量最大的行星，并有几十颗卫星，很像一个微型的太阳系，因此，科学家认为，了解它有助于揭开行星系统的起源之谜，找到并建立太阳系形成和演化的模型。

木星的直径达 14.28 万千米，体积是地球的 1316 倍，质量为地球的 318 倍。在地球上使用望远镜可以看到木星表面有连绵不断而又明亮的条纹形状。它拥有浓厚的大气层，其厚度超过地球大气层的 10 倍，足足有 1 万千米。木星大气的成分主要是氢和氦，还有氨、甲烷等。由于木星的表面温度在 -140℃ 左右，所以尽管氢气和氦气不会因寒冷而液化，但是氨和水分却都冻结成颗粒状，这就形成了木星的厚厚云层。木星的表面除了有条纹，还有一个呈卵圆形的"大红斑"，它长 5 万千米，宽 1.1 万千米，其大小、颜色和位置在不断变化，已被人类发现 300 多年了，但是形成始终是个谜。

链接： 木星大约每 11.86 年绕太阳公转一周，自转周期却大约只有 9 小时 50 分钟。与地球一天的 24 小时相比，木星的自转速度快得惊人。由于木星自转太快，因此它并不是球形，而是沿赤道隆起、上下扁平的椭球形。木星还有两个特点：第一，木星是一个内部具有热能的行星，它向空中散发的热量是它从太阳那里接收到的热量的 2～2.5 倍；第二，在木星背着太阳的一面，发现了 3 万千米长的北极光，这是太阳系行星中地球以外发现的唯一的北极光。

木星的显著特征之一——大红斑

2 首批使者

第一批访问木星的是美国先驱者 10 号、11 号探测器，它们是采用在行星际漫游的方式进行探测的多面手，先后探测了木星、木星的卫星、土星和土星的卫星等。

1972 年 3 月 2 日发射的"先驱者 10 号"是人类首次飞过木星并首次发回木星图像的探测器，它于 1973 年 12 月在距离木星 13 万千米处飞过，拍摄并发回 300 多幅木星及其卫星的图像，提供了木星的第一幅近景图像，科学家们发现木星有辽阔的磁场和巨大的辐射带，分析了木星大气中的气流情况，得出木星由近似于土星光环的昏暗光环环绕，还首次发现木星主要由液体和气体构成。

之后，"先驱者 10 号"利用木星引力场加速飞向土星，后来又借助土星引力场加速，飞至冥王星轨道，大约在 1989 年 6 月越过冥王星的平均轨道。2003 年 2 月 28 日，美国国家航空航天局表示，科研人员已经无法收到"先驱者 10 号"发回的信号。据估计，其能量已不足以让它发回任何信号。这意味着这个人类 31 年前派往太阳系外的使者已告别人类。

美国"先驱者 10 号"飞掠木星示意图

1973 年 4 月 5 日，美国"先驱者 11 号"探测器升空，1974 年 12 月 5 日在距离木星北极 4.2 万千米的上空掠过，发回了其探访木星的一批图像，之后重点探测了土星。

3 走马观花

第二批访问木星的是美国旅行者 1 号、2 号探测器，它们的主要任务是详细观测木星、木星卫星、土星、土星卫星和土星环。"旅行者 2 号"率先升空，它于 1977 年 8 月 20 日发射，1979 年 7 月 9 日飞掠木卫 3，拍摄了木星大红斑图像。由于运行路径有很大差别，所以 1977 年 9 月 5 日发射的"旅行者 1 号"后来居上，于 1979 年 3 月 5 日先行飞近木星，首次观测到了木星背阳面的极光。

"旅行者 1 号"于 1979 年 3 月 5 日到达距离木星 27.8 万千米的地方，信号传输到地球需要约 37 分钟，它向地面发回第一批极为清晰的木星彩色图像，并靠近观察了木星的前 5 颗卫星。图像中显示木星有一个光环系统，它由大量暗黑的碎石块构成，石块大小从数十米到数百米不等，绕木星旋转。木星环最明亮部分宽约 6000 千米，厚度不超过 30 千米，距木星中心 12.8 千米。在木星背阳面的图像上，发现了长达 3 万千米的北极光。木星的大红斑在不停地运动，还有波动的大气环流。

链接： 在"旅行者 1 号"探测器拍摄的木卫 1 图像上，人类第一次看见了地球以外的火山爆发景象，上面没有陨石坑；木卫 2 上看不到大的陨石坑；木卫 3 的表面有一种因冰壳损坏变形破裂的条带图案，且缺少山脉；木卫 4 主要由水冰与岩石混合而成；木卫 5 是一块暗红色的大石头，形状很不规则，布满撞击坑，直径大约 150 千米。该探测器上的紫外分光仪探测出木星环面发出的远紫外辐射，还发现了木卫 14、木卫 15 和木卫 16。

"旅行者 2 号"探测器于 1979 年 7 月 9 日与木星会合，距离最近时也超过 64 万千米。科学家们从它拍摄的图像上发现了木星的第 14、15、16 颗卫星，证实了存在木星环，木卫 1 上有爆发的活火山，木卫 2、木卫 3 和木卫 4 的表面存在水冰等。

美国"旅行者 1 号"探测木星示意图

4 探木专家

先驱者 10 号和 11 号、旅行者 1 号和 2 号探测器对木星的探测都是走马观花，人类无法详细了解这一太阳系中最大的行星。由于它们均没有携带着陆舱，且是在飞掠木星和土星等行星时从很远距离进行观察的，所以获得图像较少，探测时间短，数据不全面。为解开木星之谜，美国于 1989 年 10 月 18 日发射了世界第一个木星专用探测器"伽利略号"。

自 1976 年美国发射了旅行者 1 号、2 号探测器之后，美国的行星探测进入了低潮，这主要是因为国会压缩空间科学经费，且当时的里根政府认为空间探测花费巨大且没有实效，使得美国国家航空航天局将主要财力集中到航天飞机的研制上。后来美国又认识到空间探测对美国乃至人类的未来有重要意义，因而再次掀起行星探测的热潮。不过，由于"挑战者号"航天飞机失事（1986 年 1 月 28 日），其行星探测计划推迟了几年，之后在 1989 年成功发射了"麦哲伦号"金星探测器和"伽利略号"木星探测器两种新型探测器，大大提高了美国的空间探测能力。

经过 10 年的准备，美国在 1989 年 10 月 18 日使用"亚特兰蒂斯号"航天飞机将价值 15 亿美元的"伽利略号"木星探测器带上太空并施放入轨。为了节省能源，它 2 次飞经地球，1 次飞经金星，以便借力加速飞行，经过 6 年的长途跋涉最终抵达木星。

链接： "伽利略号"木星探测器超期服役了多年，取得了巨大成果。2003 年 9 月 21 日，它在最后一次环绕木星运行时在人工控制之下如期坠入木星大气层，这是美国自 1999 年以来首次控制探测器在地球之外的天体上坠毁。

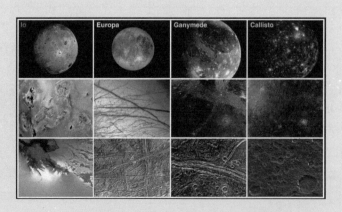

"伽利略号"拍摄的木卫 1、2、3、4 特写

5 后继有"器"

2011 年 8 月 5 日，美国新一代木星探测器"朱诺号"升空，并于 2016 年 7 月 4 日进入木星轨道，总飞行距离达到 28.3 亿千米。进入木星椭圆极轨道之后，"朱诺号"环绕木星至少工作 37 圈，并以破纪录的超低距离飞越木星云顶上空，最近距离只有 4100 千米，成为人类历史上距离木星最近的航天器，以及第一个致力于研究木星内部结构的探测器。

"朱诺"项目共耗资 11 亿美元，研制时间为 8 年，是美国 1989 年发射的专门探测木星的"伽利略号"之后世界上第二个专用木星探测器。它比人类此前任何一个空间探测器都要靠近木星，为的是探究这个巨大的行星有多少水，是什么引发了其如此强大的磁场，以及在其浓厚炙热的空气下有没有一个固体内核。

"朱诺号"主要探测木星大气、重力场、磁场和磁球层，调查木星上是否存在冰岩芯，确定木星上水的含量，并寻找氧的存在。这或许能帮助人类揭开以下六大谜团：木星是由什么组成的？木星上有多少水？木星表层之下是什么样的？木星是否有岩核？木星的磁场来源于哪里？木星上的极光现象是如何产生的？

质量为 3627 千克的"朱诺号"采用自旋稳定模式，所以没有使用能量需求高的反作用控制轮，目的是节省能源，并能规避复杂的指向机动。在任务的不同阶段，"朱诺号"有不同的自旋速率。进入木星轨道后，"朱诺号"在其椭圆轨道运行并缓慢自旋，每分钟旋转 3 圈，这样可使"朱诺号"在从木星的一个极点到另外一个极点的过程中，利用携带的科学仪器扫描整个木星。

链接： "朱诺号"之所以运行在大椭圆极轨道，目的是避开木星的绝大部分强辐射区。其轨道距木星云顶的最近距离为 5000 千米，比以往的任何航天器都更接近木星，因而便于开展观测，但是它仍然面临着木星强辐射环境的危险。

因为木星的辐射环境十分恶劣，因此，"朱诺号"携带的传感器布满了特殊的抗辐射电线及防护罩，尤其是一些重要设备，如中央处理系统、数据处理设备和电子单元采用了一种钛合金防辐射屏蔽罩进行保护，可降低来自木星 800 倍的辐射影响。暴露在外的感应装置则使用足以抵御宇宙射线和电荷侵袭的特殊材料。它并不是只靠防辐射罩来降低辐射的影响，其特定的

装有防辐射罩的"朱诺号"

绕木轨道使它经过木星的极区，从而可以减少与环木星赤道辐射带接触的时间。

与以往的空间探测器不同，"朱诺号"上最重要的探测仪器——微波辐射计及天线与信号接收器是分离的，通过射频线路传输信息，这主要是为了将探测器的重要部件受到辐射的影响降到最低。在防辐射罩内，线缆的温度通常在 0 ~ 40℃ 之间，接收器和其他电子元件受到的辐射只有 6000 拉德，甚至比很多绕地球飞行的航天器受到的辐射还低。

"朱诺号"的另一大特点是没有采用核电源，而美国以往发射的火星之外的深空探测器都采用了同位素热电发生器（核电源）提供电力，因为距离太阳太远了。但是"朱诺号"由 3 个拖车大小的高效太阳能电池翼提供电力，是首个在距地球如此之远的宇宙空间中以太阳为主要能源的航天器。它使用了特殊的太阳能电池，能在木星弱光和低温的环境中工作。木星距太阳的距离比地球远约 6.44 亿千米，那里的光照强度只

有地球的 1/25，那么它为何采用太阳能电池翼供电呢？与核电源相比，太阳能为"朱诺号"提供电源，既经济又加快了研究的步伐，同时又很环保。

"朱诺号"质量为 1500 千克，主平台为直径 3.5 米、高 3.5 米的六边形柱体结构，3 个太阳能电池翼从柱体侧面伸出。平台舱顶部中央装有 0.8 米 × 0.8 米 ×0.6 米的钛合金防辐射屏蔽罩。推进系统包括 1 个双组元发动机和 12 个单元肼推进器。电源系统采用 总面积约 60 平方米的 3 个太阳能电池翼和 2 个 55 安时的锂离子蓄电池组，在木星轨道上运行时太阳能电池翼功率为 400 瓦。

装有 3 个大太阳能电池翼的美国"朱诺号"于 2016 年进入木星轨道示意图

链接："朱诺号"的通信采用 X 频段，装有高增益天线、低增益天线和螺旋天线；探测器还为重力科学实验提供 Ka 频段双工链路。探测器运行于高倾角木星椭圆极轨道，远木点为 39 个木星半径，近木点为 1.06 个木星半径。

为了探测木星，"朱诺号"携带了 9 台科学探测仪器。其中的紫外光谱仪用于考察木星形态和研究木星极光喷射资源；极光分布试验装置用于测量低能量电子和离子，研究磁气圈两级和木星极光；微波辐射计用于了解木星大气的动力学机制和化学组成，确定木星的全球水资源；高能粒子探测仪用于测量电子和离子的能量，研究磁气圈两级和木星极光；无线电和等离子体波试验装置用于测量在木星磁气圈两极的原地等离子体波和无线电波；磁强计用于绘制人类首张详细的木星磁场图，并考察木星

磁场在其两极地区的分布状况,对木星磁场的考察将极大地帮助科学家们了解木星的内部结构信息;可见光相机用于获得木星两极地区的高分辨率全景图像,拍摄木星云顶彩色图像,这将有助于进行目视观察,选定观测目标,以及对公众发布精美的木星图像。

链接: "朱诺号"上的木星红外极光绘图仪用于获取木星的高分辨率图像,对木星上层大气进行红外和分光分析,提供木星极光和大气动态信息,了解木星大气的结构情况;先进恒星导航仪用于帮助绘图和使"朱诺号"在太空中保持准确的姿态指向,以及考察木星的重力场。

"朱诺号"于2018年5月23日拍摄到的木星大气层喷射流

"朱诺号"还用其通信设备考察木星的重力场。通过发射信号返回地球并观察其多普勒效应,科学家们将能够考察木星重力场对信号的影响。

世界首个木星专用探测器"伽利略号"是如何设计的?它为何"因公殉职"?

2003年9月21日,美国"伽利略号"木星探测器在最后一次环绕木星运行时在人工控制之下如期坠入木星大气层,这是美国自1999年以来首次控制探测器在地球之外的天体上坠毁。曾经参与了"伽利略"工程研究的科学家来到喷气推进实验室,一起与"伽利略号"做最后的告别,就像跟一个老朋友说再见一样。

1 开山鼻祖

世界上第一个专用木星探测器"伽利略号"是美国于1989年10月18日通过"亚

特兰蒂斯号"航天飞机释放的，它价值 15 亿美元。如前所述，为了节省能源，它 2 次飞经地球，1 次飞经金星，以便借力加速飞行。经过 6 年的长途跋涉才抵达木星。具体来说就是，1990 年 2 月，"伽利略号"飞越金星。1990 年 12 月和 1992 年 12 月，"伽利略号" 2 次飞越地球，随后飞往木星。1995 年 12 月 7 日，"伽利略号"进入环绕木星的轨道，成为世界首个进入木星轨道的探测器，它还是世界上首个释放子探测器进入木星大气并对木星大气进行详细测量的探测器。

　　"伽利略号"的质量为 2718 千克，由轨道器和子探测器组成。轨道器质量为 2378 千克，包括自旋舱和消旋舱，其中自旋舱装有尘埃粒子探测仪、高能粒子探测仪、重粒子计数器、磁强计、等离子体探测仪和等离子波实验装置，消旋舱装有固态成像仪、近红外测绘光谱仪、紫外 / 极紫外光谱仪和光偏振测量辐射计。

组装完毕的"伽利略号"木星探测器

　　自旋舱以 3.25 转 / 分钟或 10.5 转 / 分钟的速率自旋。推进系统包括 1 台 400 牛双组元主发动机和 12 个 10 牛小推进器，其中小推进器 6 个为 1 组安装在 2 个 2 米的支杆上。

　　电源系统采用 2 个同位素热电发生器，辐射源为钚 -238。从地球出发时，同位素热电发生器的功率为 570 瓦；到达木星时，同位素热电发生器的功率为 493 瓦。

链接： "伽利略号"的通信系统采用 1 副直径 5 米的高增益天线和 2 副低增益天线，其中高增益天线工作在 S/X 频段，低增益天线工作在 S 频段，探测数据通过直径 5 米的伞状高增益天线传回地球。轨道器在木星轨道运行时，采用地球上的深空网 70 米天线的 S 频段 400 千瓦发射机上行数据，轨道器采用低增益天线接收信息。

　　"伽利略号"的轨道器于 1995 年 12 月 7 日抵达木星轨道后，在木星轨道上运行 8 年，并飞临了木星的几颗卫星，对它们进行了近距离探测。"伽利略号"对木星的观测距离比旅行者 1 号、2 号近 20 倍，发回图像的清晰度比 2 个"旅行者"高 50 倍以上，探测结果与科学家之前的推测有许多不同。它使人类首次完整地观测到木星、木星卫星及其磁场，"伽利略"工程是 20 世纪最重要的行星探测活动之一。

　　值得一提的是，1994 年 7 月 22 日，在奔赴木星的途中，"伽利略号"到达距木星 1 亿多千米的地方，观测到苏梅克 - 列维 9 号彗星的碎片与木星相撞的壮观景象，发回了第一张相撞的图像。它还捕捉到最后一块彗星碎片撞击木星的情景，这在当时轰动了全球。

2 子探测器

"伽利略号"木星探测器的子探测器又叫大气进入器，它在"伽利略号"到达木星轨道前约 150 天，于 1995 年 7 月 13 日与轨道器分离，并于同年 12 月 8 日以 17 万千米/时的速度进入木星大气层，详细探测了木星大气层的成分和物理特性。

该子探测器上装有大气结构仪、中性粒子质谱仪、氦丰度干涉仪、净通量辐射计、测云计和闪电/射电发射实验装置等科学探测设备。

在木星大气层中飞行考察的 75 分钟中，它向运行在 20 万千米高度的轨道器发送了探测数据，然后再由轨道器将数据发回地球。这是人类首次向木星表面释放探测器，对木星大气层进行原位测量，获得了世界上第一份关于木星大气层的一手资料。

"伽利略号"的子探测器进入木星大气层示意图

子探测器收集了木星大气层的化学成分、压力、辐射强度、风速、温度、雷电、云层高度等数据，发现木星的大气层上层存在水上升和下降的现象，使紧密相连的沙漠般干燥的云层里产生雷暴活动。

子探测器质量为 339 千克，外形呈扁锥体，由气动防热罩和 1 个球形仪器舱组成。球形仪器舱内装有 2 台 L 频段发射机，以 128 比特/秒的速率向轨道器发送测量数据，再经轨道器中继到地球。气动防热罩是一个 120° 钝锥体，表面覆盖有碳烧蚀防热层。子探测器进入木星大气层后，过载达 400g。它在打开降落伞缓慢下降的过程中，对木星大气层进行测量。随着高度的下降，大气压力和气温越来越高，最终球形仪器舱被大气压垮，探测工作终止。

3 超期服役

"伽利略号"的轨道器原定工作到 1997 年，但它在抵达木星后，一直进行了卓有成效的探测，于是美国几次决定让它超期服役。例如，2000 年使它与 1997 年 10 月升空的"卡西尼号"土星探测器在木星附近会合，对木星开展一次联合探测，主要研究

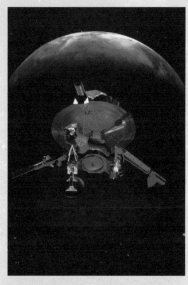

"伽利略号"考察木卫1示意图

太阳风对木星周围磁场的影响。

它对木卫1进行了6次考察。根据传回的数据分析，木卫1好像有微弱的磁场或不存在内部磁场。当"伽利略号"飞经木卫1时，竟然"听见"它在吼叫！这是因为"伽利略号"在经过木卫1的两极时，收集了它的磁场信号。科学家们将磁场信号转化成声音，就听到了所谓的"吼叫"。这种声音就像是大型发电机发出来的，不过这颗卫星的能量相当于1000座核电站之和，所以发出如此大的"吼叫声"也不足为奇了。

1996年6月，"伽利略号"对木卫2进行了近距离考察，拍摄到了清晰的木卫2图像，根据图像，科学家推测木卫2冰冻的表层下面可能存在海洋，而且蕴含的水量可能是地球上总水量的3倍，因而很可能有生命。

链接： "伽利略号"的设计寿命为8年。科学家曾想在它超过设计寿命后再利用它，让它穿过强大的木星辐射带并接近木卫1，接受强度比设计值高1倍的强粒子冲击。未曾料到，它在3次穿越之后居然平安无事，因此后来又继续超期服役。

通过"伽利略号"发现，木星大气层中有强烈的狂风和湍流，风速为530千米/时，这可能是由木星深处释放的热量造成的；木星大气层比预料的干燥，缺少含水量丰富的云；木卫1上发生的一次巨大的火山爆发，最大喷射高度达500千米，木卫1上至少有8座活火山；木卫2上存在着冰山，冰层厚约97千米，很可能是由看不见的水流动和旋转而形成的，其冰层下可能存在一个暗海洋，蕴藏的水量可能是地球上总水量的3倍；木卫3上有一个同行星一样的磁场；木卫4上布满环形山，而且被尘埃覆盖着，并且有一条由25个环形山一个扣一个连成的"大锁链"。

"伽利略号"于1995年到达木星后一直受射线损害，其所受的辐射量高于设计规格2.5倍而最终出现故障，燃料也越来越少，所以在2002年1月，它对木卫1进行了最后一次绕飞后，美国决定在2003年安排"伽利略号"撞击木星。

2003年2月底，美国对"伽利略号"的任务完成情况进行了最后评估，结果表明，"伽利略号"超期服役6年，完成了70%以上的科学目标，还有许多意外发现。

4 舍生取义

　　2003 年 9 月 21 日 12 时 49 分，"伽利略号"脱离轨道，冲入木星风暴中。在坠毁之日，"伽利略号"运行到木星背面，然后以大约每小时 17 万千米的速度坠入木星大气层。它与木星大气层摩擦的过程中形成的高温会使该探测器发生剧烈燃烧，并最终坠毁于木星。据悉，当时与"伽利略"工程有关的约 1500 名各界代表聚集于美国喷气推进实验室，为这个探测器"送终"。

　　美国国家航空航天局人士说，原本计划让"伽利略号"在环木星轨道上运行下去。但考虑到"伽利略号"的燃料即将用尽，在木星引力的作用下，其运行轨道有可能发生变化，并有可能导致该探测器与木卫 2 相撞。这样将把附带在"伽利略号"上的地球微生物带至木卫 2 上，使木卫 2 受到"灾难性的"污染，同时可能摧毁该星球上的"可能存在的生物"，从而降低未来对该星球研究的准确性。因此决定使其受控撞击木星。

在木星轨道运行的美国"伽利略号"探测器示意图

链接： 探测结果显示，木卫 2 的冰冻表层之下可能存在着海洋，这里也许是太阳系中最有可能存在地外生命的地方之一。体积与月球相当的木卫 2 似乎是一些生物理想的生长地，在此星球上可能找到一些生物，所以木卫 2 现在已经成为人类的重点研究和保护对象。从理论上讲，"伽利略号"与木卫 2 相撞可能导致来自地球的微生物在木卫 2 上立足，这种情况将会影响未来在该星球上寻找其本土生命。

　　通常情况下，人造地球卫星等航天器在报废之后会返回地球大气层烧毁。20 世纪 70 年代，苏联核动力卫星曾在加拿大上空失控坠毁并造成巨大恐慌。所以，此后的大型航天器通过人工控制在预定地点坠毁，可以防止航天器自由坠毁时带来灾难性影响。美国"康普顿"卫星和俄罗斯"和平号"空间站都是采取人工控制在预定地点坠毁的。

"伽利略号"再入木星

现在，有的空间探测器也会在人工控制之下终结于其他星球。例如，美国"麦哲伦号"探测器于1994年受控坠毁于金星，1999年美国"月球勘查者号"探测器受控坠毁于月球。空间探测器与其他星球相撞并非首次，但像"伽利略号"这种为保护其他星球环境而受控坠毁的探测器，在人类史上还是首次。它也是人类控制的距地球最远的受控坠毁探测器，结果非常成功。

5 哈勃观木

除了使用空间探测器飞近木星进行探测，美国还使用功能强大的"哈勃"太空望远镜观测木星，也获得了大量有用信息。

早在2008年12月，美国国家航空航天局宣布，"哈勃"太空望远镜的观测结果表明，木卫3在与木星玩"捉迷藏"游戏，即忽前忽后。

木卫3是木星卫星中质量最大的一颗，也是太阳系内最大的卫星，其直径达到了5362千米。不同于木星这样的巨型气体行星，木卫3有着坚硬的外壳，由岩石和冰层构成，但它与太阳系中最大质量的行星——木星相比只能算是一颗小弹球。所以天文学家使用"哈勃"太空望远镜观测木星时，也仅能看到其南半球的一部分。该卫星每隔7天时间环绕木星一周，自从科学家发现月球以倾斜角度围绕地球运行以来，天文学家经常观测到木卫3在环绕木星运行的过程中，在木星前后若隐若现。

从"哈勃"太空望远镜拍摄的图像显示，木卫3就像一颗小弹球一样位于木星的前方，其表面特征包括叫作"特罗斯"的白色碰撞弹坑和它的辐射线系统，从这处碰撞弹坑中释放出明亮的放射线束。"特罗斯"弹坑和它的辐射线系统的直径大约是美国亚利桑那州的宽度。这张图像还显示出木星的"大红斑"风暴，"大红斑"风暴相当于两个地球的大小，有记录以来，该风暴已持续了300多年。

"哈勃"太空望远镜拍摄的木卫3图像向天文学家提供了木星上空大气层的重要信息。这是因为木卫3途经木星的后侧时，将反射太阳光线，这些太阳光线会穿过木星的大气层。映射的太阳光线将显示木星大气层的重要信息，进而透析木星大气云层中高层云雾的具体特征。

通过"哈勃"太空望远镜，科学家还获得了其他一些有关木星的新成果，比如，2008年3月20日，通过分析"哈勃"太空望远镜上的紫外线照相机拍摄到的图像，科学家首次在木星极地上空发现了罕见极光。不过，随后的研究却显示，出现在木星极地的亮点和地球上的极光在成因上有着本质的不同。

"哈勃"太空望远镜拍摄的木卫3

极光是由来自太阳的带电粒子与大气层相互作用引起的，而木星极地上空亮点的产生却与来自木卫1的粒子有很大关系。木卫1是太阳系中火山活动最为频繁的天体。事实上，其整个表面被已经冷却或正在冷却的岩浆所覆盖，较大的活火山的数量则有数百座之多。

科学家从"哈勃"太空望远镜在2008年5月9日拍摄的可见光和近红外图像中发现，木星上的一个白色气旋变成了深红色，出现了第三个红斑，天文学家将这些红斑称作"行星麻疹"。木星大气中经常出现剧烈的风暴，不过最大的风暴为什么是红颜色至今仍是个谜。早期的观测资料指出，大红斑持续了200年到350年，小红斑在2006年出现。"哈勃"太空望远镜拍摄的最新图像也支持木星正在经历全球气候变化的观点。这颗巨大的行星的赤道附近不断升温和南极持续变冷，将打破南半球的平衡，导致湍流变得更加疯狂，并产生新的风暴。

链接： 2022年4月，美国国家航空航天局宣布，美国科学家借助"哈勃"太空望远镜直接观察到太阳系外类木行星御夫座AB Aurigae b的形成过程。这一剧烈过程支持一个长期以来倍受争论的有关木星形成的理论——"星盘不稳定性"，即巨行星能由大团坍缩气体通过引力不稳定性这一过程形成，而非只能通过标准的"核吸积"机制形成。这一新发现有力地证明，一些气态巨行星可以通过"星盘不稳定性"机制形成。归根结底，引力才是最重要的，因为恒星形成过程中的残余物最终会被引力拉到一起，以某种方式形成行星。

世界首个土星专用探测器"卡西尼号"有哪些高招？它是怎样探测土卫6的？

土星腰部缠绕着一些绚丽多彩的光环，令人神往。它还保留着大量太阳系形成时的原始物质，所以探测土星有助于人类认识太阳系的形成和发展史，对认识地球自身大气的演变也很重要。最早探测土星的是"先驱者11号"、旅行者1号和2号。由于它们都是"匆匆过客"，所以探测距离远，探测时间短，无法详细探测这一行星。为了进一步认识土星，美国于1997年10月15日发射了世界上第一个土星专用探测器——卡西尼号。

1 美丽星球

土星是太阳系八大行星之一，按距离太阳由近及远的次序是第六颗。在太阳系大行星中，土星的体积和质量都排在第二位，仅次于木星，并与木星十分相像，同属于巨行星，表面是液态氢和氦的海洋，上方覆盖着厚厚的云层，有较多卫星。

另外，土星有长周期的椭圆轨道及其他的大致特征，并有一个极有意义的磁场区。它呈扁球形，赤道直径达 12 万千米，是地球的 9 倍多；质量为 5.69×10^{26} 千克，是地球的 95 倍。其体积虽然是地球的 745 倍，但是密度却很小，每立方厘米只有 0.7 克，是太阳系行星家族中最疏松的行星，比重比水还要小。

土星距地球约 14 亿千米，自转周期是 10 小时 39 分，公转周期为 10 759.5 天，相当于 29.5 个地球年，绕太阳公转的平均速度约 9.64 千米／秒，轨道是椭圆形的。土星也有四季，每季的时间长达 7 年多。

土星最大的特点就是有一个很大的光环

太阳系中最漂亮的行星是土星，因为其腰部缠绕着一些绚丽多彩的光环，像戴着一顶漂亮的大草帽。该光环由碎冰块、岩石块、尘埃、颗粒等组成，它们排列成一系列的圆圈，绕着土星旋转。由于光环的平面与土星轨道面不重合，而且光环的平面在土星公转过程中保持不变，所以从地球上看，光环的视面积便会发生变化，土星的视亮度也会因此发生变化。

土星是太阳系中卫星数目最多的一颗行星，到 2021 年年底已被发现 82 颗，而且这些卫星的形态五花八门，使天文学家们对它们产生了极大的兴趣，尤其是土卫 6，它是人类目前发现的太阳系卫星中唯一存在大气层的天体，密度比地球大气层高60%，其中甲烷成分不到 1%，大气的主要成分是氮，占 98%，还有少量的乙烷、乙烯及乙炔等气体。除了土卫 6，土星的其他卫星都比较小，在寒冷的表面上都有陨石撞击的痕迹，像破碎了的蛋壳。

链接： 1655 年，荷兰天文学家惠更斯用自制的 3.7 米长折射望远镜观测土星时无意中发现了一颗土星的卫星，它就是土卫 6，也是人类发现的第一颗土星卫星，还是土星最大的卫星，被命名为泰坦。泰坦是希腊神话中的女巨神。

天文学家们之所以很青睐土卫6，原因如下。

一是土卫6的直径在太阳系卫星世界中居第二位，比冥王星大许多，同水星差不多。其质量是月球质量的1.8倍，平均密度为每立方厘米1.9克，约为地球密度的1/3，重力则为地球的14%。

二是土卫6是太阳系内已知的卫星中唯一有大气层的卫星。

三是土卫6和月球一样，总以同一面向着自己的行星——土星，即如果在土星上看土卫6的话，永远只能看到土卫6的同一个半球。

四是根据土卫6的运动特征、物理状况和化学成分，天文学家判定土卫6是和土星一起演化形成的，属于稳定卫星，不可能是土星后来捕获的小天体，人们有可能从中获取有关早期生命物质演化的蛛丝马迹。

2 联合探测

为了揭开许多土星的未解之谜，美国和欧洲空间局耗费巨资，联合打造了世界第一个土星专用探测器"卡西尼号"。该工程共耗资近33亿美元，其中美国投资26亿美元，欧洲空间局提供6.6亿美元。"卡西尼号"探测器由轨道器（主探测器）和着陆器（子探测器）组成，总重约6吨。其中的轨道器由美国研制，装载了12台科学仪器；名叫"惠更斯"的着陆器由欧洲空间局研制，装载了6台科学仪器。所以，该土星探测器的全称应该叫"卡西尼－惠更斯"探测器，"卡西尼号"是其简称。

其科学目标是探测土星环与土星磁层的三维结构和动态性能；确定土卫6的表面成分及地理学历史；观测土星云层，研究土星大气动态性能；研究土卫6的云层和阴霾随时间的变化；了解土卫8表面黑暗物质的特性和起源。

为了节省发射时运载器的能源，"卡西尼号"并不直接进入奔向土星的航线，而是沿着金星—金星—地球—木星的借力飞行轨道飞临土星轨道的。它于1998年4月27日首次掠过金星，1999年6月24日再次掠过金星，1999年8月18日掠过地球，2000年12月30日掠过木星。

经过6年零8个月、35.2亿千米的漫长太空旅程，"卡西尼号"终于在2004年7月1日进入土星轨道，首次实现了绕土星轨道飞行。

2004年12月25日，该探测器释放了所携带的子探测器"惠更斯"，后者于2005年1月14日下降进入土卫6大气层，利用降落伞减速，经过2.5小时穿过其稠密大气层，并在土卫6表面着陆，成为人类首个在中太阳系（包括木星、

美国和欧洲空间局联合研制的"卡西尼－惠更斯"探测器

"卡西尼号"向土卫6释放
"惠更斯"着陆器示意图

土星、天王星、海王星及其卫星和短期彗星）星体表面着陆的探测器。"卡西尼号"的轨道器继续绕土星飞行，从容靠近并探测土星的大气、风、磁场、光环，并多次飞临土星的卫星。

它的轨道器主要用于测量土星的全球风场，包括波动；长期观测土星云的特征以了解云是怎样增长、演化和消失的；确定土星大气层的温度场、云的特征和成分，以及深层大气的内部结构和旋转规律；确定土星形成和演变期间的成分、热通量和辐射环境；研究电离层和磁场之间的关系和日变化，以及土星闪电（其跨度可达6万千米）的起源和特征。为了揭开土星环神秘的面纱，它多次穿越土星环，探测了土星环物质的成分和大小分布，研究土星环的构形及与土星卫星的相互作用等。

链接： 土卫6在太阳系卫星系统中独树一帜，可能有生命。20世纪80年代，美国的"旅行者"系列探测器曾几经飞越土卫6，但并没有弄清楚其表面和大气的有关特征。"卡西尼－惠更斯"探测器对土卫6的探测，能帮助科学家们进一步寻找答案。

"卡西尼号"的轨道器大约完成了27项科学考察任务。在飞往土星的途中，"卡西尼号"也进行了一系列探测，比如，2000年1月23日，"卡西尼号"掠过处于火星和木星间小行星带中的小行星2685，第一次拍摄到这颗小行星图像。

由于土星距离太阳十分遥远，因此，"卡西尼号"使用3台同位素热电发生器作为能量来源。同位素热电发生器利用质量轻、体积小的钚-238的自然衰变发出的热量来产生直流电，有很长的工作寿命，总功率为750瓦。其功率是"伽利略号"木星探测器的1.5倍（计算机处理能力则高出几十倍）。

土星到地球之间的通信也十分复杂。"卡西尼号"到达土星时，与地球的距离为8.2～10.2天文单位。在这样的距离下，信号由地球发送到"卡西尼号"，单程就要耗时64～84分钟。因此，"卡西尼号"具有很好的自主性，以减少对地面的依赖。

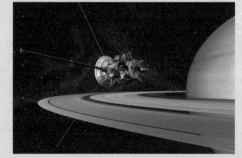

"卡西尼号"在土星轨道飞行示意图

太空铁饼

"卡西尼号"的轨道器为圆柱体，三轴稳定，质量为 2125 千克，直径为 4 米，高为 6.8 米。它通过 1 副高增益天线和 2 副低增益天线与地球进行通信。

为了尽可能多地获得数据，"卡西尼号"的轨道器配备了宇宙尘埃分析器、等离子体谱仪、成分红外光谱仪等共 12 台先进科学探测仪器。

宇宙尘埃分析器用于研究到达土星轨道的行星际尘埃和土卫 6 对土星尘埃的效应，确定土星环附近尘埃和流星体的分布，以及冰冻卫星对环粒子源的作用等。

成分红外光谱仪用于绘制土卫 6 和土星大气层的全球温度结构和气体组成，寻找土卫 6 和土星大气中的新成分。

双操作磁强计用于确定土星的内部磁场和土卫 6 的磁状态，研究土卫 6 与磁层、太阳风的相互作用及冰冻卫星与土星磁层的相互作用。

成像科学子系统相机用于研究土星环和土星卫星之间的引力相互作用，确定环中能量、动量的输送率及环的厚度、大小和成分，绘制土星和土卫 6 大气的三维结构图，寻找闪电、极光、气辉和行星大气震荡的证据，绘制卫星表面图形。

等离子体谱仪用于研究电离层等离子体流入、流出，磁层—电离层相互作用对电离层离子流的效应，极光现象和土星千米波辐射，土星磁层与太阳风的相互作用，以及土星磁层与土卫 6 高层大气和电离层的相互作用。

离子和中性粒子质谱仪用于测量土卫 6 高层大气中离子和中性气体的成分，从而研究土卫 6 大气的化学成分和变化等。

磁层成像仪器用于检测磁层亚暴活动，研究磁层与电离层耦合现象，确定土星磁层等离子体的全球构形和动力学，研究土卫 6 大气的全球结构和温度变化等。

此外，轨道器上还载有紫外成像光谱仪、可见光与红外绘图光谱仪等仪器。

"惠更斯"子探测器（着陆器）
降落土卫 6 过程示意图

链接： "卡西尼号"的轨道器在环绕土星运行的 13 年里，拍摄了 39 万张土星图像，加深了科学家对这个美丽行星系统的了解，而它提供的土星与周围太阳系行星的叠合照，更让世人感到震撼——如果说人类能肉眼俯瞰半个星系的话，这个合照就和我们看到的景象别无二致。

直径 2.7 米的"惠更斯"着陆器外形呈铁饼状，重 319 千克，由防热外罩和降落舱组成。在飞往土星的途中，除了要接受一年两次的"健康检查"，"惠更斯"一直保持着"休眠状态"。它与轨道器分离之前完成了最后一次综合检查，然后与轨道器分离并靠惯性飞行到达土卫 6。

进入土卫 6 轨道后，"惠更斯"利用降落伞降落到土卫 6 表面。其上装有大气构造仪、多普勒风实验装置和气体层析质谱仪等 6 台用于探测的科学仪器。

"惠更斯"上的大气构造仪装有一套测量土卫 6 大气的物理和电特性的传感器；多普勒风实验装置可确定大气层的性质；下降成像器 / 光谱辐射计用于推算土卫 6 浓厚大气的辐射均衡性（或不均衡性）；气体层析质谱仪能识别和定量测出大气成分，并能在高空时采集样品，降落后进行分析；悬浮微粒收集器和热解器用于吸入悬浮微粒并热解，使挥发物蒸发，复杂的有机材料得到分解，然后通过一根管子送到气体层析质谱仪进行分析；表面科学装置用于测量土卫 6 表面碰撞点的物理特性，不论该表面是固体的还是液体的。

4 延年益寿

在进入土星轨道后的前 4 年探测工作中，"卡西尼号"完成了三大任务。

一是绕土星飞行 76 圈，考察土星及其内部构成，比如探究外层是气体的土星的内核是否由固体物质组成等。

二是研究神秘的土星环到底是怎样形成的。探明土星环的成因，有助于人类彻底解开大行星的光环之谜。

三是对土星"卫星大家族"进行考察，其中，探测土卫 6 最为重要。这一巨型卫星很像 40 亿年前的地球。搞清楚土卫 6 地面和大气的化学组成，可以由此了解地球演变的过程，并揭开土卫 6 上有没有生命的谜团。

与"旅行者"系列探测器发回的图像相比，"卡西尼号"发回的部分图像的清晰度提高了 5 倍。"卡西尼号"的土星之行也拓展了人类生命发展史的视野。因为通过对土星、土卫、地球的进一步比较，人类可以更快地揭开生命的真正本质。

2008 年 6 月 30 日，设计寿命 4 年的"卡西尼号"完成了预定任务，其研究成果为人类提供了探索和发现土星秘密的重大机遇，以至于美国将"卡西尼号"的任务延长了 2 年，并又获得了大量研究成果，比如，土星上存在着漩涡"发动机"，土卫

"卡西尼号"拍摄的土星

2 可能存在"地下海"，土星光环长出了"巨塔"，拍到了土卫 5 上的日食现象，土卫 6 有地下海洋和油气田并下甲烷雨，发现了第 61 颗土星的卫星。

"卡西尼号"拍摄的土卫 4

由于运行状况良好，美国国家航空航天局将"卡西尼号"的轨道器的任务延长至 2010 年 6 月；2010 年 2 月，又宣布将"卡西尼号"的轨道器的任务延续到 2017 年，在本次延展任务期间，"卡西尼号"的轨道器又围绕土星飞行了 155 圈、飞越土卫 6 共 54 次、飞越土卫 2 共 11 次。

2017 年 9 月 15 日夜间，这个"探土功臣"坠落于土星浩瀚的大气层中。

链接： 在超期服役期间，"卡西尼号"又给人类带来了更多的惊喜。例如，2013 年 7 月 20 日，距离地球 14 亿千米之外，"卡西尼号"转过身，为它的家乡地球拍了一张全身照，但是图像上的地球只不过是一个亮点。这次拍摄是具有科学目的的：2006 年"卡西尼号"曾经拍摄了一张地球在土星光环间闪耀的图像，而此次重新拍摄相似的图像，可以让科学家们通过对比，观察土星光环系统在此期间发生的变化情况。

为什么第一个冥王星探测器"新视野号"不进入冥王星轨道？除了探测冥王星，它还有哪些探测任务？

经过约 9.5 年、48 亿千米的长途跋涉，美国研制的世界上第一个冥王星探测器"新视野号"，于北京时间 2015 年 7 月 14 日 19:49，从冥王星最近处 1.25 万千米处掠过，并拍摄了这块狭义上的太阳系最后一块未开垦的处女地的最清晰图像，拓展了人类的新视野。

1 身世坎坷

冥王星比月球还小，其公转周期为 248 年，所以人类迄今为止还没完整地看它走完一圈，从人类发现它时起至今，它仅仅公转了 1/3 圈（因为冥王星是 1930 年发现的）。冥王星可能是柯伊伯带中体积最大的天体，目前已知它拥有 5 颗天然卫星，其中最大的卫星冥卫1叫作卡戎。

冥王星似乎打破了所有规则，是一个太空异类，因此它使人类着迷。冥王星距离太阳太远，无法归入太阳系内层的类地行星；与距离太阳系外层的类木行星相比，冥王星又实在太小了。实际上，冥王星同太阳系外层柯伊伯带中的彗星有更多相同之处，因为它们都很小，并且都位于海王星之外，主要由冰与岩石构成。

2005年，科学家在冥王星轨道之外发现了一个比冥王星略大的天体，后来命名为阅神星。这一发现让人猜测，太阳系可能还存在几十颗冥王星大小的冰冷、遥远的天体，这引发了一场身份危机。后来，冥王星于2006年8月遭到降级，在太阳系九大行星中被除名，被定义为矮行星，太阳系九大行星自此变成了八大行星。

自从1930年冥王星被发现以来，它一直位居太阳系九大行星末席。随着科学技术

这是美国研制的世界第一个冥王星探测器"新视野号"在2015年7月14日拍摄的冥王星图像，其中的心形暗斑清晰可见

的进步，天文学家能观测到距离地球更远的天体，同时也能更加精确地测量太阳系天体的大小，所以科学家在2006年8月对行星进行了重新定义。2006年8月24日，第26届国际天文学联合会代表大会通过了有关行星定义的新决议，将太阳系的天体定义为三类，即"行星"、"矮行星"和"太阳系小天体"。

新定义的"行星"是指围绕太阳运转、自身引力足以克服其刚体力而使天体呈圆球状、并且能够清除其运行轨道附近其他物体的天体，即在其运行轨道上没有其他星球存在。按照这一新的定义，太阳系中行星只包括水星、金星、地球、火星、木星、土星、天王星和海王星。

"矮行星"是指同样具有足够质量、呈圆球形，但不能清除其运行轨道附近其他物体的天体。以冥王星为代表的天体，与行星一样具有足够质量、呈圆球形，但是因为不能清除其运行轨道附近的其他物体，并且其椭圆形的运行轨道同海王星的运行轨道部分重叠，同时不是某个行星的卫星，因此，2006年8月24日，冥王星被从"行星"家族降级到"矮行星"家族。

链接： 目前，冥王星有许多未解之谜。例如，这颗处于狭义太阳系边缘地带的矮行星上面到底有什么？其冰封表面下有海洋吗？冥王星与冥卫1是双子星吗？冥王星表面奇特的天气是如何形成的？这颗"第三类行星"与彗星有什么联系？"流逸"现象真的存在于冥王星表面吗？

2 千呼万唤

在冥王星降级为矮行星之前，它曾经是太阳系九大行星中距离地球最远的行星，所以要想专门探测它非常困难。经过多年酝酿和研究，2006 年 1 月 19 日，美国终于发射了名为"新视野号"的世界首个冥王星探测器。这个三角钢琴般大小的探测器以 5.79×10^4 千米/时的速度飞行，成为人类有史以来发射的速度最快的探测器。即使这样，它也需要在 2015 年 7 月才能到达冥王星附近。

从 20 世纪 60 年代开始到现在，人类探测器已经探测了除了冥王星之外的太阳系的所有行星，但是并没有一个探测器光顾过冥王星，这是因为那里距离地球实在太遥远了。随着科学技术的发展，在 20 世纪 90 年代末，美国国家航空航天局制定了一个名为"冥王星－柯伊伯快车"的计划，任务目标是探测冥王星和其卫星卡戎及冥王星之外的由一个彗星和其他宇宙碎片构成的中间环带——柯伊伯带。它原计划于 2004 年 12 月 18 日发射，但由于研制经费超支而下马了。

不过，此举遭到了很多天文学家的激烈反对，他们坚持要让冥王星探测计划继续进行下去。美国行星学会还发动了"拯救冥王星计划"运动，最后美国国家航空航天局改变了策略，于 2000 年 12 月 20 日发表了声明，声明称他们将不采用原计划，而是面向全球征集新的方案，并提出了比较苛刻的要求：一是要在 2015 年前飞抵冥王星，二是花费金额不能超过 5 亿美元。公开征集截止日期是 2001 年 3 月 19 日。公开地由美国国家航空航天局之外的研究小组参与太空计划的竞标，这在美国历史上还是首次。

链接： 为了完成这个任务，美国行星学会自筹 400 万美元研制宇宙 1 号太阳帆，试图用太阳光压做动力来实现对冥王星的探测。从理论上讲，一个行星际太阳帆在其飞行 3 年后能达到约 1.6×10^5 千米/时的速度，按此速度飞行，它能在 5 年之内抵达冥王星。但是，太阳帆的研究并不顺利，先后 2 次发射失败。

此后，有很多机构提出了探测冥王星方案。最后，来自美国西南研究院和约翰·霍普金斯大学应用物理实验室的一个联合小组提出的"新视野"计划被认可。该计划总预算额为 4.88 亿美元，它能发回比原来的"冥王星－柯伊伯快车"计划多 10 倍的观测数据，如果 2006 年 2 月之前发射，它能于 2015 年夏季抵达冥王星。于是，美国国家航空航天局于 2001 年 12 月宣布，重新启动冥王星探测计划。

"新视野号"飞跃冥王星示意图

3 八大使命

"新视野号"此行有八大使命：一是测量冥王星和冥卫1的表面成分；二是描述冥王星和冥卫1的地质概貌和结构；三是测量冥王星大气的成分和逃逸率；四是确定冥卫1周围是否围绕着大气层；五是测量冥王星和冥卫1的表面温度；六是对冥王星及冥卫1的某些特定区域进行高分辨率成像，最高分辨率为100米；七是寻找冥王星周围是否还有其他卫星；八是对柯伊伯带中的1个或多个天体进行类似的考察。

该项目负责人斯特恩说："此次抵达冥王星，感觉会像走进糖果店的小孩子一般兴奋。因为冥王星、它的卫星及太阳系中的这一区域存在如此多的谜团。探索冥王星和柯伊伯带就像是对太阳系外层进行考古挖掘工作。通过考察这片区域，我们可以一窥行星形成的古老时代。"

外表倾斜的"新视野号"探测器发射时的质量为478千克，其中"新视野号"本体质量约400千克，算是一个中等大小的行星探测器。这个看上去像一把短锹和铁锅的组合体的探测器一共携带了30千克的科学仪器和77千克的肼燃料推进剂，后者用于在航行过程中修正轨道或改变航向。

由于可以利用木星引力进行加速，并且不必在冥王星附近减速，因此探测器不需要携带过多的燃料。探测器的主平台结构近似三角形，高0.7米，长2.1米，最宽处约2.7米。推进系统包括16个单元肼推进器，其中4个4.4牛推进器用于轨道修正，另外12个0.8牛推进器用于对探测器的自旋进行加速或减速。通信采用X频段，包括1副直径2.1米的高增益碟形天线、

"新视野号"左边的黑色圆柱体为核电源

1 副中增益碟形天线和 2 副宽波束低增益天线。大部分情况下，探测器采用 X 频段高增益天线与地球通信。探测器到达冥王星附近时，距离地球 4.9×10^9 千米，数据传输率仅为 700 比特 / 秒，将整套数据传回地球需要 9 个月。

"新视野号"装有放射性同位素热电发生器。这是由于冥王星距离太阳太过遥远，太阳光要经过 4 个多小时才能到达冥王星，而且其亮度只是地球上所看到的太阳光亮度的 1/1000，所以在漫长的旅途中，"新视野号"所需的电力无法由太阳能电池提供。为此，它依靠自身携带的 10.9 千克钚提供稳定的电力，功率约 228 瓦，并可在苛刻的环境条件下工作许多年。

链接：出于对太空遭到核污染的担心，在"新视野号"发射前夕，数十名抗议者自发组织起来进行抗议。美国专家们解释说，该探测器的燃料箱非常坚固，发生意外灾难的可能性最多为 1/300。就是发生了意外，核燃料外泄的可能性也仅为 2%。一旦破裂，则可形成较大的颗粒和碎片，产生的危险要比微型颗粒小。

该探测器采用三轴稳定（科学探测阶段）和自旋稳定（巡航阶段）两种姿态控制模式。其中，自旋稳定模式用于轨道修正机动和巡航阶段的休眠期，额定自旋速率为 5 转 / 秒。

4 探测神眼

"新视野号"携带了 7 台科学探测仪器，包括 3 台相机、3 台光谱仪和 1 部尘埃计数器。

代号为"拉尔夫"的可见光 - 红外成像仪用于绘制冥王星和冥卫 1 表面的高分辨率黑白和彩色图像，收集其表面物质成分及柯伊伯带深处的天体图像。这台仪器是"新视野号"的核心载荷，有望改变人类对冥王星、冥卫 1 和柯伊伯带天体的了解。由于冥王星距离太阳十分遥远，"拉尔夫"的数字成像能力被设计为能在地球上日光强度的 1/1000 的光亮级别上获得数据。

远程勘测成像仪能产生高空间分辨率图像。当"新视野号"到达距离冥王星的最近点时，可拍摄冥王星和冥卫 1 表面某些特定地区的最高分辨率图像。

安装远程勘测成像仪

冥王星周围太阳风分析仪用于探测冥王星附近的太阳风带电粒子，以确定冥王星是否具有磁场和它的大气逃逸率。

代号"爱丽丝"的紫外成像光谱仪用于探测冥王星大气的组成成分。

冥王星高能粒子光谱仪用于探测从冥王星大气中逃离的中性原子，这些原子逃逸后与太阳风作用变为带电粒子。

代号"雷克斯"的无线电科学设备用来探测冥王星大气层的温度和密度。

学生尘埃计数器将在探测器的整个旅程中监测星际尘埃对"新视野号"的影响，以及探测由彗星脱落物和柯伊伯带天体相互碰撞产生的尘埃粒子大小。这是在此类行星探测计划中首次加入完全由大学生设计和实施的实验项目。

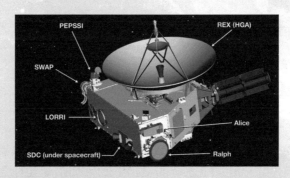

"新视野号"上各科学仪器的安装位置示意图。Ralph（"拉尔夫"）是可见光－红外成像光谱计，Alice（"爱丽丝"）是紫外成像光谱仪，REX（HGA）（"雷克斯"）是无线电科学设备，LORRI是远程勘测成像仪，SDC是学生尘埃计数器，PEPSSI是冥王星高能粒子光谱仪，SWAP是冥王星周围太阳风分析仪

链接： 这些仪器的总能耗将低于一个夜间照明的灯泡，其中的"爱丽丝""拉尔夫""雷克斯"3种仪器是用电视剧中的角色命名的。

5 擦肩而过

"新视野号"已于2007年2月底飞过木星，以借助木星引力为自身加速。利用飞越木星的机会，它对这颗行星和其卫星进行了为期4个多月的考察。

从木星飞往冥王星的8年时间里，"新视野号"上的绝大部分仪器将处于休眠状态，以降低能量消耗和仪器故障的发生概率。地面控制人员每年"唤醒"它约50天时间，以便对它进行彻底检查并进行轨道校正和仪器校准。当它距离冥王星约100万千米时，会启动各种科学仪器和电子设备。

2015 年 7 月，"新视野号"飞越了冥王星和冥卫1。其实，在距冥王星和冥卫1很远时，"新视野号"上的相机就开始工作了。它对冥王星和冥卫1的探测持续了 5 个月里。虽然"新视野号"目前只传回了少量图像和数据，但是已经获得了惊人的发现。

例如，2015 年 7 月 8 日，美国收到的"新视野号"传回的冥王星图像显示，这颗褐色星球上有一个巨大的"心"形亮区，赤道附近有一条巨大"鲸"形阴影暗区。该星球上如此多的亮区和暗区表明，这个天体内部可能曾有、甚至仍有活动。在赤道的另一侧，有 4 个更为神秘的"异形"黑点。

这是"新视野号"于 2015 年 7 月 13 日在距离冥王星约 47 万千米处拍摄的冥王星最大的卫星冥卫1的高清图像，显示冥卫1有一条延伸长达 1000 千米左右的峡谷，这可能是冥卫1内部作用造成了其地壳大范围裂开。同时，在图像右上角，有一条深达约 10 千米的峡谷

2015 年 7 月 13 日，"新视野号"拍摄到冥卫1北极的暗区下方有一条峡谷，从左至右长达 1000 千米左右。从冥卫1北极边缘可看到一道深达 7 ~ 9 千米的峡谷。这些特征表明它的外壳可能在内部活动的作用下变得相当松脆。这些都令天文学家们激动不已，又迷惑不解。

为什么"新视野号"不进入冥王星轨道进行长时间观测呢？其原因有两个。一是其飞行速度必须非常快，这样才能用 9.5 年时间到达距离地球约 50 亿千米的冥王星，因此，如果"新视野号"要进入冥王星轨道，它必须将速度降低 90%，这就要求其要多携带约 1000 倍的燃料。二是如果进入冥王星轨道，"新视野号"将无法继续前行，也将无法探测柯伊伯带。

当飞离冥王星和冥卫1后，"新视野号"又回视了冥王星和冥卫1最为阴暗的部分，这是观察冥王星大气中的雾及辨认冥王星和冥卫1表面是否平坦的最好方法。

在考察冥王星的任务结束后，"新视野号"在 2017—2020 年进入柯伊伯带，探测至少 2 个直径为 40 ~ 90 千米的柯伊伯带天体，这些天体在太阳系形成 45 亿年以来可能从未被打扰过，因此可以为人类提供一个可以回到从前、回到所有行星刚刚诞生时的窗口。考察柯伊伯带的任务可能持续 5 ~ 10 年。

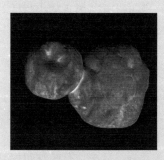

"新视野号"于 2019 年拍摄的"天空"最远小天体

2019 年 1 月 1 日，"新视野号"观测到 1 个被称为"天涯海角"（现改名为"天空"）的最远小天体。它围绕太阳公转一周需要 293 年。

"新视野号"在世界上首次成功飞掠、探测冥王星及其卫星，这标志着人类初步完成太阳系探测，登上了太阳系天体探索的巅峰。

小行星探测为何受到青睐？世界首个小行星探测器探测了哪颗小行星？

近年来，世界掀起了小行星探测热潮。例如，2021 年 10 月 16 日美国发射了"露西"小行星探测器。美国还计划于 2022 年 7 月或 8 月发射"赛姬"小行星探测器，后因软件问题推迟。另外，2021 年 11 月 24 日，美国"双小行星重定向测试"探测器由猎鹰 9 号火箭送入太空。它用来执行全球首次近地天体撞击防御技术试验任务，该探测器已于 2022 年 9 月下旬撞击"迪摩法斯"，进而尝试改变其环绕"迪蒂莫斯"运行轨道的周期。全球各地的多台地基望远镜和雷达参与观测活动，以测量动能撞击产生的影响。我国也正在研制小行星探测器。

1 何许星球

小行星是太阳系内与行星一样环绕太阳运动，但是体积和质量比行星小得多的天体。太阳系中大部分小行星的运行轨道在火星和木星之间，这里被称为小行星带。另外，海王星之外也分布有小行星，这片地带称为柯伊伯带。天文学家认为，小行星是太阳系形成过程中没有形成行星的残留物质。

至今，人类已经在太阳系内发现了约 70 万颗小行星，但这仅是所有小行星中的一小部分。根据估计，小行星的数目多达数百万，而一些大型的小行星现在开始被重新分类，被定义为矮行星。

小行星的命名权属于发现者。早期一般使用女神的名字来命名，后来改用人名、地名、花名乃至机构名的首字母缩写词来命名。例如，第一颗由中国人发现的小行星被命名为"中华（China）"（发现者为张钰哲）。第一颗以中国地名命名的小行星被命名为"北京（Peking）"（发现者为紫金山天文台）。

在空间探测器问世之前，人类是用地面望远镜观测小行星的，但即使是最大的望远镜也只能观测到针尖大小的光点，因此无法了解小行星的形状和地形等要素。后来，有些空间探测器在路过小行星时顺便对它们进行了探测。

在火星和木星之间有一个小行星带

1991 年 10 月，"伽利略号"木星探测器飞掠 951 号盖斯普拉时拍摄到了第一张真正的小行星特写镜头。

人们最关注的是近地小行星，因为探测它们和开发它们都比较容易，而且它们有撞击地球的危险，现已成为人类 21 世纪深空探测活动的重要目标。近地小行星指的是轨道近日点在 1.3 天文单位以内的小行星，其轨道多数与地球轨道相交。

链接： 按照近地小行星的轨道分类，可将其分为三类：一类是阿登型小行星群，这类近地小行星的平均轨道半径均小于 1 天文单位，在地球轨道之内，远日点大于地球的近日点（0.983 天文单位），它们经常闯入地球轨道之内；二是阿莫尔型小行星群，这类近地小行星的近日点均在地球轨道之外，介于 1.017 ～ 1.3 天文单位之间；三是阿波罗型小行星群，这类近地小行星的平均轨道半径大于 1 天文单位，但是它的近日点位于地球轨道之内，可深入到金星，甚至水星轨道之内。阿波罗型小行星的体积都很小，直径约 400 ～ 8000 米，有些小行星的轨道与地球轨道相交，存在碰撞风险。

已知直径约 4 千米的近地小行星有数百个，此外，可能还存在成千上万个直径大于 1 千米的近地小行星。据美国"近地小行星追踪计划"的天文学家估计，有可能撞击地球并带来灾害的近地小天体总数大约 700 颗。

天文学家研究认为，直径大于 1 千米的小行星撞击地球的概率为每 10 万年 1 次，但仅此一次就可能毁灭地球生物。而直径接近 10 米的天体撞击地球的概率仅为每 3000 年一次。南京紫金山天文台专家根据观测得出结论，近 20 年内应该不会有小行星和地球相撞。

2 为何受宠

在最近几年，小行星探测之所以受到世界上一些国家的重视，是因为随着科学技术的飞速发展，科学家们越来越认识到探测小行星具有十分重要意义。

探测小行星能够揭示生命起源，促进基础科学发展。因为小行星是 46 亿年前太阳系形成时期残留下来的初始行星体，保存了太阳系形成时期的大量珍贵信息。探测小行星可以认识太阳系的最初物质组成，更好地研究太阳系的形成和演化。由于小行星可能为地球带来了水、形成生命的有机物质，因此探测小行星还有助于研究生命的起源与发展。

探测小行星能够促进太空工业的发展。据悉，每年有 900 多颗小行星与地球擦身而过，其中不少蕴藏铂、钴、铑、铱、锇等珍稀金属和铁、镍等矿产资源，它们可以

开采小行星设想

成为潜在的"地外矿藏"。近地小行星有潜在的矿物资源，开发它们能够大大缓解地球上原材料日益匮乏而导致的全球性通货膨胀，为全球新增数万亿美元的 GDP。

探测小行星能够为保护地球安全，建设行星防御体系奠定基础。探测近地小行星，深入了解近地小行星的运动及属性，有利于研究、开发出防止近地小行星撞击地球的新方法和技术，包括验证轨道偏转等小天体防御技术的可行性，为地球自身的安全做好预测和防范，避免人类重蹈当年小行星撞击地球造成恐龙灭绝的灾难性后果。要想拦截对地球造成威胁的小行星，必须基于小行星的物理化学特征，为此，需要探测小行星的内部结构（疏松还是致密）和物质组成、大小、形状、自转、质量、密度，而人类无法在地球上精准测量小行星的物理化学特征，必须通过深空探测完成。

探测小行星还能成为人类深入探索太空的基石。小行星可作为载人登陆火星的中转站，因为小行星引力小，从那里出发去探索深空中的其他星球比较容易。另外，小行星上有丰富的水资源，可以直接用于航天员生活或分解成氧和氢，供航天员呼吸或作为星际飞船的燃料，帮助人类探索更遥远的太空世界。

探测小行星也能推动技术进步，带动新兴技术转化。因为小行星探测具有任务时间长、燃料消耗大、通信延迟高、测控难度大等特点，所以小行星探测属于当前最复杂的航天任务之一，小行星探测需要综合解决多个领域的尖端问题，是世界航天领域最具挑战和最前沿的科技创新活动之一。

链接： 通过探测小行星，实施小行星资源开发与利用，可带动空间机器人技术、天文导航、新兴材料制造、新兴电源制造、极限高低温热控制保障、地外天体结构成分识别等众多新兴技术的发展。因此，近年来全球掀起了小行星探测的新热潮，由此促进了一些小行星探测的新技术的发展。

3 率先出击

由于天文观测和掠过式顺路探测存在距离远、时间短、分辨率低等缺陷，所以，从 20 世纪 90 年代至今，美国和日本已先后研制和发射了多个小行星专用探测器，获得了大量有价值的科学数据。世界第一个小行星专用探测器是美国的"尼尔"（意译为"近地小行星交会"）。

1996 年 2 月 17 日，美国德尔塔 2 号火箭发射了"尼尔"小行星探测器。它也是美国国家航空航天局"发现计划"的首个探测器，遵循了"更快、更好、更省"的指导思想，主要目标是获取 433 号小行星爱神星的物理和地质特性，确认其矿物组成和元素成分。它由美国霍普金斯大学应用物理学实验室设计、建造和管理，项目总成本为 2.21 亿美元。

"发现计划"是美国国家航空航天局正在实施的一项低成本太阳系探索计划，探测目标包括太阳系行星及其卫星、小行星和彗星，旨在为美国国家航空航天局未来大型空间探索任务提供参考数据。"发现计划"的成本必须低于 2.99 亿美元，从航天器设计研制到发射的时间不超过 36 个月。

在飞向爱神星的途中，"尼尔"于 1997 年 6 月 27 日首先飞越了 253 号小行星梅西尔德，与该小行星的最近距离为 1200 千米，持续时间为 25 分钟，在此期间，探测器拍摄了该小行星表面 60% 的图像。1998 年 1 月 8 日，它还曾回到地球附近，以便借助地球引力为自己加速。"尼尔"原计划在飞行 24×10^8 千米后于 1999 年 1 月 10 日进入绕爱神星运行的轨道，以对其进行为期 1 年的观测研究。但是由于探测器出现故障，使它进入爱神星轨道的时间被推迟了。

1998 年 12 月 20 日，"尼尔"上的主动机进行首次机动点火，它本应点火 10 分钟，而实际只持续了 200 毫秒。据分析，导致主发动机提前关机的原因可能是发动机启动过猛。因此，"尼尔"的首次入轨尝试以失败告终，它只能在 1998 年 12 月 23 日从爱神星附近路过时匆忙地拍摄了一些图像。

美国研制的世界第一个小行星探测器"尼尔"示意图

首次交会和入轨失败后，"尼尔"需要按照美国国家航空航天局新的安排等待重新尝试的机会。2000 年，美国东部时间 2 月 14 日，"尼尔"点燃了它的肼燃料主发动机。发动机工作 53 秒后，探测器相对于爱神星的速度降到了约 1 米 / 秒，从而使爱神星得以利用其微弱的引力将探测器拉进围绕它运行的轨道。这是人类航天器首次成功地进入围绕小行星运行的轨道。

链接： 据悉，这是一条高 321 ~ 366 千米的椭圆形轨道。通过机动对轨道进行数次调整，探测器于 2000 年 3 月 10 日进入 200 千米高的圆轨道，4 月 10 日又将轨道降至 100 千米。到 2000 年 5 月，它的轨道高度进一步降低到 50 千米。

"尼尔"探测器上带有 6 台仪器。进入小行星轨道后，它上面的相机、激光测距仪和无线电科学实验设备便开始工作，以确定爱神星的尺寸、质量、密度和磁场及岩石成分，使控制人员能将探测器安全地送到距其表面更近的轨道上。此后，探测器上的磁强计开始寻找该小行星周围存在磁场的证据。在"尼尔"降至更低的轨道时，其上的 X 射线光谱仪和 γ 射线光谱仪测量了爱神星的元素组成情况。

2000 年 8 月，该探测器将轨道高度提高到 500 千米，以便拍摄完整的爱神星图像。到 2000 年年底，"尼尔"机动到距爱神星仅几千米的地方，以利用近红外光谱仪研究爱神星表面上仅有小柚子大小的岩石的成分。

2001 年 2 月 12 日，在探测任务结束之际，"尼尔"经过发动机 4 次制动点火，以 1.6 米 / 秒的相对速度降落在爱神星表面，成为世界上首个在小行星表面着陆的探测器，

2001 年 3 月 1 日，探测器发回最后一份数据，任务结束。美国国家航空航天局负责该项目的官员披露说，在 5 年的太空活动中，"尼尔"飞行了 32×10^8 千米，其中 1 年是绕爱神星飞行，共拍摄了 16 万幅图像，收集了比科学家原本计划还多 10 倍的数据，"这次任务很成功，超过了原来的预期。"

"尼尔"降落在爱神星表面示意图

4 不甘示弱

在小行星探测领域，日本也不甘示弱，于 2003 年发射了"隼鸟"小行星探测器。它于 2005 年飞抵糸川小行星，观测糸川小行星表面情况，收集其成分和地形数据。此后又先后 2 次成功在糸川小行星表面短时间着陆，采集其表面的岩石样品。它通过着陆产生的撞击，吸入飞溅起来的碎石。最终，"隼鸟"携带小行星样品于 2010 年返回地球，使日本成为世界上首个在月球之外的原始小天体上着陆、采样并携带其样品返回地球的国家。

2014 年 12 月 4 日，日本发射了"隼鸟 2 号"小行星探测器。它是更先进的小行星采样返回探测器，探测目标是龙宫小行星，因为该小行星上可能有含有有机物质和水的岩石。它已于 2020 年携带更多的小行星样品返回了地球，使日本成为世界上首个既具备从小行星表面采样技术，又具备从小行星内部采样技术的国家。

美国则在 2007 年发射了首个使用离子推进器完成实用型科学探测任务的"黎明号"小行星探测器，玩了一个"一石二

日本"隼鸟 2 号"返回器在澳大利亚着陆

鸟"，即分别于 2011 年和 2015 年探测了 2 颗小行星——灶神星和谷神星。使用同一套科学仪器探测 2 个不同目标，便于科学家将 2 套探测数据进行准确的对比分析。目前，"黎明号"仍在谷神星轨道运行。

2016 年 9 月 9 日，美国又发射了其首个小行星采样返回探测器——奥西里斯 - 雷克斯，目标是对贝努小行星进行采样返回探测，研究太阳系的形成和演化、行星形成的初始阶段，以及形成生命的有机复合物的起源。采样完成后，"奥西里斯 - 雷克斯"已于 2021 年 3 月开始返回地球的旅程，计划在 2023 年 9 月将一个含有 46 千克样品的采样返回舱送回地球。

美国"奥西里斯 - 雷克斯"小行星采样返回探测器于 2020 年 10 月 20 日在贝努小行星表面收集岩石和尘埃

链接： 2012 年 6 月 1 日，已在日地 L2 点开展了 10 个月科学探测的我国"嫦娥二号"探测器成功变轨，进入飞往小行星的轨道。2012 年 12 月 13 日，"嫦娥二号"在深空与图塔蒂斯小行星交会，并用星载监视相机对该小行星进行了光学成像，这不仅是我国首次实现对小行星的飞越探测，也是国际上首次实现对图塔蒂斯小行星的近距离探测，使我国成为继美国、欧洲空间局和日本之后，第四个探测小行星的国家或组织。我国正在研制小行星专用探测器。

什么空间探测器先后探测了两颗小行星？它采用了哪种关键技术？

2007 年 9 月 27 日，天文学家期盼已久的美国"黎明号"小行星探测器升空，开始它历时 8 年、总计近 50 亿千米的星际探索之旅。"黎明号"此行远赴火星和木星之间的小行星带，分别在 2011 年和 2015 年先后探测了灶神星和谷神星这 2 颗人类以前从未尝试接触的著名小行星，因为它们不仅是"羊群中的骆驼"——它们的体积在火星和木星间的小行星带中名列前茅，还因为它们与小行星带中的其他天体存在显著差别。"黎明号"是第一个探测这个重要区域的人类探测器，也是世界上第一个先后环绕两个天体进行考察的无人探测器。

1 奇怪星球

太阳系的小行星带是位于火星和木星轨道间的小行星密集区域，天文学家估计这里有约 50 万颗种类各异的小行星。不少科学家认为，小行星是处于萌芽期但未得到机会成长起来的"行星婴儿"。灶神星、谷神星、智神星和婚神星被称为小行星带中的"四大金刚"。灶神星和谷神星形成于大约 45 亿年前，据估计，它们形成于太阳系早期，并且由于木星的强大引力作用而演化迟缓。研究人员希望使用"黎明号"对灶神星和谷神星进行细致研究，比较它们的演化进程，揭开小行星演变和天体形成条件之谜。

美国"黎明号"拍摄的灶神星北部地区

灶神星是与地球类似的岩状天体，是位于火星和木星间小行星带的第四大天体，科学家们曾用天文卫星对其进行了初步探测：它的地核以铁元素为主，地表有火山岩浆流淌过的痕迹和很多坑洞。最令科学家们感兴趣的是灶神星有一个直径达 460 千米、深达 13 千米的弧坑，"黎明号"在绕灶神星飞行过程中考察了它是否是降落于地球的陨石来源。

多冰的谷神星是小行星带中第一个被发现的天体，也是小行星带中体积最大的。科学家推测，谷神星 25% 的成分可能是水，与灶神星差别很大。望远镜观测显示，谷神星表面布满黏土、碳酸盐和其他形成水所需的矿物质，因此这里也可能为生命形成提供了条件。不过，根据 2006 年 8 月国际天文学联合会提出的新定义，谷神星现已从小行星升格为矮行星。

谷神星平均直径约 950 千米，整体密度较低（2.09 克/立方厘米），被认为含有大量水，相对温暖潮湿，与可能存在生命体的木卫二和土卫二能够相提并论。科学家认为，谷神星蕴藏着惊人数量的冰，冰盖下可能藏有海洋。它很可能是一个分化型星球，具有岩石内核，地幔层包含大量冰水物质，现探测到星球表面有大量含水矿物质。初步推测水占谷神星体积的 40%。有趣的是，科学家宣称发现谷神星有水蒸气喷射物，可能也存在次表面海洋。

链接：谷神星与灶神星差别很大。灶神星是与地球类似的岩石天体，而谷神星是典型的冰雪天体，这两个极不相同的天体竟可同处一个小行星带上，其成因也是"黎明号"需要揭示的奥秘之一。科学家认为，收集小行星带中这两个标志性天体的信息，有助于揭开太阳系早期历史的奥秘。

美国于 2015 年 2 月 12 日，用"黎明号"在距离谷神星约 8.3 万千米处拍摄的
2 张谷神星图像，上面有神秘的亮斑点

2 奇特路线

耗资 4.66 亿美元的"黎明号"于 2009 年 2 月飞经火星，在经过 4 年多的漫长飞行后，于 2011 年 7 月 15 日到达灶神星，然后绕灶神星运行了 14 个月，采集了关于灶神星的珍贵数据和图像。在 2012 年离开灶神星，奔向谷神星。它于 2015 年 3 月 6 日进入谷神星轨道后，对谷神星进行了约 16 个月的探测，最终于 2016 年 6 月结束探测使命。此后，"黎明号"仍在谷神星轨道运行，一直到 2018 年因燃料耗尽，无法控制姿态而失联。

"黎明号"用氙离子推进器机动近距离探测谷神星和灶神星，从而获得了太阳系小行星带的一手资料。小行星带被认为与太阳系诞生初期的历史密切相关，科学家们据此将这一项目命名为"黎明"，即探测太阳系的黎明。

其科学目标是探测太阳系 2 颗典型小行星的质量、形状、体积和自旋状态，考察它们的内部结构并进行对比研究，来了解太阳系形成之初的状况及过程。同时科学家还希望了解小行星演化过程中水的作用；通过确定小行星上的物质成分来加深对类地行星形成过程的认识，因为小行星上的物质成分与类地行星起源时的物质成分相似；通过对这 2 种不同小行星（1 颗冷而湿，另 1 颗热而干）起源和演化过程进行分析比较，来测定其内部结构的不同和原因。

利用"黎明号"上的同一套科学仪器探测 2 个不同目标，便于科学家将 2 套探测数据进行准确的对比分析，并根据它环绕灶神星和谷神星的运行轨道数据，对比测算这两个天体的引力场等参数。

美国"黎明号"探测 2 颗小行星示意图

链接： 为了激起公众对探索小行星的参与热情，美国国家航空航天局在"黎明号"发射之前发起了一项活动：通过该局网站报名，然后把报名者的名字写入安装在"黎明号"探测器上的微芯片里，跟探测器一起飞往小行星带。最后，一个记录着 36 万个航天爱好者名字的微芯片被附在"黎明号"上飞向小行星。

3 新型动力

"黎明号"是第一个在太阳系中环绕 2 个分离目标轨道的空间探测器，主要原因是它装有 3 台氙离子推进器，能够通过电能电离惰性气体氙气的原子，产生时速达 14.32 万千米的离子流，向探测器提供日渐增强的推动力。

工作原理是用电子轰击氙气，释放出离子，离子则被快速喷射到太空中，推动探测器快速飞行。所以探测器从地球起飞时使用了发射成本较低的德尔塔 2 号火箭。另外，离子推进器还具有加速时间长、可取得较大的速度变化和便于控制等优点，因此"黎明号"灵活性更高，发射窗口很长。

此前，美国"深空 1 号"和欧洲空间局"智慧 1 号"等空间探测器都曾成功使用过推力虽微小但燃料效率非常高的离子推进系统。虽然离子推进器在 3100 秒时间内只能产生 90 毫牛的推力，但是它能以极高速度运转数月甚至 1 年。

目前，行星际探测器大多使用化学燃料推进器，它可以在 20 分钟内消耗 300 千克的燃料，获得 1000 米/秒的速度变化。而"黎明号"上的离子推进器每天消耗 0.25 千克氙燃料，可获得 10 米/秒的速度增量。在最初 4 天，它的时速将逐渐提高到 96 千米，1 年后时速将升至惊人的 8850 千米，届时消耗的氙燃料只有 15 加仑（约 56.8 升），燃料利用效率是传统化学燃料推进器的 10 倍。

"黎明号"上的氙离子推进器总共消耗了 400 千克氙燃料，其中在对灶神星进行探测时消耗氙燃料 275 千克，对谷神星进行探测时消耗氙燃料 110 千克。其轨道捕获、轨道转移和从灶神星轨道逃逸都使用氙离子推进器。此外，"黎明号"还装有 12 台用于变轨和姿控的小型肼燃料发动机，每台推力为 0.9 牛。

谷神星探测任务负责人赖曼说，感谢氙离子推进器，如果使用传统推进器，"黎明号"将无法一次造访 2 个陌生天体。

"黎明号"上的氙离子推进器进行试验

4 载荷较多

"黎明号"发射质量为 1217 千克，其中探测器干质量为 747 千克，肼燃料 45 千克，氙气 425 千克。它是长方体构型，两侧对称装有翼展 19.7 米的双太阳能电池翼。其主推进器为 3 台氙离子推进器，输入功率为 2300 瓦时，推力为 92 毫牛，比冲为 3100 秒。探测器采用三轴稳定模式，通过反作用动量轮和 12 台 0.9 牛单元肼推进器实现姿态控制；装有直径为 1.5 米的高增益抛物面天线和中增益天线、低增益全向天线和 100 瓦的行波管放大器，使用 X 频段通信；热控制采用氨基热管和散热窗。

采用铝结构的"黎明号"装有一些美国其他卫星的部件，目的是节省费用。它装有可见光及红外光谱绘图仪、帧幅数码相机、γ 射线和中子光谱仪等科学观测仪器。这些仪器用于测量小行星的质量、形状、体积和旋转状态，以及详细的元素和矿物成分，确定其构造和热的变化、磁力、内核的大小，为人类带来前所未有的小行星上的峡谷、山脉、陨石坑、熔岩痕迹、两极冰帽、湖床河道等景色，有可能发现许多奇特现象，如谷神星也许有一层稀薄的大气和活跃的水文过程，两极的冰霜有季节性变化，从而改变人类对它的传统认识。

可见光及红外光谱绘图仪主要用于测量 2 颗小行星表面的矿物成分。在小行星中如果探测到 3 微米光谱的存在则表明含有水矿物，如果探测到 1.4 微米和 1.9 微米光谱的存在则表明含有水分子。

"黎明号"探测器上有 2 台相同的帧幅数码相机，它们用于拍摄 2 颗小行星表面的图像和为探测器导航，质量为 2.5 千克，耗电 1.8 瓦。其成像焦平面为 1024×1024 CCD 像元，焦距为 150 毫米，在灶神星轨道时像元分辨率为 17 米，在谷神星轨道器时像元分辨率为 60 米。

它的 γ 射线和中子光谱仪能探测水中是否有氢存在，用于探测小行星上的氧、硅、铁、铝、钙等元素和其他一些微量元素，绘制其成分分布图，其中中子光谱仪可探测质量比大于 0.02% 的水，确定谷神星壳中水的含量。科学家认为，要想探查谷神星是否存在水，必须从其表面的冰盖或水蒸气入手调查。谷神星地下甚至可能存在液态水。水被认为在谷神星发展演化的过程中，帮助其"防暑降温"。灶神星的情况则截然相反，它温度极高，内部已经融化，在早期演化过程中几乎就是一座随时都有可能喷发的火山。

"黎明号"探测器还携带了磁强计，其探测能力约为 ±1000 纳特。预期在"黎明号"飞行的高度上，灶神星和谷神星的磁场大约是 500 纳特。

"黎明号"的"五脏六腑"

5 好事多磨

"黎明号"此行来之不易。它最初计划在 2006 年 5 月 27 日发射，但因为"经费超支及技术问题"，该项目曾中途下马。但在舆论的重压之下，美国国家航空航天局在 2006 年 3 月 15 日又表示，要重新评审已经取消的"黎明"计划，因为负责这一计划的喷气推进实验室提出了执行该计划的新证据。

美国国家航空航天局官员 2006 年 3 月 27 日宣布，重新启动"黎明"计划，使这一度被放弃的"黎明号"小行星探测器绝处逢生。美国国家航空航天局副局长说，如果终止"黎明号"小行星探测器，还得再支付 1000 多万美元作为收尾费用；而如果将该项目继续下去，尽管要超支 7000 多万美元，但是大部分技术难题已经克服，成功希望较大。因此，美国国家航空航天局决定将"黎明号"小行星探测器进行下去。

2011 年 7 月 15 日，在飞行超过 2.7×10^9 千米后，"黎明号"小行星探测器进入灶神星轨道，成为人类首个对火星和木星之间小行星带中的小行星进行探测的空间探测器，并于同年 8 月 11 日正式开始了对这颗巨型岩质小行星的探测任务。直径约 530 千米的灶神星是"黎明号"此次探测任务的第一站。"黎明号"先后从 2700 千米到 120 千米不等的几条不同轨道上进行探测，测绘灶神星表面，研究其成分，并探究其地质史。

2011 年 9 月 27 日，"黎明号"进入距离灶神星 680 千米的轨道，环绕一圈的时间为 12.3 小时。后来在同年 12 月 8 日进入另一个轨道，距离灶神星只有 210 公里，环绕一圈的时间为 4.3 小时。后来，它又在 193 千米的低轨道上绕灶神星运行，拍摄了近景图像。

在一年多的时间中，"黎明号"获得了多角度图像，帮助科学家绘制灶神星地形图并开展相关研究。2012 年 5 月，美国首度公开"黎明号"获得的灶神星初步数据，估计灶神星的金属核心直径为 220 千米。美国科学家进一步将灶神星视为独一无二的一种小行星，认为它是与岩石行星同时形成的大型小行星残存。

"黎明号"进入谷神星轨道示意图

链接： 2012 年 9 月，美国发布消息称，"黎明号"发现的证据表明，一些更小的、富含水的小行星曾经融入了灶神星的表面。这些水被锁定在水合矿物的内部，直到后来的天体碰撞产生了足够的热量，进而熔化了这些水合矿物，并将水分以气体的形式挥发掉，最终在小行星表面留下了坑坑洼洼的洞穴。这一发现展示了太阳系内部又一颗具有水循环的天体。

"黎明号"于 2012 年 9 月 5 日离开灶神星轨道，向谷神星飞去。2015 年 3 月 6 日，"黎明号"进入谷神星轨道后传回了不少高分辨率图像，揭示了诸多令人兴奋的新细节，极大地改变了人们对矮行星谷神星的认识。

"黎明号"拍摄的灶神星赤道南部区域

例如，谷神星表面之下存在一个 40 千米深的盐水库。它拍摄了谷神星的奥卡托陨石坑的高分辨率图像，发现了奥卡托陨石坑中分布着一些神秘亮斑。天文学家后来证实，这些亮斑与碳酸钠有关。此后，又发现奥卡托环形山山底深处有一个很大的卤水储层，该储层可能曾经受到形成环形山的力量的作用，发生了运动，致使行星表面出现了这些明亮的盐沉积。

链接：谷神星的奥卡托陨石坑中央最大明亮区域中心存在水合氯盐，由于这些盐的脱水速度很快，所以卤水可能还在不断涌出，这意味着谷神星内部可能依然存在含盐液体。"黎明号"此次发现有机物增加了谷神星在过去曾经拥有生命生存必要环境与要素的可能性。

科学家还发现，谷神星上富含水和盐的泥浆样撞击熔岩与火星上的不同，规模也不及火星；而奥卡托陨石坑内的各种明亮沉积可能具有不同来源。

在谷神星上发现了类似地球冰水岩盖的小山丘，这进一步支持这颗星球上有液体的观点。据悉，科学家以前曾在火星上发现过这种现象，但从未在矮行星上发现过。

2015 年 3 月，"黎明号"成功进入环绕谷神星轨道，并对谷神星进行了超过 3 年的探测，直到 2018 年 11 月结束任务。

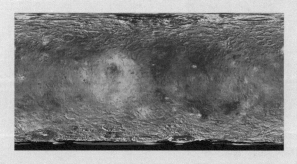

这张地图是在"黎明号"2015 年 8 月和 9 月拍摄的谷神星图像基础上制作的

为什么美国与日本都采用"接触即离"技术对小行星进行采样返回探测？美国"露西"探测器怎样探测 8 颗小行星？

小行星探测是空间探索的前沿、热点课题，同时也是高门槛的深空探测任务。小行星形状不规则，平均直径只有千米量级，地貌复杂，引力比地球小 4 ～ 5 个数量级，表面温差大。探测小行星的难点是"微弱引力""未知环境不确定"等。所以，需要突破连续轨道设计、自主交会、弱引力天体表面附着 / 固定与采样、超高速再入返回等关键技术。为此，日本和美国在近年发射了新型小行星采样返回探测器，它们均采用"接触即离"技术对小行星进行采样返回探测，而不是落在小行星表面进行采样再起飞返回地球，取得了较大的成就。

1 世界第一

2003 年 5 月 9 日，日本发射了自己首个小行星探测器——隼鸟，它也是世界上第一个实现在小行星上软着陆并采样返回的探测器，用于探测位于地球和火星之间的距离地球 3 亿千米的糸川小行星，并采集样品带回地球供科学家研究。

它主要完成四项主要任务：一是用日本的离子电推进器实现星际飞行；二是用光学测量敏感器确认糸川小行星的位置，并通过自主导航接近它；三是对糸川小行星进行着陆和采样；四是把采集的糸川小行星样品带回地球。

"隼鸟"于 2005 年 9 月进入糸川小行星轨道，研究其形状、地形、颜色、组成、密度等。同年 11 月，它 2 次在糸川小行星上着陆并完成采样。由于出现了一系列故障，"隼鸟"未按原计划返回地球，但是通过多种努力，它最终于 2010 年 6 月 13 日带着采集的约 1500 粒样品返回地球。

日本"隼鸟"探测器在糸川小行星表面取样示意图，右下角是失灵的"智慧女神"子探测器

该探测器在轨道上完成了工程试验和科学实验两类任务，比如，用离子电推进器作为"隼鸟"的主推进器；通过自主导航在地球—小行星—地球之间飞行；在距小行星 54 米处投放目标标识器，以确保在选定的着陆地点安全着陆；掌握小行星表面采样返回技术；了解了在近地轨道 S 型小行星的主要特征；调查了小行星与

陨石之间的关系，并为研究小行星的起源与演化打下基础。

"隼鸟"由服务舱、有效载荷舱组成，质量为 510 千克，采用三轴稳定模式。其中有效载荷舱装有 X 射线荧光光谱仪、远景摄像遥感器、近红外分光器、目标标识器、跳跃式机器人及采样器与再入密封舱。

采样器的质量为 8.7 千克，内部装有角状容器和 3 个质量为 5 克的金属球，通过采样器中的金属球弹射到小行星表面，可使小行星表面溅起碎片样品，然后将样品收集到角状容器中并装入密封舱内的容器内。再入密封舱直径为 40 厘米，作用是将采集到的样品带回地球。

链接： 日本原定在 2005 年 11 月 12 日由"隼鸟"向糸川小行星表面释放跳跃式机器人来拍摄糸川小行星的图像，但是由于人为计算差错，在高于应释放高度的位置释放了跳跃式机器人，使其未降落到糸川小行星表面，反而成为一颗绕糸川运行的人造行星。

为使"隼鸟"能够在预定着陆地点着陆，2005 年 11 月 20 日，"隼鸟"在距小行星 54 米处释放了一个目标标识器。随后"隼鸟"实现了在糸川小行星上的首次着陆，然后离开；同年 11 月 26 日，"隼鸟"再次在糸川小行星上着陆并完成采样，然后离开。

2 撞击探测

"隼鸟"采样返回的成功大大激发了日本探测小行星的热情。于是，日本在 2014 年 12 月 4 日发射了"隼鸟 2 号"小行星探测器。它是更先进的小行星采样返回探测器，探测目标是龙宫小行星，因为该小行星上可能存在含有机物质和水的岩石。

"隼鸟 2 号"采用了别开生面的撞击小行星表面的技术，来探测小行星的内部，进一步确认龙宫上含矿物质、水和有机物的情况。

它于 2018 年 6 月进入龙宫小行星轨道后，首先对该小行星进行近距离详细观测。接着，向小行星表面投放跳跃式巡视器和小型着陆器。然后，对小行星表面进行采样。"隼鸟"只采集了 10 毫克样品，"隼鸟 2 号"则采集了 100 毫

采样前，"隼鸟 2 号"会提前释放目标标识器。目标标识器降落在小行星表面稳定下来后就可以反射光线帮助下降中的探测器确定位置

克以上样品。后者在龙宫小行星附近运行了 1 年半左右时间，完成任务后，于 2019 年 11 月飞离龙宫小行星，在 2020 年年末返回了地球。"隼鸟 2 号"返回密封舱的着陆地点与"隼鸟"相同，仍为澳大利亚区域。

从 2018 年 9 月起，"隼鸟 2 号"先后向在龙宫小行星表面选定的各个点投放了多个目标标识器，它们用于引导探测器将跳跃式巡视器和着陆器投放到选定的地点，并使着陆器在指定地点着陆。目标标识器是表面贴满发光反射膜的球形体，投放到小行星表面选定地点后，探测器打开闪光灯照射它，它就会成为一个小灯塔，从而能引导探测器将跳跃式巡视器和着陆器投放到选定的地点。

跳跃式巡视器

"隼鸟 2 号"携带了 3 个跳跃式巡视器。它们被释放到小行星表面后，用各自携带的电机驱动一边跳跃，一边用携带的仪器进行观测和测量，总跳跃距离为 200 米，所获信息传回"隼鸟 2 号"。其中 2 个跳跃式巡视器在小行星表面工作超过了 10 个小行星日。

链接： 德国和法国联合研制的着陆器质量为 10 千克，它也能靠自身携带的电机驱动以跳跃方式前进。它用相机拍摄了龙宫小行星表面的清晰图像；用光谱仪观测分析了龙宫小行星表面的矿物质成分；通过磁强计测量了龙宫小行星表面的磁场等。

2019 年 2 月，"隼鸟 2 号"首次在龙宫小行星表面采用"接触即离"方式着陆，在安全地飞离龙宫小行星时，进行弹子弹射取样。其弹子质量为 3.5 克，通过弹子弹射装置以 300 米 / 秒的速度撞击小行星表面，采样装置从龙宫表面弹射起的飞溅碎片和粒子中采集到了不少于 3 克的样品，发现了水合矿物质。

2019 年 4 月，"隼鸟 2 号"对另一个着陆地点发射撞击装置（也可称金属弹）。撞击装置是内部装满约 9.5 千克炸药的半球型圆锥结构体，引爆后生成坚硬、带尖头的铜金属块，以 2 千米 / 秒的速度撞击小行星表面，并形成直径约 10 米的小行星坑。然后，"隼鸟 2 号"于 5 月对该小行星坑以"接触即离"方式完成着陆采样，采集了多于 10 克的小行星内部样品。

2019 年 7 月，"隼鸟 2 号"又以上述撞击方式完成了一次采样任务。这次撞击形成了直径约 15 米的小行星坑。在目标标识器的引导下，"隼鸟 2 号"从人造小行星坑周边采集了不少于 10 克的样品。

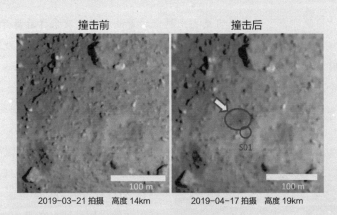

撞击前　　　　　　　　　撞击后

2019-03-21 拍摄　高度 14km　　　2019-04-17 拍摄　高度 19km

"隼鸟 2 号"光学导航相机拍摄的图像，红圈是新产生的撞击坑，蓝圈是原本计划的着陆采样区

　　2019 年 11 月，"隼鸟 2 号"返回密封舱与探测器分离，并于 2020 年年底前携带采集到的样品返回地球。日本成为世界上首个既能够从小行星表面着陆，又能够从小行星内部采样的国家。

3　更进一步

　　2016 年 9 月 9 日，美国首个小行星采样返回探测器——"奥西里斯－雷克斯"升空，目标是对贝努小行星进行采样返回探测，研究太阳系的形成和演化、行星形成的初始阶段，以及形成生命的有机复合物的起源。

　　它于 2018 年 8 月抵达贝努小行星，并在环绕贝努的轨道上对其进行全球表面成像观测，展开为期两年的科学研究。2020 年 10 月 20 日，该探测器使用机械臂末端的采样器采集了 60 克 ~ 2 千克的贝努表面风化层样品，计划于 2023 年把样品带回地球供科学家研究。贝努是富碳小行星，这种小行星在 2169—2199 年间撞击地球的概率为 0.071%，撞击地球的危险性目前排在第二位。所以，科学家们最终决定探测贝努小行星。

　　"奥西里斯－雷克斯"此行有 5 个科学目标，比如从贝努表面采回足够量的风化层物质，绘制原始碳质小行星的全球特性、化学特性、矿物学分布情况图，在采样地点记录风化层的质地、形态、星体化学和光谱特性等。

　　它也采用"接触即离"的方式，使用机械臂进行采样，即探测器整体并不着陆，当探测器接近目标时伸出采样机械臂，其采样器与贝努表面只接触几秒钟，完成采样，然后迅速飞离。

链接： 采用"接触即离"的方式可省去采样前的着陆和固定及采样后离开表面前的解锁过程。另外，探测器在惯性下落时，"接触即离"也提供了采样所需要的正常接触力。这种方式也有多种形式：收集碎片；使表面碎片流体化等。"奥西里斯－雷克斯"使用了使表面碎片流体化的方法，因为贝努小行星表面有风化层。

美国"奥西里斯－雷克斯"准备在贝努小行星采样示意图

采样完成后，"奥西里斯－雷克斯"于 2021 年 3 月开始返回地球的旅程，计划在 2023 年 9 月将一个重达 46 千克的采样返回舱送回地球。在进入地球大气层前 4 小时，探测器将释放采样返回舱。随后探测器将进行碰撞规避机动，并不进入地球大气层，而是继续在绕太阳轨道上运行。采样返回舱将以 12.2 千米／秒的速度进入地球大气层并通过降落伞系统进行减速，最后在犹他州测试与训练靶场软着陆。

美国"奥西里斯－雷克斯"比日本"隼鸟 2 号"的行动要慢了多年，不过"奥西里斯－雷克斯"的采样数据将是"隼鸟 2 号"的许多倍。

4 露西出发

2021 年 10 月 16 日，美国国家航空航天局成功发射了"露西"小行星探测器。在长达 12 年的旅程中，它将在 2022 年 10 月、2024 年 12 月和 2030 年 12 月先后三次飞越地球，进行引力加速，然后直奔木星轨道，并于 2025 年 4 月，在火星与木星之间的小行星带停留，探测 1 颗主要小行星。接着，在 2027 年左右，抵达木星轨道的 L4 特洛伊小行星群，并陆续探测 4 颗特洛伊小行星和 1 颗卫星。

这也是人类首次进行远距离小行星探测和世界首个在围绕太阳的独立轨道上探索如此多个不同目标天体的深空探测任务。这些原始的小行星将为研究太阳系历史、甚至地球上有机物质的起源，提供重要的线索。

链接： 特洛伊小行星群与木星处于同一轨道，木星周围数亿千米范围内存在大量小行星，专家认为，特洛伊小行星群可能隐藏着太阳系外行星如何形成的秘密，提供早期太阳系的重要线索，有助于揭晓地球有机物质起源之谜。

该项任务将是美国国家航空航天局首次派遣探测器造访在与木星相同轨道上绕太阳运行的特洛伊小行星群。特洛伊小行星群分为两个阵营，分别位于木星轨道前方和后方60°的位置上。这些天体在当前的位置上存在了数十亿年之久，或许自太阳系形成之初便是如此。它们含有外太阳系富含水和碳的物质保留下来的样品。这类物质有些形成了木星，另外一些向内迁移，为地球生命支持系统的形成做出了贡献。

"露西"的科学任务目标是利用其携带的科学载荷获取探测目标的形状、反射率，绘制陨石坑空间、大小和频率的分布图；确定地壳结构和分层的性质，并估算小行星表面的相对年龄。它还将扫描小行星表面的成分和土壤特性，以确定矿物质、冰和有机物的分布，以及获取小行星内部的质量和密度数据，并通过对陨石坑、裂缝、喷射物和裸露床层的探测来探究地下成分。

"露西"只研制了4年，耗资仅9.81亿美元，这是因为它采用了已有的技术资源。例如，其平台继承了"奥西里斯－雷克斯"探测器平台，科学载荷融合了"新视野"号和"奥西里斯－雷克斯"探测器的载荷。

美国"露西"探测特洛伊小行星群示意图

"露西"的发射质量为1550千克，干重821千克，由于特洛伊小行星带远离太阳，为此配备了2个巨大的展开式圆形太阳能电池翼，在飞到特洛伊小行星带附近，太阳光强不足地球附近3%时能产生500瓦电力，在探测小行星过程中"露西"仅需82瓦电力。

"露西"携带了3台科学探测仪器，其中的"露西拉尔夫"用于确定星体成分；"露西远程探测成像仪"用于拍摄最详细的小行星表面图像；"露西热发射光谱仪"用于探测小行星表面温度，了解表面物质的物理特性。

另外，美国太空探索技术公司原计划于2022年7月或8月用"重型猎鹰"火箭发射美国国家航空航天局的"赛姬"（也叫"灵神星"）小行星探测器，来探测在火星和木星之间运行的赛姬金属小行星，后因软件问题推迟。

链接：灵神星小行星几乎是由铁、镍、金等金属元素构成的，像极了岩石行星的内核，

也极有可能含有更多稀有金属。灵神星的质量为 2.7 亿亿吨级别，远远超过人类每年利用的 20 亿吨铁矿石质量，足够人类使用千万年。

"赛姬"探测小行星示意图

虽然"赛姬"探测器的任务并不是真正意义上的"太空采矿"，但是已然是一次标准的"太空探矿"。未来，人类或许不再困扰于匮乏的资源，因为宇宙中几乎所有资源都是"无穷"的，只要人类航天有能力将它们利用起来。

彗星有什么特点？第一次大规模彗星探测发射过哪些探测器？

至今，人类已开展过 2 次大规模发射彗星探测器的活动，第一次是在 20 世纪 80 年代，第二次是从 1999 年到现在。从技术上讲，第二次与第一次相比发生了质的飞跃，对世界范围内的其他空间探测也有巨大的推动作用。

那么，为什么人们对探测彗星如此感兴趣呢？简单地说，彗星是太阳系形成时残留下来的初始物质，探测它们对研究太阳系形成和演化很有价值。

1 认识彗星

曾被人描述为"脏雪球"的彗星生成于比海王星轨道还要遥远的、环绕太阳运行的一个由神秘天体构成的带。当彗星在其环绕太阳运行的过程中向太阳系内部飞行的时候，彗星上的冰受太阳加热而融化，喷出气体射流和糊状碎片，于是人们在天空中看到典型的彗尾。

彗星像一辆渣土车，每次接近太阳，都会抛撒出一堆物质，其数量以万吨计算。如果这些散落的物质正好分布在地球轨道上，那么地球每次经过此处时都会有反应。

地球当然不会颠簸，而是会产生太空焰火秀——流星雨。比如每年 10 月底发生的猎户座流星雨，就是哈雷彗星掉在地球轨道上的"垃圾"进入地球大气层的结果。

46 亿年前，宇宙中心膨胀发散的微粒开始减速，它们之间碰撞和结合，如滚雪球般形成了早期太阳系中的行星、卫星及数以百万级的小行星和彗星。接下来的数十亿年太阳系演化期中，行星自身产生了强大的重力，其内部结构和理化性质都发生了巨大的变化，彗星则因为质量小并且大部分时间是在远离太阳的轨道运行，保持着很低的温度，就像冰箱一样"冷藏"了星云形成初期的原始物质。

同太阳系核心区域的行星不一样，久处太阳系边缘的古老彗星基本上保持了太阳系诞生之初的原始特征，研究彗星有助于揭开太阳系诞生之谜。彗星富含水，地球也同样富含水，越来越多的证据表明地球上的相当大一部分水很可能来自几十亿年来不断坠入地球的彗星。

链接： 水是生命之源，以往认为生命是在地球上从无机物到有机物一步一步演化来的。而彗星上发现的那些复杂的有机物提示我们，生命诞生过程中的早期基本工作很可能不是在地球上发生的。甚至有科学家推测，是彗星将生命种子播撒到了地球。

所以，科学家们认为彗星事实上就是宇宙产生时期剩下的原始物质。一些人猜想彗星上存在着复合碳分子。在地球幼年时期，太空岩石撞击地球，这些复合碳分子可能已经在地球上"播种"了产生生命的"化学积木块"。所以探测彗星有希望解答地球上生命的起源问题。

此外，彗星撞击地球会引起灾变，地球上的水也可能来自彗星，因此探测彗星有助于揭开这些长期令人困惑不解的谜团。

探测彗星的本质及其组成成分，还能了解太阳风的物理性质和化学成分。

总之，彗星上隐藏着关于太阳系起源的原始信息，它可能是地球水资源的最终来源，甚至有的研究认为

彗星抵达近日点时，由于接收到的太阳辐射量大增，其内部挥发性物质和水分将发生强烈蒸发和升华，大量气体会从彗核内部喷射而出。这是欧洲空间局"罗塞塔"探测器观测到的一次 67P 彗核喷发

彗星上携带的生命分子在彗星撞击地球后被激活，早期地球的高温高压环境也促使它们形成了复杂的分子。另外，彗星上有丰富的挥发性物质，在飞向太阳的时候开始蒸发并产生彗尾，便于用光谱仪进行元素分析。这也是彗星倍受科学家们青睐的原因。因此，对彗星的调查有助于科学家了解太阳系的演变历程。彗星上携带的远古尘埃和

冰，可以追溯到数十亿年前太阳系形成之初。

2 "乔托"领衔

由于探测彗星有重要的科学价值，所以世界各国的天文学家们很早就开始探测彗星了。1986 年，不少国家在哈雷彗星飞临地球轨道时曾表现了很高的热情，为此，相继建立了带有国际性质的地面观测网组织和国际哈雷彗星探测委员会。

1984—1986 年，全球先后发射了 6 个彗星探测器，它们被称为"哈雷舰队"，对哈雷彗星回归进行联合探测，掀起了第一次大规模探测彗星高潮。在该联合探测中，日本的"行星 -A"、"先驱"探测器与美国的"国际彗星探险者"从远距离对彗星进行观测。苏联的维加 1 号和 2 号负责定位彗核的位置，并传回相关数据，引导欧洲空间局"乔托"探测器近距离观测彗核。由于"乔托"与彗核距离较近，刚开始时以为它会遭受高速彗星粒子的破坏，但是它出人意料地飞越彗核并在小型彗星粒子的撞击之下幸存。

"乔托"探测器是以意大利卓越画家乔托命名的，于 1985 年 7 月 2 日由阿里安 1 号火箭从法属圭亚那的库鲁发射入轨，探测目的是飞越哈雷彗星。

链接："乔托"探测器高 2.85 米，最大直径 1.86 米，重 960 千克，采用体装式太阳能电池阵和自旋稳定模式，功率 62 瓦，数据传输速率最高达 39.4 千比特 / 秒，由结构、温控、姿态与轨道控制测量、转移推进、数据处理、能源与供配电、天线、测控、消旋及尘埃防护等分系统组成。

大多数彗星探测器都装有摄像机、中子分析仪、离子质量分析仪等探测设备，用以探测彗尾中的等离子体密度、温度和重离子特性等。有些还装有变轨发动机，用以改变探测器的轨道，以便拦截彗尾。

"乔托"探测器装有 10 种探测仪器：相机、粒子质谱仪、离子质谱仪、尘埃质谱仪、尘埃碰撞探测器、高速离子探测器、注入离子探测器、静电分析仪、磁力计、高能粒子探测仪。这些仪器重 56.2 千克。

"乔托"于 1986 年 3 月 14 日在距地球 1.5 亿千米处与哈雷彗星会合，并根据有关探测器提供的数据，飞到

"乔托"探测器探测彗星示意图

与哈雷彗核相距 596 千米的地方，拍摄到哈雷彗核的第一张图像。在约 4 小时的近距离飞行中，"乔托"每秒拍摄 1 张彩色图像，最终共拍摄到 1480 张哈雷彗星图像，收集并发回哈雷彗星的大量宝贵资料，对人类研究哈雷彗星彗核的形状及物质成分起了重要作用。

在这次探测中，"乔托"遭到彗星尘埃的袭击，在 68 千米 / 秒的穿梭飞行中，通信中断 25 分钟，摄像机镜头被撞坏。在最后 2 分钟，甚至遭到每秒 120 次的冲击，好在最终仍有 50% 的仪器能正常工作。

"乔托"拍摄到的图像显示，哈雷彗星有 1 个明亮的白色内核，周围被代表不同尘埃和离子层的绿色、紫色和红色环状物环绕。彗核的实际尺寸为 15 千米 × 8 千米，外形凹凸不平，有两条正在喷射气体和尘埃的喷气流。彗头像一块五彩斑斓的地毯，彗核犹如一个被扭曲的"烧焦的马铃薯"，表面覆盖着一层黑色天鹅绒般柔软光滑的尘埃。

完成与哈雷彗星交会任务之后，"乔托"进入"休眠"状态，继续在深空飞行。1990 年 2 月，"乔托"被重新激活，并于 1992 年 7 月 10 日与格里格彗星成功实现交会，与该彗星最近的距离为 200 千米。"乔托"目前仍处在"休眠"状态，以等待机会同其他彗星交会。

"乔托"首次近距离获取了彗星彗核图像，是人类首个与 2 颗彗星交会的探测器，也是人类首个采用返回地球借力飞行的方式来改变轨道的探测器。它探测到哈雷彗星彗核的尺寸和形状；成为距离彗星（格里格彗星）最近的探测器；发现哈雷彗星彗核有黑色外壳并喷射出明亮的气体；测量了 2 颗彗星附近的尘埃粒子的尺寸、组成和速度；测量了 2 颗彗星产生的气体成分；发现格里格彗星附近有异常的磁波。

3 五大配角

除了"乔托"，在第一次大规模探测彗星高潮中，另外 5 个彗星探测器也功不可没。它们是苏联的维加 1 号和 2 号探测器、日本的"先驱"和"行星 -A"探测器、美国的"国际彗星探险者"。

1984 年 12 月 15 日和 12 月 21 日，苏联用质子号运载火箭先后从拜科努尔发射场发射了 2 个"维加"探测器。它们的主要任务是探测金星，包括释放着陆器在金星表面软着陆，在完成金星探测任务后飞越哈雷彗星。

链接： 维加 1 号、2 号分别于 1985 年 6 月 11 日和 6 月 15 日到达金星，在完成金星探测任务后利用金星引力变轨，飞向哈雷彗星进行探测，共传回约 1500 张哈雷彗星的图像。

苏联"维加1号"探测器

苏联"维加"系列探测器的质量为4920千克，装有2个大型太阳能电池翼，采用三轴稳定模式。其上用于哈雷彗星观测的仪器包括碟形天线、相机、光谱仪、红外探测器、磁强计和等离子体探测仪等。该探测器上还装有防护哈雷彗星尘埃的缓冲装置。

1985年1月7日由M-3S-2运载火箭从鹿儿岛航天中心发射的"先驱"彗星探测器是日本首个空间探测器。其质量为138千克，采用圆柱体结构和体装式太阳能电池阵，直径为1.4米，高0.7米。其主休结构顶部装有直径为80厘米的圆筒形S频段高增益天线。它在日心轨道运行，周期约为319天。该探测器携带的有效载荷包括太阳风离子监测器、等离子体波监测器、太阳风和行星际空间磁场观测装置，但未携带成像设备。

1986年3月11日，"先驱"从距哈雷彗星最近距离7×10^6千米处飞越哈雷彗星。在轨运行过程中，它发现了太阳磁场存在着中性面；在最接近哈雷彗星时观测到哈雷彗星附近的太阳风磁场、等离子活动、太阳风等离子波动等。1999年1月7日，"先驱"不再运行。

日本"先驱"彗星探测器

1985年8月18日，日本又用M-3S-2运载火箭从鹿儿岛航天中心发射了"行星-A"探测器，这是日本的第二个空间探测器，用于探测哈雷彗星。其质量为140千克，采用圆柱体结构、体装式太阳能电池阵和自旋稳定模式，直径为1.4米，高为0.7米，旋转速率为0.5转/秒。

链接： "行星-A"的主体结构顶部装有直径为80厘米的圆筒形S频段高增益天线，图像数据存储在磁泡存储记录器中，探测器拍摄图像后，将图像传送给地面数据接收中心。它在日心轨道运行，周期约为282天。探测器携带的有效载荷包括紫外线成像仪和太阳风观测仪。

"行星-A"于1986年3月8日从距离哈雷彗星1.51×10^5千米处对哈雷彗星进行观测，用紫外线成像仪进行了哈雷彗星的自转周期和水汽释放率变化的测量，并观测了太阳风。1991年2月22日，探测器在变轨过程中耗尽燃料；1992年8月20日，探测器结束任务。

1978年8月12日，美国用德尔塔运载火箭从卡纳维拉尔角发射了"国际彗星探

险者"探测器。它是美国与欧洲空间局合作的"国际
日地探险者"计划中的第三个探测器，所以原名叫作
"国际日地探险者 3 号"。

"国际彗星探测者"探测器

"国际彗星探险者"质量约 390 千克，额定功率
为 173 瓦，采用自旋稳定模式，自旋速率为 20 转 / 分
钟。在与贾可比尼 - 秦诺彗星相遇时，探测器的数据
传输速率为 1024 比特 / 秒，之后逐步下降为 512 比
特 / 秒（1985 年 9 月）、256 比特 / 秒（1987 年 5 月）、128 比特 / 秒（1989 年 1 月），
最后降为 64 比特 / 秒（1991 年 12 月）。

链接： "国际彗星探险者"携带的有效载荷包括 X 射线光谱仪、γ 射线暴光谱仪和锗
元素探测仪等。其中 X 射线光谱仪用于研究太阳耀斑，γ 射线暴光谱仪用于研究宇宙
γ 射线暴，锗元素探测仪的使用标志着人类首次在探测器上使用高纯度锗探测仪。

1983 年 12 月，"国际彗星探险者"飞向贾可比尼 - 秦诺彗星，探测了该彗星彗
尾中的等离子体密度、流动速度、温度和重离子特性等数据。1986 年 3 月，"国际彗
星探险者"又飞越哈雷彗星并对其进行了探测。1997 年 5 月，"国际彗星探险者"结
束探测任务。

第二次大规模彗星探测与第一次相比有什么不同？怎样对彗星进行撞击式探测？

1984—1986 年全球开展的第一次大规模彗星探测没有直接登陆彗核进行
研究，也没有收集彗星物质返回地球。从 1999 年到现在，全球开展的第二次
大规模彗星探测所发射成功的 3 个彗星探测器改变了这种局面。

1 别开生面

1998 年 5 月，美国拍摄的科幻灾难电影《天地大冲撞》上映，在全球产生了较大

的影响。然而，几年后它变成了现实。2005 年 7 月 1 日，"深度撞击"探测器进入日心轨道；7 月 3 日，它在距离坦普尔 1 号彗星 8.8×10^5 千米处释放了撞击舱；7 月 4 日，撞击舱接近坦普尔 1 号彗星的彗核，穿越彗尾和彗发，以约每小时 3.7 万千米的撞击速度击中直径千米的彗核，整个撞击过程持续 3.7 秒。这是人类第一次采用这种方式探测彗星，撞击瞬间，彗星表面的细碎物质以 5 千米 / 秒的速度腾起，在彗星上空形成一片烟雾。"深度撞击"探测器拉开了人类首次探测彗核的序幕。

美国"深度撞击"探测器准备
撞击彗星示意图

"深度撞击"于 2005 年 1 月 12 日发射，价值 3.3 亿美元，它只用了半年时间就撞击了坦普尔 1 号彗星，效率极高。该空间探测器的首要科学目标是通过飞行器对彗星的撞击使其露出彗核，探测彗核内部与其表面之间的不同，从而详细了解彗核物理特性，帮助人类理解彗星和太阳系的形成过程及生命的起源等课题。研究彗星的科学家相信，由于多次接近太阳会导致彗核外层的冰融化，这会对彗星表面以下的物质产生巨大的影响。因此，"深度撞击"的主要用途就是探测宇宙的原始物质到底埋藏在彗星内部多深的地方。

"深度撞击"的总质量为 650 千克，尺寸为 3.2 米 ×1.7 米 ×2.3 米，由轨道器和撞击舱组成。其中轨道器采用铝制蜂窝板结构，外部装有碎片防护装置，用于屏蔽彗星粒子和流星体粒子。"深度撞击"采用三轴稳定模式和肼推进系统，可提供 190 米 / 秒的总速度增量。其热控分系统采用隔热膜、表面热辐射器、表面抛光及加热器。电源分系统采用总功率 620 瓦的太阳能电池翼和镍氢蓄电池组。

链接："深度撞击"的控制分系统包括 4 个半球型谐振陀螺、2 个星跟踪器、反作用轮和单元肼推进器。通信分系统包括直径 1 米的 X 频段高增益抛物面天线和 S 频段低增益天线，其中 X 频段天线用于与地面直接通信，S 频段天线用于与撞击舱通信；上行数据率为 125 比特 / 秒，下行数据率为 175 千比特 / 秒。轨道器的有效载荷包括高分辨率成像仪和中分辨率成像仪。

"深度撞击"分 3 步完成任务：首先靠近坦普尔 1 号彗星；然后发射撞击舱撞向彗星表面并形成撞击坑，使彗星内部物质溢出；最后轨道器靠近撞击坑，收集彗星内部物质。

当轨道器发射撞击舱时，轨道器仅有约 13 分钟 20 秒的时间进行观察。轨道器携带的 2 台望远镜监测这次撞击，同时地面控制中心也使用"哈勃"太空望远镜、"斯皮策"空间红外望远镜、"牛顿"X 射线空间望远镜和"钱德拉"X 射线空间望远镜等一系列空间望远镜,以及地面天文望远镜观测撞击彗星的景象,观测的结果在互联网上公布。

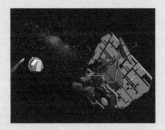

"深度撞击"的轨道器释放撞击舱示意图

"深度撞击"的轨道器在飞越彗星前 24 小时释放"撞击者"撞击舱,然后改变航线,在安全距离内观测撞击过程。撞击舱携带的高清晰度相机在撞击前后拍摄了 4500 多张图像,最高分辨率达到 4 米。

坦普尔 1 号彗星是一颗周期彗星,它是 1867 年 4 月 3 日由一名在马赛工作的德国天文学家恩斯特·威廉·勒伯莱希特·坦普尔首次发现的,其轨道有时非常接近木星以至于轨道周期因受引力影响而发生改变,所以直到二十世纪六十年代才被美国天文学家在考虑木星扰动后借助精确的彗星轨道计算而重新"发现"。它现在的轨道周期是 5.5 年。

在撞击舱撞击坦普尔 1 号彗星前,专家们预测了几种可能的结果:在彗核上形成足球场大小的撞击坑,抛射物质的主体(约 75%)降落到彗星表面;如果彗核是由固态的冰物质构成的,撞击后会形成一个普通的房间大小的撞击坑,抛射物质将以很高的角度飞出,约有 50% 的物质降落到彗星表面,形成较小的抛射物层;如果撞击坑直径比预期的更小,但很深,抛射物锥角很小,这说明彗星物质太疏松;如果彗核由一些与泡砂岩类似的坚硬多孔的岩石组成,则撞击只能将彗核物质进一步挤压紧密。

2 黄雀在后

"深度撞击"的轨道器和撞击舱各自带有仪器,用于完成不同的科学任务,并能独立地接收和发送信息。在撞击发生时,轨道器上的初始数据立刻传输到地面站,所有的数据在 1 个星期 ~ 1 个月内传输完毕。在撞击发生后,轨道器同时对撞击坑和彗星内部物质的碎片进行了光学成像和红外光谱扫描,拍摄了彗星的各部位细节。通过撞击彗星首次获取了大量彗核碎片数据,为人类研究太阳系起源提供了线索,也为地球规避小天体撞击危险研究提供了数据。

轨道器上装有碎片防护装置、高分辨率成像仪和中分辨率成像仪。轨道器设计的关键是对碎片的防护。当其飞过彗发时,将会受到粒子的撞击,这可能会使其控制、成像和通信系统遭到破坏。为了尽可能地降低损害,轨道器飞过彗发时要旋转,以便使碎片防护装置对轨道器实施全面的保护。

撞击舱质量约 370 千克,采用六边形柱体结构,只有茶几大小,上面布满铜钉。因为彗星的成分中不含铜元素,所以不会在撞击后混淆彗星的成分,这样能够更容易地检测出彗星成分。它装备了小型肼推进器，装载 8 千克的肼燃料，可提供 25 米 / 秒的速度增量，用于对撞击舱进行必要的轨道控制和姿态控制。撞击舱利用星跟踪器、自动导航算法和目标遥感器对目标进行瞄准。其中，目标遥感器是一个为自主控制和目标瞄准提供图像的相机，一直工作到撞击时刻，通过轨道器将获取的图像传回地球。撞击舱与轨道器之间采用 S 频段通信，数据率为 64 千比特 / 秒（最大通信距离为8700 千米）。撞击舱与轨道器分离前，能量主要由轨道器提供；与轨道器分离后，撞击舱由自身携带的 2.8 千瓦小时电池提供能源。

链接： 坦普尔 1 号彗星并不是一颗明亮的彗星，其最大星等大约为 +11，远远低于裸眼可视范围。经由"哈勃"太空望远镜使用可见光和"斯皮策"空间红外望远镜的红外线观测后，其大小据信约为 14 千米 × 4 千米。这些观测也发现其反照率只有 4%，自转周期为 2 天。

撞击时，轨道器距彗核 8600 千米。之后的 14 分钟，它飞到距坦普尔 1 号彗星500 千米以内观测撞击结果。在记录撞击过程和收集彗星内部物质样品的同时，轨道器还对彗核结构和组成进行了分析。其主要任务是：考察撞击后 10 多秒内彗核的变化；对撞击过程、撞击坑的形成及坑内部成像；获取彗核及撞击坑内部的能量谱；存储、发送图像和能量谱数据；接收撞击舱发回的数据。2006 年 4 月，科学家们分析完这些图像和数据后，该项目最终结束。

撞击舱在脱离轨道器后实施独自操作，通过自身导航和动力装置撞向彗星。此时撞击舱上的相机开始工作，在撞向彗核前 2 秒即距离彗核最近时（可能距彗星20 ~ 300 千米）拍下有史以来最清楚的彗核图像。当撞击舱距离彗核 20 千米时，相机的分辨率大约为 20 厘米。

当彗星从轨道器头顶飞过后，轨道器调转角度从后面继续对彗核进行跟踪分析，它的碎片防护装置使其免遭彗尾破坏。彗星远离后，轨道器将记录的数据传回地球。轨道器在 2005 年 7 月 20 日改变飞行方向，飞向名叫波星的彗星，并于 2009 年 1 月对其进行了探测。2013 年 8 月 11 日，"深度撞击"的轨道器与地球失去联系，研究人员正想方设法使其重新恢复运行，因为一旦电源耗尽，它将永远无法复活。它原计划在 2013 年 8 月探测艾森（ISON）彗星。

"深度撞击"的轨道器

3 最大挑战

这次撞击式探测遇到了巨大的挑战。"深度撞击"的撞击舱在距坦普尔 1 号彗星 8.64×10^5 千米处以 3.7×10^4 千米 / 时的高速撞击直径不到 6 千米的彗核，而且该区域必须被太阳照射，从而使科学仪器能对撞击过程及结果进行记录。因此，"深度撞击"的撞击舱携带了 1 台目标遥感器。它是带有孔径为 12 厘米望远镜的目标瞄准相机，在撞击舱飞向彗星过程中进行导航。最终，撞击舱成功地完成了任务，而且误差不到 1 米。轨道器也对撞击彗核、撞击坑的形成和坑内进行了成像，并获得了彗核及坑内部的光谱信息。

由于撞击舱和彗星之间的相对速度很大，两者相撞时会产生巨大的爆炸力，因此撞击舱被熔解蒸发，产生焰火般的绚丽景象。事前，科学家预计撞击舱会在彗核上撞出一个大约 10 ~ 15 层楼深（深达 30 ~ 45 米）、面积相当于足球场大小的坑，实际撞出的坑可能有 50 米深。撞击后喷发的物质使彗星亮度增加了 5 倍。撞击发生 1 天后，轨道器拍摄出灰尘与撞击坑的可视和红外图像。

链接： 其实，撞击舱接近彗核并不容易，因为彗星周围密集的星尘会以 1.0×10^5 千米 / 时的速度冲击撞击舱，所以极容易损坏装载的仪器。为此，撞击舱外面附着了保护罩，它由 8 层凯夫拉材料和 12 层内克斯特尔合成材料制成，至少能穿越 2 颗彗星的外围星尘而不被破坏。

与以往的太空计划不同，"深度撞击"不是被动地等待和观察，而是人类第一次利用太阳系中的其他天体来做"大实验"。到目前为止，人类对围绕太阳运转的彗星的了解还很少。科学家认为，通过撞击彗星使其露出彗核，能够解答天文学上和自然界中的许多问题，包括彗星和太阳系的形成，甚至生命的起源等。

这次撞击改变了坦普尔 1 号彗星的轨道，并且是在彗星距离地球最近时（约 1.32×10^8 千米）进行，却不会对地球的安全造成威胁。撞击舱撞击彗核的相对速度是 10.2 千米 / 秒，这只能使彗星的速度变化 0.0001 毫米 / 秒，使彗星的近日点减少 10 米，而轨道周期减少数

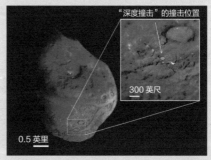

"深度撞击"撞击坦普尔 1 号彗星的位置
（1 英尺 = 0.3048 米，1 英里 = 1.61 千米）

远小于1秒。所以，坦普尔1号彗星因"深度撞击"引起的轨道变化与彗星通过木星引力场时产生的轨道变化相比完全可以忽略。

该计划还有一个重要任务，就是研究如何使彗星和流星改变方向，为地球免遭小天体撞击危险研究尽可能地积累研究数据。

4 并不理想

完成撞击之后，"深度撞击"的轨道器于2005年7月4日传回了第一张由中分辨率成像仪拍摄的撞击图像，之后又传回了大量可见光和红外图像，其中包括撞击舱在距彗核30千米处拍摄的分辨率为4米的图像。彗星被撞击后产生了32次大小不同的物质喷发，这说明彗核表面是松散物质，内部有较坚硬的物质。

2005年7月8日，"深度撞击"首席科学家赫恩称，"深度撞击"使彗核表面的细粉状碎屑腾空而起，其颗粒比细沙还小。项目科学家彼得·舒尔茨说，彗核表层物质如此细小，说明彗星在漫长的太空旅程中没有受到大的外界扰动。碎屑中含有水、二氧化碳和简单的有机物，其中水的成分远远少于原来的猜测。

但是据2006年3月的《新科学家》报道，由于爆炸激起了太多尘埃和探测器相机光学系统出现了故障而无法让科学家们观测到炸出的弹坑的详细情况，"深度撞击"对坦普尔1号彗星的撞击式探测没有取得预期的效果，所以美国科学家们又使用完成探测和星际尘埃收集工作的"星尘"彗星探测器再度撞击坦普尔1号彗星，以帮助他们弄清楚坦普尔1号彗星的彗核内部结构。使用"星尘"来完成对坦普尔1号彗星的第二次探测任务，成本远远低于"深度撞击"探测器的第一次探测任务。当时，完成星际尘埃收集工作并将星际尘埃样品送回地球不久的"星尘"彗星探测器正在环太阳轨道"休眠"。科学家唤醒该探测器并赋予它第二次行动任务，去完成"深度撞击"探测器未成功完成的彗星探测任务。

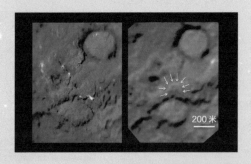

今昔对比：2005年"深度撞击"撞击坦普尔1号彗星彗核的部分区域图像。左侧图像由"深度撞击"拍摄；右侧图像由"星尘"拍摄，图像中的箭头标示出了撞击后形成的撞击坑

链接： 由于不满足 2005 年"深度撞击"探测器对坦普尔 1 号彗星的探测结果，美国拟在近些年再发射彗星探测器。美国科学家们认为，新彗星探测任务提供的新信息将有助于他们了解上述几颗不同彗星的自然特性及 45 亿年前太阳系的活动情况。

5 另外两次

在第二次大规模彗星探测高潮中，人类还发射了 3 个彗星探测器，其中 2 个获得了成功，而且是在"深度撞击"探测器升空之前发射的。

1999 年 2 月 7 日，美国发射了"星尘"彗星探测器。其任务是在飞往怀尔德 2 号彗星的途中收集星际尘埃粒子，在飞越怀尔德 2 号彗星时拍摄该彗星彗核的图像，并收集彗星粒子及彗发挥发物，然后将收到的彗星粒子和星际尘埃粒子带回地球。该彗星探测器任务总成本为 1.99 亿美元。

"星尘"彗星探测器的发射质量为 385 千克，其中探测器干质量为 254 千克，返回舱质量为 46 千克，肼燃料共 85 千克。其尺寸为 1.7 米 × 0.66 米 × 0.66 米，前端还装备了防彗星粒子撞击的夹层式碎片防护屏。返回舱为直径 81 厘米的钝锥形结构，包括热防护层、背板、采集器、减速伞及相关电子系统。其中的采集器是一个铰链蛤壳式机械装置，飞经彗发时，蛤壳打开，伸出采样板；完成样品收集后，采样板缩回密封舱，蛤壳自动关闭并密封。

该彗星探测器采用三轴稳定模式，通信分系统装有 1 副直径 0.6 米的高增益碟形天线、1 副中增益天线、3 副低增益天线（只用于接收）和 15 瓦的固态功率放大器。电源分系统包括功率 330 瓦的太阳能电池翼和 16 安时的镍氢电池组。热控制分系统采用多层隔热材料、热控制涂层、百叶窗及加热器。推进分系统包括 2 套 16 个单元肼推进器。它携带了导航相机、气溶胶尘埃收集器、彗星和星际尘埃分析仪、尘埃通量监测仪等有效载荷。

它在太空飞行约 7 年，于 2004 年 1 月 2 日在距怀尔德 2 号彗星 240 千米处，以 6.1 千米/秒的相对速度快速掠过该彗星。在穿过彗星尘埃及碎片云的过程中，"星尘"伸出"网球拍"状"气凝胶尘埃采样板"捕获了彗星物质粒子，还拍摄了 72 幅彗星和彗核图像。

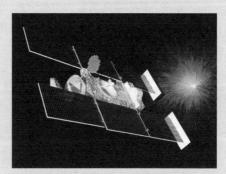

美国"星尘"彗星探测器示意图

成功着陆的美国"星尘"的返回舱

在与彗星相遇 6 小时后，探测器进行了约 30 分钟的样品收集器回收、收拢和密封操作。

2006 年 1 月 14 日，"星尘"在距地球 110 728 千米处释放了返回舱。分离后返回舱飞行了 4 小时，于 2006 年 1 月 15 日在 125 千米高度以 12.8 千米 / 秒的速度再入地球大气层，经过气动外壳减速、拉出锥形伞、展开主伞等一系列动作，返回舱在美国犹他州测试与训练靶场成功着陆，样品保持完好。有 100 名专业研究人员和上千名业余好者参与彗星尘埃的分析和研究，完整的分析至少要耗时 10 年。

值得一提的是，"星尘"方案是由美籍华人科学家邹哲设计的，这位出生于中国的美国喷气推进实验室资深研究员在 1981 年就首次提出了这个构想，但是直到 1986 年才被美国国家航空航天局接受，这已经是他的第 13 次提案了。当时不少科学家提出了研究计划，而邹哲的"星尘"方案因为构思巧妙、成本低而获得支持。邹哲全程参与了这个项目，是该项目 160 位全程科学家中唯一的华裔。

手托气凝胶的邹哲

2004 年 3 月 2 日，欧洲空间局发射了"罗塞塔"彗星探测器，探测目标为 67P/ 楚留莫夫－格拉西门彗星（简称 67P 彗星）， 2014 年抵达该彗星附近，并向该彗星的彗核释放了世界上首个彗星着陆器。

"罗塞塔"彗星探测器发射质量约 3 吨，由轨道器和"菲莱"着陆器组成。其中的轨道器采用长方体结构，顶部的有效载荷舱安装了 165 千克有效载荷，侧面安装了 1 副直径 2.2 米的可控高增益天线。其主推进系统采用 24 台 10 牛双组元推进器，双太阳能电池翼的总面积为 64 平方米。它携带紫外成像光谱仪、射电波发射彗核探测实验件、彗星次级离子质量分析仪等 10 种有效载荷。

"菲莱"着陆器的质量为 100 千克，装在轨道器的侧面，着陆时采用腿式缓冲机构。"菲莱"着陆器携带 α 粒子与 X 射线光谱仪、彗核红外与可见光分析仪等 10 种总质量为 21 千克的有效载荷。

在飞往目标彗星的途中，由于远离太阳，为节省能源，"罗塞塔"和所携带的"菲莱"着陆器曾于 2011 年 6 月起进入"休眠"状态，直到 2014 年 1 月 20 日和 3 月 28 日才分别被唤醒。

在经过历时 10 年 5 个月、总长超过 64 亿千米的太空飞行后，"罗塞塔"经过制动刹车于 2014 年 8 月 6 日进入绕 67P 彗星运行的轨道。

在经过 2 个月对 67P 彗星表面的测绘，探测其引力、质量、形状和大气等，以及为着陆器挑选着陆地点后，"罗塞塔"于同年 11 月 12 日向 67P 彗星的彗核投放了"菲莱"着陆器。

欧洲空间局"罗塞塔"释放"菲莱"着陆器示意图

链接："罗塞塔"目前已创造了多个人类第一：它是首个近距离环绕目标彗星飞行的空间探测器；首次伴飞目标彗星并在接近太阳的过程中边飞行边观测（与此前彗星探测器的掠过式观察不同，"罗塞塔"首次跟随一颗彗星，观察它从休眠到活动的整个过程，并开展对比研究）；首次在彗核表面释放了着陆器"菲莱"……

67P 彗星由冰块、尘埃和岩石组成，彗核直径大约 4 千米，在太阳系内的飞行速度为 135 000 千米 / 时。"罗塞塔"的科学目标是：测量彗核的全面特性，包括动态性能测定、表面形貌和成分；测定彗核挥发物和耐火物质的化学成分、矿物质和同位素组成；测定彗核挥发物和耐火物质的物理属性和相互关系；研究彗核表层及慧发内部的彗星活动和发展过程；研究小行星的全面特征，包括动态特性测定和表面形貌及成分。天文学家希望通过"罗塞塔"研究 67P 彗星及其尘埃，能够得到有关太阳系早期历史的更多线索及彗星是否在向地球传播水和基础生命物质的过程中扮演了重要角色。

探测彗星之路也并不平坦。例如，美国 2002 年 7 月 3 日发射的"彗核旅行"探测器升空不久后就与地面失去了联系。由于欧洲空间局的"菲莱"着陆器落在彗星上一处峭壁的阴影之中，无法通过备用的太阳能电池获取足够能量，因此，靠自带电池工作的时间并不长。

这是"菲莱"着陆器在下降的过程中拍摄的彗星图像（距离彗星大约 3 千米）

什么是太阳帆？太阳帆的最大优势是什么？

2015 年 5 月 20 日，美国光帆 1 号 A 太阳帆航天器与 X-37B 空天飞机一起由宇宙神 5 号火箭发射升空。入轨后，它展开了巨大的太阳帆，测试了太阳光压的推力效果及姿态控制和通信的技术。2022 年，美国将从立方体卫星上部署太阳帆，通过先进的复合太阳帆系统展示新颖的、轻型的帆桁。2025 年，面积近 1700 平方米的太阳帆将利用太阳光向太阳移动，使未来的任务能够更好地监测太空天气。

太阳帆技术可能标志着航天推进领域的一次重大突破，航天器将能以更低的成本探测更遥远的地方，如月球和火星等，甚至进行星际旅行。它还能使无用卫星离开原有轨道，再入大气层销毁。

奇妙概念

1957 年 10 月 4 日苏联发射人类历史上的第一颗人造卫星，标志着航天时代的到来，此后每个被发射上天的航天器都在使用化学燃料、电能或核电源。然而近些年来，一些航天科学家一直在研究如何利用比风更可靠、更自由的太阳光粒子，使其成为探测器的动力。

链接： 太阳帆是利用太阳光在薄膜上的反射光压提供动力的航天器，在航行过程中不需要消耗额外化学燃料和工作介质，具有质量小、收展比大、成本低、功耗低、航程远等特点。因此，太阳帆被认为是目前极具可能到达太阳系外的航天器，在小行星探测、地磁暴监测、太阳极地探测及空间碎片清除等方面具有广泛的应用前景。

实际上，太阳帆概念很早就产生了。第一个现代意义上的太阳帆概念产生于 19 世纪法国著名科幻小说家朱尔斯·凡尔纳的小说《从地球到月球》（1865 年）中，凡尔纳的思想无疑为苏格兰物理学家詹姆斯·克拉克·麦克斯韦的工作奠定了基础。19 世纪 70 年代，麦克斯韦发现光是由非常小的粒子（即我们现在所称的"光子"）构成的能量包组成的。

由太阳发出的光子会以约 3×10^5 千米 / 秒的速度大量地向太空中扩散，以这个速度，一个光子在 1 秒内可以绕地球赤道飞 7 次。光子会对任何物体产生作用力，向物体撞击并反弹出去。尽管这种碰撞产生的能量非常小，但是由于太阳发出的光子的数量是相当大的，因此，这些光子最终能推动像太阳帆那样的物体前进。

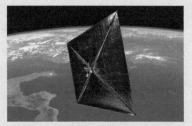

太阳帆示意图

20 世纪 20 年代，俄国科学家首先开始了关于把太阳帆用于行星际航行的研究，还为此著书立说。二十世纪五六十年代，在新一代科学家、工程师及科幻小说家的努力下，这种思想重新复苏，1964 年科幻小说家阿瑟·C. 克拉克出版了著名小说《来自太阳的风》，讲述了一艘国际载人太阳帆飞往月球的故事。而在这时，美国国家航空航天局开始认真考虑太阳帆概念，并进行了一些研究。其理论基础是太阳光是有压力的，技术核心是要研制又大又轻且具备完美反射面的太阳帆。

太阳帆是一种没有携带发动机、以太阳光作为动力的航天器。传统的航天器是由其内部能量燃烧产生的动力来推动的，而太阳帆则是由被其巨大的、像镜子一样的帆反射的光子来推动的。

链接：太阳帆并不是靠太阳风飞行。太阳风由被太阳抛出的离子组成，这些离子的运动速度比光速慢得多。虽然太阳风也可能会将力传递给太阳帆，然而从太阳风那里得到的动力还不足光压（光压就是由太阳光传递给太阳帆的力）的 1/100。

德国航空航天中心正在研制的太阳帆

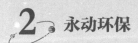

2 永动环保

对于 1 个行星际太阳帆来说，其速度的大小将依赖于它被光压推动的时间的长短。

在飞行的最初阶段，太阳帆的速度相当慢，如果以这种速度飞行，它可能要花 1 年时间才能到达月球，而当年"阿波罗"载人登月飞船使用常规动力只用了 3 天就到达了月球。但是太阳帆的真正优势在于，它不像化学火箭那样，推力只能持续短暂的时间，太阳光对太阳帆的推动是一直持续下去的。

从理论上来说，一个行星际太阳帆在飞行 100 天后，速度能达到约 1.6×10^4 千米 / 时，1 年后能达到约 5.8×10^4 千米 / 时。只要 3 年时间，太阳帆的速度就能达到约 1.6×10^5 千米 / 时。按照这样的速度，太阳帆不用 5 年就能到达冥王星。相比较而言，美国探测冥王星的"新地平线号"探测器使用化学燃料推进及从木星那里得到的引力辅助，用了 9 年时间才到达冥王星。

为了能使太阳光提供足够的光压，太阳帆必须尽可能多地捕捉太阳光，这就意味着太阳帆的表面积必须很大，在 20 世纪 70 年代美国探测"哈雷"彗星的太阳帆计划（后来取消）中，太阳帆的表面积设计为 60 万平方米，大约有纽约市的 10 个街区大。即使是这么大的表面积，太阳帆相对于传统航天器来说，加速也是非常慢的。但是，太阳帆会不断地加速，所以它最终会比其他探测器更快。

链接： 在既定的时间内，通过小而持续的加速，太阳帆能够达到任何想要的速度。如果距离太阳越来越远而使其加速度变小，一些科学家提议使用激光推动其前进，虽然这一想法在目前的技术和资源条件下还无法成为现实，但是如果在未来的某一天，太阳帆要带着人类飞往其他恒星星系，就得用激光，因为一旦飞出木星轨道，太阳光压就会非常弱。人类第一个星际探测器可能就是带着巨大的太阳帆、利用激光飞出太阳系的；或许第一批天外来客也会以类似的方式来到地球。

3 好事多磨

近年来，日本和美国已经多次在太空进行太阳帆试验，日本进行的几次小型太阳帆试验获得了成功，不过影响最大的美国"宇宙 1 号"大型太阳帆试验却因运载火箭故障而遭到了失败。尽管如此，"宇宙 1 号"大型太阳帆的实施方案还是很有参考价值的。

2004 年 8 月 9 日，日本宇宙研究开发机构在鹿儿岛发射了一枚 S310 小型火箭，火箭在太空中旋

日本 2004 年在太空成功打开了无骨架的太阳帆（监控相机拍摄）

转飞行时成功地打开了 2 个不同形状、直径为 10 米的太阳帆（采用耐热和抗辐射的聚酯亚胺薄膜制成，厚度只有 0.0075 毫米），目的是进行太阳帆的展开试验，但是没有进行利用太阳帆产生推力的试验。试验中，火箭旋转上升到 150 千米以上的高度后，先打开了由 4 片聚酯亚胺薄膜组成的三叶草形太阳帆；在上升到最高高度 170 千米时，三叶草形太阳帆与火箭分离。

此后火箭又打开了由 6 片扇形聚酯亚胺薄膜组成的太阳帆。大约在火箭升空 6 分 40 秒后，这 2 个太阳帆都坠落在内之浦东面的海面上。此次无骨架太阳帆的成功打开，在世界上尚属首次。2006 年 2 月和 9 月，日本又分别发射了太阳帆次级有效载荷卫星 1 号、2 号，其展开的太阳帆直径为 15 米。2006 年 8 月，日本还用高空气球成功展开了直径为 20 米的四角形太阳帆。由此可见，日本在太阳帆领域已经打下了很好的技术基础。

2005 年 6 月 21 日，世界上第一个大型太阳帆——"宇宙 1 号"由苏联遗留下来的 SS-N-18 型洲际弹道导弹（核弹头已被拆卸）改装而成的波浪号运载火箭从水下潜艇发射升空。该太阳帆由美国行星学会投资，俄罗斯负责建造。这个设计方案听起来很美：宇宙 1 号进入绕地轨道以后，打开 8 个三角形帆，绕地球飞行至少一个月。"宇宙 1 号"太阳帆的总质量约 100 千克，每个帆叶的长度为 15 米，由镀铝的增强型聚酯薄膜制成，仅 5 微米厚，大约相当于塑料垃圾袋厚度的 1/4。

这些帆叶以航天器的主体为中心环绕排列，"宇宙 1 号"进入轨道后，它们能被充气管展开，展开后的形状类似花瓣，总面积达 600 平方米，相当于 1 个篮球场面积的 1.5 倍。"宇宙 1 号"在环绕地球的轨道上运行时，它的巨大的太阳帆能调整角度，可以像直升机的旋翼一样旋转，以便反射不同方向上的太阳光。

"宇宙 1 号"的控制算法事先被编入其携带的计算机中，控制人员能够通过地面发出的指令对"宇宙 1 号"进行操作。如果地面控制人员不想让太阳光推动"宇宙 1 号"，可以旋转太阳帆的叶片，让它的刀口对准太阳，这样就不会产生光压了；"当宇宙 1 号"需要推力时，控制人员可以将太阳帆的角度旋转回去。"宇宙 1 号"的主要有效载荷包括成像仪和加速计。当"宇宙 1 号"展开巨大的太阳帆时，成像仪会对其成像，同时还要对地球拍照；加速计则用于测量"宇宙 1 号"是怎样逐渐加速的。

其实，早在 2001 年 7 月 20 日就曾进行过"宇宙 1 号"的亚轨道飞行试验，但是由于发射"宇宙 1 号"的波浪号运载火箭所携带的计算机没有发出使火箭的第三级分离的指令，使"宇宙 1 号"的太阳帆无法展开，最后它与火箭的第三级一起在堪察加半岛上空坠落。2005 年 6 月 21 日的发射，则由于波浪号运载火箭第一级出现故障而以失败告终。

"宇宙 1 号"太阳帆起航设想图

链接： 2008 年 8 月 3 日，美国在用猎鹰 1 号运载火箭发射"纳帆 –D1"太阳帆时也因火箭故障而失败。"纳帆 –D1"太阳帆的质量为 4.5 千克，由铝与塑料制成，太阳帆展开后呈现由 4 个三角形组成的正方形，边长约 3 米，总面积约为 9.3 平方米。

4 星际风筝

上述失败使人类获得了大量有关太阳帆的经验和教训，最后终于迎来成功。2010 年 5 月 21 日发射的日本"伊卡洛斯"太阳帆获得了成功，它已飞过了金星，并继续向太阳飞去。

"伊卡洛斯"是世界上第一个成功使用太阳帆技术的深空探测器，过去进行的试验只是在地球周围轨道展开太阳帆。"伊卡洛斯"的任务有 4 个：一是展开帆面，验证展开机构和程序，收集展开状态数据；二是研究帆面的反射系数，验证光子推进技术；三是用所携带的薄膜太阳能电池发电，验证薄膜太阳能电池的发电效率；四是验证太阳帆推进的制导、导航与控制技术。此次试验如果获得最终成功，则能改写人类航天动力的历史，使深宇宙探测成为可能，也将标志着"宇宙大航海时代"的真正来临。

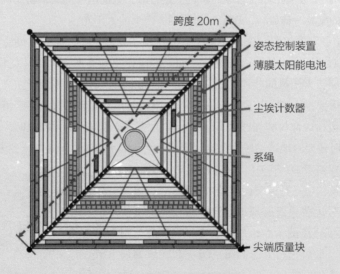

日本"伊卡洛斯"太阳帆帆面结构

"伊卡洛斯"是一个高 1 米、直径 1.6 米的筒状小型航天器，采用直升机式构型。

进入太空后，卷在航天器上的超薄膜太阳帆通过转动圆柱形机体（转速为 25 转 / 分）所产生的离心力徐徐展开，并形成边长 14 米、对角线跨度约 20 米、厚度仅 0.0075 毫米的正方形帆面。帆面上面还嵌有一些 25 微米厚的硅薄膜太阳能电池，它们占总帆面面积的约 5%，预计可以产生 500 瓦电能。这些电能除了用于验证薄膜太阳能电池的功能，还为所携带的设备供电。

链接： "伊卡洛斯"太阳帆的总质量为 315 千克，其中帆面的质量为 15 千克。它现在正依靠太阳光子的推动力飞往太阳。执行任务期间，"伊卡洛斯"采用自旋稳定模式，自旋速度约 20 转 / 分。

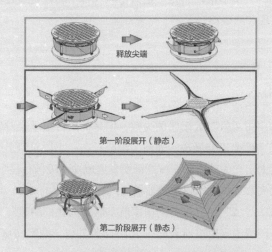

"伊卡洛斯"太阳帆帆面分 2 个阶段展开示意图

其超薄膜太阳帆帆面的展开是分 2 个阶段进行的：2010 年 6 月 8 日完成了第一阶段展开，此时展开成"十"字形，对角线跨度为 15 米。之后，继续进行第二阶段展开，于 6 月 10 日完成了整个太阳帆帆面的展开，展开后对角线跨度约 20 米。日本宇宙航空研究开发机构 6 月 10 日称，在距地球约 770 万千米的太空，通过旋转机体产生的离心力，"伊卡洛斯"已成功展开了折叠收藏在机体外侧的超薄膜太阳帆，帆面展开后通过系绳与主体相连。

2010 年 6 月 15 日，从太阳帆中心机体分离出去的相机也拍下这一图像并传回了地球。该相机呈圆筒形，直径和高都约为 6 厘米，它一边远离机体，一边拍摄图像，并利用无线电将图像传送给机体，相机将不再回收。"伊卡洛斯"的超薄膜太阳帆的成功展开，标志着该试验已经成功了一半。剩下的一半，就是在由太阳光产生的光压

"伊卡洛斯"飞往金星示意图

作用下，"伊卡洛斯"用半年的时间飞向金星，并于2010年12月8日在距离金星80 800千米处飞掠，进入延伸任务阶段。

依靠太阳光加速的日本"伊卡洛斯"携带了超薄膜太阳帆，该薄膜柔软富有弹性，由厚度只有头发丝直径1/10的聚酰亚胺制成，质量仅为一枚硬币的1/5，可自由调节光反射，用于加速、减速及改变太阳帆方向。在接近金星之前的约半年中将反复进行太阳帆试验，为将来开发深空探测器积累经验。此外，由于"伊卡洛斯"还配置了太阳能电池，以便在进入太阳系内更远的区域时提高效率，因此它是一个拥有太阳光压和电力的混合动力航天器。

值得注意的是，"伊卡洛斯"是"逆太阳风飞行"的，它通过调整太阳帆和太阳光照射的夹角来实现"曲线前进"。

5 中国加入

虽然经历过"宇宙1号"太阳帆的失败，但是美国行星学会对研制太阳帆仍自信满满。该学会时任主席弗里德曼说，即使太阳帆只在一小段轨道上受控制，但是只要有现象显示它是以太阳光为动力的，就能证明发射成功。美国行星学会在距2005年波浪号运载火箭发射失败导致太阳帆航天器被毁之后近10年的2015年5月20日，又研制、发射了"光帆1号A"，它是美国国家航空航天局在"纳帆"概念基础上研制的一种新型太阳帆（美国国家航空航天局在2010年曾发射"纳帆-D2"航天器，但最终失败了）。

作为美国国家航空航天局纳卫星教育发射计划的一部分，"光帆1号A"是在美国加州理工大学提供的3单元"立方卫星"平台上建造而成的。它在长达4个星期的测试中运行在较低的轨道，主要进行展开太阳帆、姿态控制、太阳帆检测，以及对地通信等试验，并将图像传回地面。

链接： 美国"光帆1号A"星体只有一个面包大小，重10千克，高30厘米，宽10厘米，升空后展开4块反光能力极高的三角形聚酯薄膜，拼成一个正方形帆面，面积可达到32平方米，在能见度良好的夜间应该可以为地面上的人目视看见。薄膜只有4.5微米厚，不到头发丝的1/4。

　　我国也正在开发太阳帆。2019 年 8 月 31 日，中科院沈阳自动化所研制的"天帆一号"太阳帆，搭载在长沙天仪研究院的"潇湘一号 07"卫星上，在轨成功验证了多项太阳帆关键技术。这是我国首次完成太阳帆在轨关键技术试验，将对后续开发大型太阳帆提供技术支持。

　　"天帆一号"将柔性膜折叠存储在展开机构内部，发射前不到 0.5 个立方星体积（1 立方星体积为 10 厘米 × 10 厘米 × 10 厘米），在"潇湘一号 07"星卫星平台正常入轨之后，通过两级组合展开的方式开展技术验证。在轨返回的数据和图像表明，"天帆一号"太阳帆关键技术试验进展顺利，在轨验证了微小卫星两级主被动展开系统、多帆桁同步展开机构、可展开双稳态杆技术、柔性帆膜材料、帆膜折叠展开技术等多项关键技术，标志着太阳帆关键技术试验验证任务取得圆满成功。在本次后续任务中，"天帆一号"还开展了机构寿命、材料特性和轨道高度等研究，验证其离轨能力并探究其在空间碎片清除方面的潜在应用。

　　虽然至今人们仍然没有系统性地在空间部署以太阳帆为主要推进方式的航天器，但是各国对这一领域的研究和探索仍在持续，长期以来，人们一直都渴望摆脱对火箭的单一依赖，找到新的动力方式，实现人类遨游太空的梦想，而利用太阳光进行太空航行的太阳帆航天器代表了人类未来太空飞行的愿景，太阳帆技术将成为人类开发新型宇宙发动

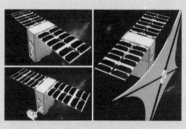

中国"天帆一号"示意图

机之路上迈出的重要一步。可以相信，人类未来完全可以利用太阳帆展开深空探索，人类的太空旅行将产生一场新的革命。

空间探测器是如何飞行的？为何有的空间探测器要借助行星的引力做"跳板"？

　　为了能以最近的路线和最省时、省力地飞向目标星球，无人的空间探测器必须选择合理的飞行路线，否则事倍功半。

1　发射窗口

　　在航天器发射前，常常听到发射窗口这个词。那么，什么是航天器的发射窗口呢？

它是指比较适合运载器（包括运载火箭或航天飞机）发射的一个时间范围（即允许运载器发射的时间范围）。发射窗口要根据天体运行轨道条件、航天器的轨道要求、航天器的工作条件要求和地面跟踪测控通信、气象要求等，建立一个数学模型、输入相关数据，再经过精心计算推导出来，因此比较复杂。发射窗口宽度有宽有窄，宽的以小时计，甚至以天计算，窄的只有几十秒钟，甚至为零。

链接： 由于每个航天器承担的任务不同，航天器上安装的仪器、设备使用要求也不同，它们对发射窗口提出了种种要求和限制条件，而这些要求有时又互相矛盾，因此选择什么时间发射就必须考虑各方面的要求，经综合平衡后选择一个比较合适的发射窗口。

影响和限制发射窗口的因素有很多，比如要满足地面观察的要求、地面目标光照条件的要求、航天器上太阳能电池翼光照条件的要求、航天器上姿态测量设备的要求、航天器轨道精度的要求和目标天体与地球相对位置的要求等。例如，在向地外天体发射空间探测器时，必须在地球与被探测的目标天体处在一个有利的相对位置时发射。不过，发射空间探测器时，发射窗口宽度一般都比较宽，有的能以天计算。

人造地球卫星、载人航天器和空间探测器对发射窗口的要求又各有特点，其中各种空间探测器的发射窗口主要取决于目标天体的位置，发射必须在地球与目标天体处于一定相对位置范围内进行。如果错过了这段时间，则要调整火箭的发射方位角或飞行路线。

对于发射月球探测器来讲，无论是绕月飞行进行探测，还是在月球上着陆进行探测，由于月球本身处在地球引力范围之内，所以月球探测器一般不必达到第二宇宙速度，只要初始速度大于 10.8 千米 / 秒，就可飞向月球。月球探测器的飞行轨道在距离月球 6.6 万千米之外时，主要受地球引力作用，是相对于地球的椭圆轨道；在距离月球 6.6 万千米之内时，主要受月球引力作用，是相对于月球的双曲线轨道。为了节省能量，月球探测器一般先进入绕地球飞行的停泊轨道，然后进入过渡轨道飞向月球。

有的月球着陆探测器在飞向月球的过程中，不是先进入绕月飞行的轨道再降落到月面，而是直接从过渡轨道下降到月面着陆。由于月球上没有可用于气动减速的大气层，所以其着陆器要么直接撞向月面硬着陆，要么靠火箭减速实现月面软着陆。

2007 年，我国要发射"嫦娥一号"月球探测器，发射窗口是这样决定的：由于"嫦娥一号"的轨道是采用按最小能量设计的轨道，根据地月的运动规律，它每月只有 1 ~ 2 次的发射机会。若考虑到轨道光照条件对电源子系统的影响，还要对上述 2 次发射机会做进一步限制。对应于每次发射机会的发射轨道，"嫦娥一号"初始环月姿态、轨道光照条件及测控条件均不相同，所以，中国航天在对 2007 年所有的发射机会及其影响进行分析之后，最终选择发射时机为 2007 年 10 月 24 日。

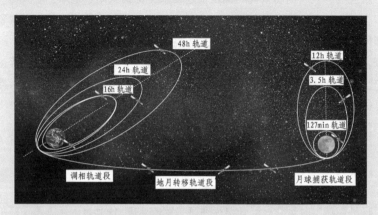

"嫦娥一号"飞行轨道

 ## 2 双切轨道

如果要向太阳系其他行星发射空间探测器，发射窗口就更小了。因为时刻在运动中的地球和其他行星，是在不同的轨道上围绕太阳运行的，在里圈运行的星球的公转周期短，在外圈运行的星球的公转周期长，但是它们在一定的周期内会距离地球比较近，通常叫"冲"，这时候向距离地球比较近的星球发射空间探测器所消耗的能量最少。所以，空间探测器一般选择地球与其他行星即将相"冲"时发射。

根据这个原则，火星探测器每隔 26 个月有 1 次发射窗口，金星探测器每隔 19 个月有 1 次发射窗口，水星探测器每隔 4 个月有 1 次发射窗口……如果探测器完成任务后要从某颗地外行星返回地球，也要选择地球与这颗地外行星相"冲"的时刻，不是随时都能返回地球的。

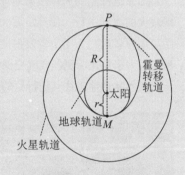

地球至火星的双切轨道

链接： 空间探测器由地球飞往其他行星，最经济的轨道就是双切轨道，也叫霍曼轨道（德国科学家霍曼最先研究出来的），即与地球轨道和目标天体轨道相切的日心椭圆轨道，采用这种轨道可以很好地利用地球和行星的公转运动。若按此轨道飞行，探测器只要在初始时候得到必要的速度，然后大部分时间可以按惯性飞行。

总之，发射窗口是根据航天器本身的要求及外部多种限制条件经综合分析计算后确定的。航天器的发射时机要同时满足上述要求，保证太阳、地球、航天器、地外行星等处于合适的位置，约束条件较多。由于太阳、地球和其他行星的相对位置在不断变化，即使发射同一类型、同一轨道的航天器，其发射窗口也是不固定的。一旦由于技术原因，或天气等其他原因，不能按时发射而错过了发射窗口，则只能等待下一个发射窗口。有的航天器发射，一天之内不仅有一个发射窗口，但是有的航天器却要等几天或更长时间才能有下一个发射窗口。

3 引力跳板

发射行星探测器时运载火箭必须达到第二宇宙速度，使其进入绕太阳飞行的轨道。但是如果要使探测器与被探测的行星会合，或绕行星运行甚至在行星上着陆，就需要选择适当的发射时间和飞行路线。因为在太阳系，地球与其他行星都围绕太阳运行，而且轨道平面大致重叠，只是轨道半径大小不同。因此，为了用最节省的能量飞抵目标天体，行星探测器通常选择相切于地球轨道和目标天体轨道的椭圆形航线。

行星探测器飞向被探测目标天体的轨道通常分成三段。第一段是发射段，即从地面起飞进入行星际飞行轨道；第二段是自由飞行段，即进入行星际飞行轨道后，在太阳引力作用下飞向目标天体；第三段是进入绕目标天体运行或向目标天体降落的阶段。

如果被探测的天体距离地球不算太远，随着运载火箭能力的提升，可以让探测器以较大的速度飞行，使其沿着大椭圆轨道以最短的航线飞向目标天体。如果目标天体距离地球较远，为了节省发射能量，通常先用较小的速度飞行，在航行过程中借助行星的引力来加速探测器或改变探测器的飞行方向，从而最终飞向目标。

虽然从地球飞往其他行星的最经济轨道是双切轨道，但是，这样飞行的时间较长。

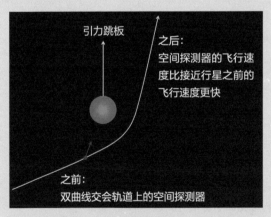

引力跳板示意图

如果探测器从相当近的地方飞越某颗行星，在借助行星引力改变轨道的同时，又获得更大的速度，使探测器飞向目标行星，就可以减少飞行时间。这种借助行星引力的飞行通常称为"引力跳板"。这就是说，在星际航行中可以利用行星的引力作用改变探测器的日心运动速度，从而可以在没有任何动力消耗的情况下对探测器加速，最终缩短星际航行的时间。

在太阳系行星际探测中，现在已经广泛采用了"引力跳板"的原理和方法。它从两个方面使空间探测器的飞行状态发生变化：一是根据探测天体的质量、空间探测器的飞越高度和相对速度，使飞行轨道受到一定程度的偏转；二是根据空间探测器的飞入角大小改变其速度。

因此，为了准确地利用"引力跳板"，应当事先确定空间探测器的飞入高度和飞入角度，并随时注意其速度的微小变化。这样，空间探测器在星际航行中，控制人员必须对其进行跟踪、监测和调整，而且只要确切知道空间探测器在任何时刻的位置和速度，就有可能对它的轨道进行必要的调整，从而引导其最终飞向目标。

空间探测器的"引力跳板"有几个优点：一是可以节省运载火箭和探测器所带的燃料，运载火箭只要达到一定的初始速度，就能利用"引力跳板"飞向遥远的星际空间。二是可以缩短星际航行时间，如果探测器选择最经济的双切椭圆轨道飞行，飞抵土星需要6年，飞抵天王星需要16年，飞抵海王星需要31年，而借助木星的"引力跳板"作用，飞抵土星只需要3～4年，飞抵天王星只需要8～9年，飞抵海王星也只需要12年。三是可使探测器进入非常特殊的轨道进行难得的探测活动。

例如，美国发射的旅行者1号和2号探测器，利用1982年"九星联珠"的机会，先后借助木星、土星、天王星的引力做"跳板"，成功地从木星跳到土星，又从土星跳到天王星，继而又跳到海王星，成为探测太阳系行星最多、探测成果最丰富的行星际探测器系列。1990年10月6日，由"发现号"航天飞机携带升空和释放的"尤利西斯号"太阳探测器，在飞抵木星之后，借助木星的引力作用，偏转90°而跳入垂直于黄道面的太阳极区，对人类从未接触过的太阳的两极地区进行了探测，取得了许多新成果。

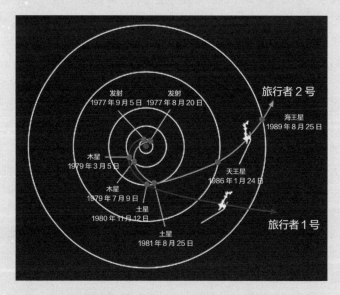

美国旅行者1号和2号探测器飞行轨道

多次借力

至今，国际上的空间探测器在飞往太阳、水星、金星、木星、土星、冥王星等过程中，已多次成功地利用"引力跳板"技术，大部分是利用这一技术加速的，也有利用这一技术减速的。

2004年8月3日，世界上第一个水星专用探测器"信使号"升空。此后，它通过借助地球、金星和水星的引力飞行6年多才进入环水星轨道。它1次飞越地球（2005年8月）、2次飞越金星（2006年10月、2007年6月）、3次飞越水星（2008年1月、2008年10月、2009年9月），最终于2011年3月17日进入环水星轨道。每次借助引力飞行都可以改变"信使号"轨道的形状、尺寸和倾角，以节省推进剂并实现减速，直到将探测器从绕太阳运行的轨道改入环水星轨道。

这项伟大的飞行计划背后是一位华人女性的多年努力，她叫陈婉妍（音译）。地球距离水星约9100万千米，"信使号"直接飞到水星只需要3个月左右，但是如果这样做，"信使号"为了"刹车"减速进入环水星轨道就需要消耗更多燃料，这意味着需要更大的运载火箭和更高的成本。陈婉妍在20世纪80年代发现，利用3个行星即地球、金星和水星的引力来改变"信使号"的飞行轨道，可以使这次水星探测成为可能。这也就是为什么"信使号"的飞行轨道如此复杂的原因。

🔗 ────────────────────────────────

链接："信使号"在飞经地球1次、飞经金星2次、环绕太阳15圈获得足够引力支持后，在第三次飞过水星时，由于引力作用，"信使号"先被猛烈地甩向金星，然后借助"引力跳板"，于地球时间2011年3月再次被弹向水星，顺势"滑进"水星轨道。

────────────────────────────────

水星邻近太阳，并缺少大气层，"信使号"在进入环水星轨道时无法像抵达环金星轨道或者环火星轨道时依靠气阻减速，所以采用了迂回路线，即多次飞越金星、地球和水星，通过这些行星释放了"信使号"足够多的动能，显著地降低了飞行速度，使水星的引力克服邻近太阳的引力，从而俘获这个探测器。除了节省燃料的优点，这种轨道允许"信使号"从距离水星很远的位置来测量磁场和太阳风，同时仍然可以近距离地测量和拍摄水星的表面。

2018年8月12日，美国使用德尔塔4号运载火箭成功发射了"帕克太阳探测器"。发射后，"帕克太阳探测器"不是直飞太阳而是先行飞向金星，以便通过金星的引力作用改变探测器的速度和轨道。在约7年的飞行时间里，它将7次飞掠金星，目的是通过"引力跳板"的作用逐渐缩短自身围绕太阳旋转的轨道半径和速度。

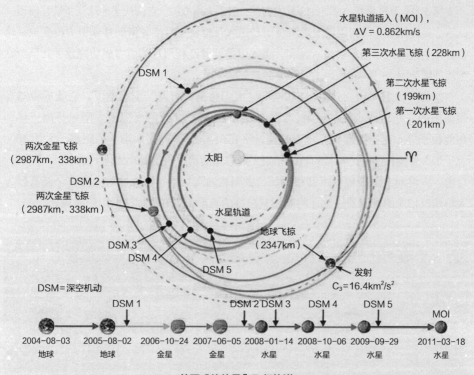

水星轨道插入（MOI），
ΔV = 0.862km/s

第三次水星飞掠（228km）

第二次水星飞掠
（199km）

第一次水星飞掠
（201km）

DSM 1

两次金星飞掠
（2987km，338km）

DSM 2

两次金星飞掠
（2987km，338km）

太阳

水星轨道

DSM 3

DSM 4

地球飞掠
（2347km）

DSM 5

发射
C₃=16.4km²/s²

DSM=深空机动

| DSM 1 | | DSM 2 DSM 3 | DSM 4 | DSM 5 | MOI |

| 2004-08-03 | 2005-08-02 | 2006-10-24 | 2007-06-05 | 2008-01-14 | 2008-10-06 | 2009-09-29 | 2011-03-18 |
| 地球 | 地球 | 金星 | 金星 | 水星 | 水星 | 水星 | 水星 |

美国"信使号"飞行轨道

也就是说，该探测器每次通过金星时都会利用金星的引力来改变探测器的轨道形状，使飞行路线发生弯曲，从而使"帕克太阳探测器"的轨道逐渐深入太阳的大气层内，最终在距离太阳表面约 600 万千米（处于日冕的范围之内）的位置飞行。

链接：每次飞越金星时，"帕克太阳探测器"还会利用金星的引力"刹车"，降低飞行速度，以防探测器受到太阳巨大引力的影响，一头栽进太阳大气层而损毁。大多数深空探测任务中，一般是利用行星引力作为跳板来获取额外的能量（或速度）以加速的，"帕克太阳探测器"则正好相反。所以，通过"引力跳板"技术，既可以加速，也可以减速空间探测器。

"帕克太阳探测器"就是这样逐渐接近太阳的，原计划寿命为 7 年，将在 2025 年6 月以超过每小时 72 万千米的高速冲向太阳焚毁。

最为有趣的是，美国休斯公司在 1998 年 5 月利用月球引力成功地挽救了未入轨的"亚洲 3 号"卫星，从而为今后挽救未能进入地球同步轨道的卫星开辟了一条新路。

"亚洲3号"卫星是在1997年12月发射的，由于火箭故障，它搁浅于地球同步转移轨道。此后，美国休斯公司利用星上燃料将卫星送入月球轨道，接着借助月球引力改变卫星轨道，使它进入地球同步轨道。其实，美国以前就曾经利用月球引力成功挽救了几乎濒临绝境的阿波罗13号飞船。

2020年2月10日，欧洲空间局的"太阳轨道飞行器"也升空了。它能近距离观察太阳的一些前所未见的区域，比如太阳的两极，并近距离探测太阳风等离子体、高能粒子等。此探测器也可承受高温，将在距离太阳60倍太阳半径距离（大约4000万千米）处运行，这比水星的轨道稍近（最内侧的水星轨道距离太阳约5800万千米）。目前，人类对太阳极地的了解很少。"太阳轨道飞行器"可能成为人类首个能直接为太阳两极拍照的探测器。它还将利用其独特的轨道，更好地探测太阳的磁场。

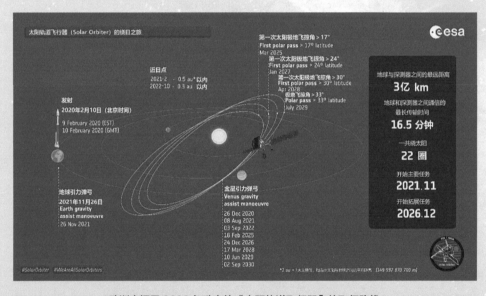

欧洲空间局2020年升空的"太阳轨道飞行器"的飞行路线